0~3岁 育儿 实用大百科

裴胜 主编 | 北京东城中医医院主任医师
裴学义名医工作室成员

U0376150

吉林科学技术出版社

图书在版编目（CIP）数据

0～3岁育儿实用大百科/裴胜主编．—长春：吉
林科学技术出版社，2013.12
ISBN 978-7-5384-7303-2

Ⅰ.①0…　Ⅱ.①裴…　Ⅲ.①婴幼儿—哺育
Ⅳ.① TS976.31

中国版本图书馆 CIP 数据核字（2013）第 308362 号

0~3岁育儿实用大百科

主　　编	裴　胜										
编委会	裴　胜	刘红霞	牛东升	李青凤	石艳芳	张　伟	石　沛	张金华	葛龙广	戴俊益	李明杰
	霍春霞	高婷婷	赵永利	余　梅	李　迪	李　利	王能祥	费军伟	张爱卿	常秋井	吕亚娜
	安　鑫	普学能	刘　涛	张玉口	张玉旗	梅　乐	石玉林	樊淑民	张国良	李树兰	谢铭超
	王会静	陈　旭	王　娟	徐开全	杨慧勤	卢少丽	张　瑞	李军艳	崔丽娟	季子华	吉新静
	石艳婷	陈进周	李　丹	逯春辉	李　鹏	李　军	高　杰	高　坤	高子珺	杨　丹	李　青
	梁焕成	刘　毅	高　赞	高志强	高金城	邓　晔	常玉欣	黄山章	侯建军	李春国	王　丽
	袁雪飞	张玉红	张景泽	张俊生	张辉芳	张　静	张　莉	赵金萍	石　爽	王　娜	金贵亮
	程玲玲	段小宾	王宪明	杨　力	孙君剑	张玉民	牛国花	许俊杰	杨　伟	葛占晓	徐永红
	张进彬	王　燕									

全案策划　悦然文化
出 版 人　李　梁
策划责任编辑　许晶刚　赵洪博
执行责任编辑　姜脉松
封面设计　杨　丹
开　　本　880mm×1230mm　1/16
字　　数　320 千字
印　　张　20
印　　数　1-10000 册
版　　次　2014 年 11 月第 1 版
印　　次　2014 年 11 月第 1 次印刷
出　　版　吉林科学技术出版社
发　　行　吉林科学技术出版社
地　　址　长春市人民大街 4646 号
邮　　编　130021
发行部电话/传真　0431-85677817　85635177　85651759　85651628　85600611　85670016
储运部电话　0431-84612872
编辑部电话　0431-86037698
网　　址　www.jlstp.net
印　　刷　长春第二新华印刷有限责任公司
书　　号　ISBN 978-7-5384-7303-2
定　　价　59.90 元

如有印装质量问题 可寄出版社调换

前言 PREFACE

　　每一个宝宝都是爸爸妈妈珍爱的天使，也是上天赐予他们最珍贵的礼物。当孩子的第一声啼哭划破天际的时候，初为人父人母的喜悦油然而生，当年轻的爸爸妈妈沉浸在这无比的幸福当中的时候，是不是也会觉得自己有一种光荣而又神圣的使命感呢？

　　每一个初到人世的宝宝都是一块独一无二的美玉，需要爸爸妈妈的精心雕琢，才可以让宝宝在以后的成长中出类拔萃，绽放自己的光彩。怎样让我们可爱的宝宝充分发挥他的才能，成为一个人见人爱的小天才、小健将呢？

　　每一个孩子都是父母最好的杰作，婴儿的能力都有着无限的潜力，只要爸爸妈妈们能够细心科学地养育，宝宝的潜能就能够更好地挖掘出来。看着自己的孩子能够健康聪明地成长，这是父母最大的欣慰，怎样让宝宝的潜能充分发挥呢？

　　接下来就请翻开这本书吧，这本书帮助爸爸妈妈树立正确的育儿体验，详细介绍了0~3岁的宝宝科学的养育方法，比如宝宝的营养饮食和日常照料，并讲解了每个阶段宝宝在成长过程中会遇到的常见问题，所以爸爸妈妈们遇到了育儿的难题，不要再手足无措了，仔细阅读书中的内容，就会找到解决问题的方法。

　　爸爸妈妈们和宝宝一同在成长，在每天认真的学习中，小天才小健将也在幸福地成长！

爱，
永远不会失落，
即使没有回报，
它也会流回你的心田，
温暖净化你的心灵。

宝宝喂养记录

宝宝辅食添加记录

宝宝患病记录

妈妈的感受和经验

宝宝经典语录

目录 CONTENTS

PART 1

先给父母上一堂育儿课

PART 2

新生儿期宝宝的养育

PART 3

1～12个月宝宝的养育

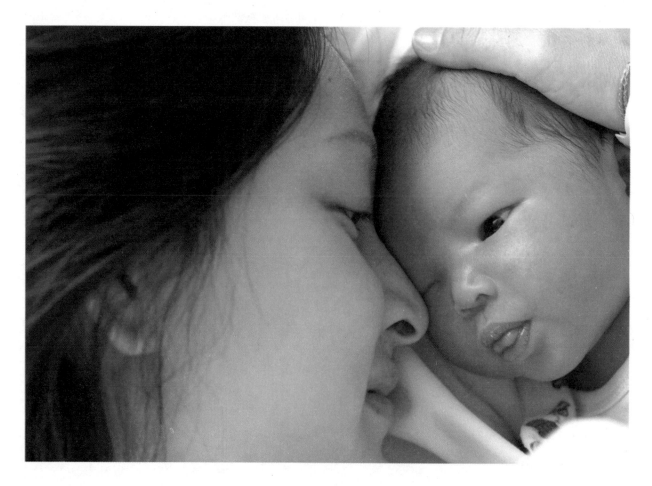

爱的呵护　宝宝的日常照料

PART 4

1～2岁宝宝的养育

爱的呵护　宝宝的日常照料

强体训练营　强壮的体质是这样炼成的

健康咨询室　让宝宝平安，妈妈安心

心理加油站　宝宝成长最需要的心理营养

爱的赠语　送给父母的育儿名言（四）

PART 5

2～3岁宝宝的养育

爱的呵护　宝宝的日常照料

初来人世的模样

出生时宝宝的**身长** _____ 厘米

宝宝的**体重** _____ 克

宝宝出生时的**瞬间记录**

宝宝照片

爸爸感言	妈妈感言

寄语宝宝

做父母前，先测试一下自己

这个测试会引导新手父母更好地理解父母角色的责任和育儿必备的技能。仔细思量，写出你的答案，从中真实地考量你是谁以及你所处的生活状态，了解你需要为养育儿女做出哪些改变。

Q 你是否愿意花时间与宝宝相处？

A _____

分析：不管你的答案如何，都预测不出你对宝宝会有什么感觉，但考虑这个问题，能透露出你对与宝宝一起生活的设想和态度。

Q 你认为父母的责任和义务是什么？

A _____

分析：这个问题有助于爸爸妈妈反思对育儿的要求，以及是否能适应这些要求。

Q 你对父母的角色期望如何？当你满足不了这些期望时怎么办？

A _____

分析：育儿过程中，不可能时刻都充满甜蜜的拥抱和欢声笑语，难免出现艰苦时光和失望，你的宝宝也可能和你期待的不一样。

Q 你最想和多大的宝宝在一起？多大的宝宝对你最有吸引力？

A _____

分析：如果你不愿意和某个特别年龄段的宝宝相处，或许暗示你在童年时存在着某些需要解决的问题。此外，养育宝宝是一个持久的过程，父母不能只在宝宝"好玩"的时候才养育宝宝。

Q 你有哪些担心？如果遇上这样的情况怎么办？

A _____

分析：养育宝宝是一项重大的责任，本身就让人心怀忐忑，爸爸妈妈不可能提前解决所有担心的问题。现在就把你所担心的事弄清楚，并逐一审视，对育儿会有帮助。

Q 你在哪些方面想和自己的父母一样？哪些方面和他们不同？

A _____

分析：我们的父母是我们育儿的最佳典范。他们既有经验也有教训。爸爸妈妈可以和自己的父母一起审视一下自己的生活，想想自己能从他们的长处与缺憾中学到什么。

育儿的三种境界

无论是家长还是专业幼儿保育工作者，在育儿的世界里大致有三种不同的境界：
● 忙于育儿之事。
● 长于育儿之术。
● 精于育儿之道。

第一种境界——忙于育儿之事

忙于育儿之事的家长埋头于具体的事务，但常常知其然而不知其所以然，他们只管自己努力做事，很少顾及宝宝的真正需要和体验，常常犯下过度保护或给宝宝施压的错误，不遇到问题还好，真的遭遇麻烦就大有一着走错全盘皆输的危险。

有些家长很自信，因为他们很熟练，将宝宝的饮食起居安排得井井有条，吃喝拉撒照顾得心应手，书桌上摆着各种育儿指导书籍，每天上网查阅各种育儿信息，以至于自信地四处传播自己的育儿"信条"，直到孩子被认定有情绪行为问题、缺乏创造力、交往困难，甚至智力发育迟缓或存在各种健康问题时才如梦初醒。

第二种境界——长于育儿之术

长于育儿之术的家长多长了一双眼睛，发现自己的宝宝原来不是一架机器，而是那么生动和多变的一个生命。家长知道是生命就有个性，就不能生搬硬套地对待，于是认真学习各种育儿的方法和技巧。

第三种境界——精于育儿之道

精于育儿之道的家长既不是天生的，也不是后天培养的，而是先天和后天合力发展的成果。他们育儿不仅动手做、用眼看，更会用头脑思考，更懂得用心感悟。他们能够真正进入孩子的世界，理解宝宝的需求，懂得引导的办法，明确发展的方向。这些家长，做每一件事情都不仅仅为了这件事情本身，他们的每件工作都懂得从全局的角度，从长远的目标去看待和对待孩子的发展。

精于育儿之道的家长，领悟了育儿的真谛，再熟谙于育儿的技巧，周到于育儿的事务，就会发现，育儿原来如此轻松。

这三种境界有高下之分，但却不能完全割裂，因为育儿是一个系统工程，既有事，又有术，更有道。

古人云：闻道有先后，术业有专攻。但育儿之道不能等，宝宝天天都在成长，过了这个村就没了这个店，培养孩子绝无可能返工重来，家长必须提前学习育儿的知识和技巧。同样，育儿之术也不能仅仅专攻某项，家长还必须全面关注宝宝的体格、智力和心理的发展，不可失之偏颇。要吃喝拉撒、游戏交流、健康保护、情绪行为面面俱到。

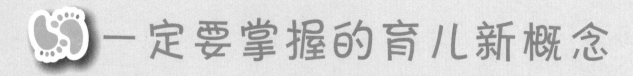

一定要掌握的育儿新概念

健康饮食

　　每个妈妈都希望能食用远离化肥和农药的天然食品，把孩子养得健健康康。下面就来看一下对我们的宝贝孩子身心都有益的健康饮食。

● 有机食品

　　虽然比一般食品贵，但是，越来越多的妈妈买有机食品。因为这种食品中，水果可以不用剥皮直接吃，蔬菜不用担心农药可以吃新鲜的，所以比一般食品的可信度高。

● 制作天然调味料

　　使用用海鱼、虾干、海带等制作的调味料。如今在大型超市或是百货商店食品柜台也可以买到天然调味料，所以非常方便。

● 以蔬菜为主要菜谱

　　以蔬菜为主要菜谱可预防各种疾病。但是正在发育阶段的孩子如果只吃蔬菜的话，可能会造成营养不良。可根据孩子的年龄适量地去喂具有安全保障的动物性蛋白质。

● 用家里做的饮料代替碳酸饮料

　　可乐、汽水等碳酸饮料对孩子的身体不太好。最好给孩子喂妈妈在家里直接做的饮料。例如，可以把有机豆、核桃、松子、大枣放进水里煮两分钟左右，再磨成豆奶给孩子喝。

健康穿衣

　　因为孩子的皮肤比较脆弱和敏感，所以要给孩子穿用没有刺激性的布料做的具有自然亲和性的衣服，这样就可以不用担心过敏等皮肤疾病。

● 100%纯棉衣

　　因为孩子的皮肤脆弱、免疫力低下，所以一定要给孩子穿对皮肤刺激小的棉质衣服。尤其是孩子的体温调节能力差，会流很多汗，所以一定要确认孩子的内衣是否棉质的。

● 用肥皂洗衣

给孩子洗衣服的方式也很重要。孩子的衣服最好是手洗，并且要和大人的衣服分开洗。而且最好使用儿童专用洗涤剂或肥皂、天然皂洗衣服，这有助于减少洗涤剂残留物对孩子皮肤的刺激，也可以防止环境污染，一举两得。

● 使用布尿布

布尿布比一次性纸尿布刺激性小，并且可预防尿布疹。虽然不方便，但是为孩子的健康着想，最好使用布尿布。

健康装修

认为自己家的室内很干净那是错误的，由于存在建筑材料和一般家具产生的各种环境污染，还有从动物和人身上掉下来的分泌物，所以室内污染比想象中的更加严重。下面介绍如何创造一个可以在清新的空气中生活的健康居住空间。

● 小心新家症候群

新家症候群是最近比较常见的问题，为了防止它，我们要消除油漆和黏合剂等有毒物质。最好是用天然壁纸和油漆来装饰室内。

● 使用翻新的旧家具

新家具如同新衣服一样，会产生有毒物质污染室内空气，所以最好是把旧家具翻新使用。

● 用植物或木炭净化空气

将虎尾兰等可以净化空气的植物放在室内的各个地方。这种植物排出的负离子可以让室内空气更加清新。而木炭可以吸收并分解有害物质，也可以净化空气，另外，把木炭放在电子产品周围还有阻断电磁波的效果。

0～3岁宝宝的生长发育表

年龄／性别		体重（千克）	身高（厘米）	头围（厘米）	胸围（厘米）	发育特点
初生	男	2.9～3.8	48.2～52.8	31.8～36.3	30.9～36.1	刚出生的宝宝，皮肤红红的、凉凉的，头发湿湿地贴着头皮，小手握得很紧，哭声响亮，头部相对较大。在喂养方面，吃完奶后，常常会出现吐奶的情况
	女	2.7～3.6	47.7～52.0	30.9～36.1	29.3～35.0	
1月	男	3.6～5.0	52.1～57.0	35.4～40.2	33.7～40.2	宝宝开始有规律地吃奶，因此生长速度非常快，随着宝宝进入第四周，宝宝的运动能力有了很大的发展。宝宝现在非常可爱，圆鼓鼓的小脸，粉嫩的皮肤
	女	3.4～4.5	51.2～55.8	34.7～39.5	32.9～40.1	
2月	男	4.3～6.0	55.5～60.7	37.0～42.2	36.2～43.4	两个月的宝宝日常生活开始规律化，也形成了固定的吃奶时间。作为家长的你，要定时给宝宝做抚触和被动操，经常抱宝宝到户外活动
	女	4.0～5.4	54.4～59.2	36.2～41.0	35.1～42.3	
3月	男	5.0～6.9	58.5～63.7	38.2～43.4	37.4～45.0	3个月的宝宝日常生活更有规律，做操基本可以很好配合
	女	4.7～6.2	57.1～59.5	37.4～42.0	36.5～42.7	
4月	男	5.7～7.6	61.0～66.4	39.6～44.4	38.3～46.3	4个月的宝宝，头围和胸围大致相等，比出生时长高10厘米以上，体重为出生时的2倍左右。俯卧时宝宝上身可以完全抬起，与床垂直；腿能抬高踢去衣被及吊起的玩具
	女	5.3～6.9	59.4～64.5	38.5～46.3	37.3～44.9	
5月	男	6.3～8.2	62.3～68.6	40.4～45.2	39.2～46.8	5个月的宝宝，在饮食方面，妈妈可以开始为断奶做准备了；在亲子互动方面，宝宝能够认识妈妈以及亲近的人并给他们回应
	女	5.8～7.5	61.5～66.7	39.4～44.2	38.1～45.7	
6月	男	6.9～8.8	65.1～70.5	41.3～46.5	39.7～48.1	6个月的宝宝，体格进一步发育，神经系统日趋成熟。在喂养方面，宝宝差不多已经开始长乳牙了，可以添加肉泥、猪肝泥等辅食
	女	6.3～8.1	63.3～68.6	40.4～45.2	38.9～46.9	
7月	男	7.4～9.3	66.7～72.1	42.0～47.0	40.7～49.1	宝宝头部的生长速度减慢，腿部和躯干生长速度加快，行动姿势也会发生很大变化。随着肌肉张力的改善，宝宝的姿势变得更加直立
	女	6.8～8.6	64.8～70.2	40.7～46.0	39.7～47.7	
8月	男	7.8～9.8	68.3～73.6	42.4～47.6	40.7～49.1	宝宝在8个月后逐渐向儿童期过渡，此时的营养非常重要，否则会影响成年身高。8个月的宝宝一般能爬行了
	女	7.2～9.1	66.4～71.8	41.2～46.3	39.7～47.7	

（续表）

年龄/性别		体重（千克）	身高（厘米）	头围（厘米）	胸围（厘米）	发育特点
9月	男	8.2~10.2	69.7~75.0	43.0~48.0	41.6~49.6	9个月宝宝头部的生长速度减慢，腿部和躯干生长速度加快，行动姿势也会发生很大变化。随着肌肉张力的改善，将形成更高、更瘦、更强壮的外表
	女	7.6~9.5	67.7~73.2	42.1~46.9	40.4~48.4	
10月	男	8.6~10.6	71.0~76.3	43.8~49.0	41.6~49.6	不要强迫宝宝吃不喜欢的食物，逐渐将辅食变为主食。此时，婴儿的身体动作变得越来越敏捷，能很快地将身体转向发出声音的地方，并可以爬着走
	女	7.9~9.9	69.0~74.5	42.1~46.9	40.4~48.4	
11月	男	8.9~11.0	76.2~77.6	43.7~48.9	42.2~50.2	此阶段宝宝的辅食开始变成主食，应该保证宝宝摄入充足的动物蛋白，辅食要少放盐、糖。还要开始帮助宝宝克服怕生现象
	女	8.2~10.3	70.3~75.8	42.6~47.8	41.1~49.1	
1岁	男	9.1~11.3	73.4~78.8	43.7~48.9	42.2~50.2	1岁宝宝刚刚断奶或者没有完全断奶，度过了婴儿期，进入了幼儿期。幼儿无论在体格和神经发育上还是在心理和智能发育上，都出现了新的发展
	女	8.5~10.6	71.5~77.1	42.6~47.8	41.1~49.1	
15月	男	9.9~12.0	76.6~82.3	44.2~49.4	43.1~51.1	
	女	9.1~11.3	74.8~80.7	43.2~48.4	42.1~49.1	
18月	男	10.3~12.7	79.4~85.4	44.8~50.0	43.8~51.8	2岁宝宝的头部生长速度减慢，腿部和躯干生长速度加快，行动姿势也会发生很大变化。随着肌肉张力的改善，宝宝的姿势变得更加直立
	女	9.7~12.0	77.9~84.0	43.8~48.6	42.7~50.7	
21月	男	10.8~13.3	81.9~88.4	45.2~50.4	44.4~52.4	
	女	10.2~12.6	80.6~87.0	44.3~49.1	43.3~51.3	
2岁	男	11.2~14.0	84.3~91.0	45.6~50.8	45.4~53.4	
	女	10.6~13.2	83.3~89.8	44.8~49.6	44.2~52.2	
2.5岁	男	12.1~15.3	88.9~95.8	46.2~51.4	46.2~54.2	到3岁时，宝宝的脑重已接近成人脑重，以后发育速度就变慢了。而身体已经非常结实了，对疾病的抵抗能力也有了很大程度的提高
	女	11.7~14.7	87.9~94.7	45.3~50.1	45.1~53.1	
3岁	男	13.0~16.4	91.1~98.7	46.5~51.7	46.7~55.1	
	女	12.6~16.1	90.2~98.1	45.7~50.5	45.8~53.8	

0~3岁宝宝体检时间表

体检次数和体检时间	宝宝体格发育的特点	
第1次体检 宝宝出生后42天进行	视力	能注视较大的物体，双眼很容易追随手电筒光单方向运动
	肢体	小胳膊、小腿总是喜欢呈屈曲状态，两只小手握着拳
	微量元素	宝宝在6个月以内，每日需要钙600毫克，而其从母乳或奶粉中只能摄取到300毫克左右
	维生素	宝宝从出生后第21天就可开始服用维生素AD制剂，早产儿要提前到出生14天左右，宝宝出生后就可以抱出去晒太阳，以促进钙的吸收
第2次体检 宝宝满3个月时进行	动作发育	能支撑住自己的头部。俯卧时，能把头抬起并和肩胛呈90度。扶立时两腿能支撑身体
	视力	双眼可追随运动的笔杆，而且头部亦随之转动
	听力	听到声音时，会表现出注意倾听的表情，人们跟他谈话时会试图转向谈话者
	口腔	唾液腺正在发育，经常有口水流出嘴外
	血液	4个月的宝宝从母体带来的微量元素铁已经消耗掉，如果日常食物不注意铁的摄入，就容易出现贫血。要给宝宝多吃含铁丰富的食品。但一般不需要服用铁制剂药物
	微量元素	继续补钙和维生素D，而且要添加新鲜菜汁、果泥等补充容易缺乏的维生素D
第3次体检 宝宝满6个月进行	动作发育	已经会翻身，会坐，但还坐不太稳。会伸手拿自己想要的东西，并塞入自己口中，可以做一些拨、拉的动作
	视力	身体能随头和眼转动，对鲜艳的目标和玩具，可注视约半分钟。需要进行眼科检查
	认知	对人有了分辨的能力，开始出现"认生"的现象，并有分离焦虑
	听力	注意并环视寻找新的声音来源，能转向发出声音的地方
	牙齿	6个月的宝宝有些可能长了两颗牙，有些还没长牙，要多给宝宝一些稍硬的固体食物，促进牙齿生长。由于出牙的刺激，唾液分泌增多，流口水现象会继续并加重，有些宝宝会出现咬乳头现象
	血液	6个月后，由母体得来的造血物质基本用尽。若补充不及时，易发生贫血。对贫血问题应尽早发现，早解决
	骨骼	6个月以后的宝宝，对钙的需求量越来越大。缺钙会形成夜间睡眠不稳、多汗、枕秃等

（续表）

体检次数和 体检时间	宝宝体格发育的特点	
第 4 次体检 宝宝满 9 个月 进行	动作发育	能够坐得很稳，能由卧位坐起而后再躺下，能够灵活地前后爬，扶着栏杆能站立。双手会灵活地敲积木。拇指和食指能协调地拿起小物件。能够对一些简单用语做出对应动作，如听到"再见"就摇手等
	视力	能注视画面上单一的线条，视力约 0.1
	认知	能听懂简单字词，知道自己的名字，模仿发音节词，有了物质永恒的概念，会找出当面隐藏起来的玩具，能再认几天至几十天前的事物
	牙齿	宝宝乳牙的萌出时间，大部分在 6 ~ 10 个月，宝宝乳牙颗数的计算公式：月龄减去 4 ~ 6。此时要注意保护牙齿
	骨骼	每天让宝宝外出进行户外活动，促使皮肤制造维生素 D，同时还应继续服用钙片和维生素 AD 制剂
	微量元素	检查宝宝体内的微量元素含量，此时易缺钙、锌。缺锌的宝宝一般食欲不好，免疫力低下，易生病
第 5 次体检 宝宝满 1 周岁 时进行	动作发育	这时宝宝能自己站起来，能扶着东西行走，能手足并用爬台阶。能用蜡笔在纸上戳出点点或道道
	视力	可拿着父母的手指指鼻、头发或眼睛，大多会抚弄玩具或注视近物，会用棍子够玩具
	认知	初步建立时间、空间因果关系。如看见奶瓶会等待吃奶，看见妈妈倒水入盆会等待洗澡，喜欢扔东西让大人捡。穿衣时已能简单配合。喜欢探究一些新鲜的东西，如有洞的、能发声的物品，易出现意外伤害
	听力	喊他（她）时能转身或抬头
	牙齿	按公式计算，应出 4 ~ 6 颗牙齿。乳牙萌出时间最晚不应超过 1 周岁。如果宝宝出牙过晚或出牙顺序颠倒，就要寻找原因
第 6 次体检 宝宝满 18 个月 时进行	动作发育	能够独立行走，会倒退走，但不会突然止步，有时还会摔倒。能扶着栏杆一级一级上台阶，下台阶时，就往后爬或用臀部着地坐着下。会搭 2 层积木，能模仿用笔乱涂画，通过引导可以穿大孔串珠
	大小便	能够控制大便，在白天也能控制小便。如果尿湿了裤子，也会主动示意
	认知	能用手指出想要的东西，能听懂大多数日常用语，会说 20~50 个词，不会用代词
	视力	此时应注意保护宝宝的视力，尽量不让宝宝看电视，避免斜视
	听力	能听懂简单的话，并按你的要求做
	血液	宝宝须检查血红蛋白，看是否存在贫血

体检次数和体检时间	宝宝体格发育的特点	
第7次体检 宝宝满2周岁时进行	动作发育	能走得很稳，还能跑，能够自己单独上下楼梯。能把小珠子穿起来，会用蜡笔在纸上画圆圈和直线
	认知	会对任意一个目标扔球，能对大人的指示做出反应，搭5～6块积木，能用语言表示喜好和不快，注意力可集中8～10分钟。会有苦悔和嫉妒情绪。大小便白天能够控制
	牙齿	20颗乳牙大多已出齐，此时要注意保护牙齿
	听力	大约掌握了300个词语，会说简单的句子。如果宝宝到2岁仍不能流利说话，要到医院去做听力检查
第8次体检 宝宝满30个月时进行	动作发育	能随意控制身体的平衡，会做跑、踢球等动作。能用勺子自己吃饭，会折纸、捏彩泥
	认知	能准确识别圆、方、三角、半圆等形状，能说出自己的名字，能搭8块积木，会画直线，能自己吃饭，几乎不撒落，注意力可集中10分钟以上
	牙齿	20颗乳牙已出齐，上下各10颗，能进食全固体食物
	语言	能说完整句子，会唱简单的歌
第9次体检 宝宝满3周岁时进行，多为入园体检	认知	能看图识物体并说出来，能一页一页地翻书，背诵简单词句，可辨别3种以上颜色、4种以上图形，听懂800～1000个词，能理解故事中的大部分内容，开始与小朋友互动交流，能自己解开纽扣，能再认几个月前的事物，会发脾气，开始出现逆反心理，认识性别差异
	动作发育	能随意控制身体平衡，完成蹦跳、踢球、越障碍、走S线等动作，能用剪刀、筷子、勺子，会折纸、捏彩泥。会左右脚交替上楼梯，能蹬三轮车
	视力	宝宝到3周岁时，视力达到1.5，已达到与成人近似的精确程度。此时宝宝应进行一次视力检查，预防弱视
	牙齿	医生会检查是否有龋齿，牙龈是否有炎症

注：各地现在已经普遍设立了儿童保健卡，在1~3岁之间进行9次体检。如果在养育宝宝的过程中有什么疑惑或担心，可以拨打所在区域妇幼保健所的电话，使宝宝的营养保健得到及时的指导，及早发现疾病，对症治疗。

宝宝成长月志

宝宝 ～ 月

年　月　日

1. 宝宝的基本情况

体重＿＿千克　　　身长＿＿厘米　　　乳牙＿＿颗　　　辅食＿＿次／天

母乳喂养间隔＿＿小时　　　　　　奶粉喂养＿＿毫升 × ＿＿次

2. 宝宝的健康

预防接种项目及时间

_____

_____

有无生病／服用药物

_____

3. 宝宝的成长

动作

_____

_____

认知能力

_____

言语

_____

_____

情绪

_____

4. 宝宝喜欢

_____

5. 值得记住的事

_____

_____

6. 育儿困惑

_____

7. 育儿感言

_____

PART 1

先给父母上一堂育儿课

　　十月怀胎，一朝分娩。经历孕期艰难的历程，准爸爸、准妈妈就要升级做父母了，这意味着将要承担起育儿的责任，特别是意味着父母的生活方式要发生明显的改变。然而，在开始体验到带孩子的苦与累的同时，看着小宝宝一天天长大，父母将体会到巨大的快乐。

你们的育儿观有冲突吗

宝宝出生后，夫妻双方可能会在教育宝宝的许多问题上存在分歧。下面这个小测试可以帮助你回顾一下最近半年以来，你与宝宝的爸爸（妈妈）在下列各方面出现分歧的状况。

测试项目

请如实对每道题目给出的话题进行判断，从A～D之间选出与你们的情况相符的程度。

"A"表示你和伴侣就该问题"总是意见一致，没有分歧"；

"B"表示你和伴侣就该问题"大多数时候意见一致，偶尔有分歧"；

"C"表示你和伴侣就该问题"有时意见一致，有时存在分歧"；

"D"表示你和伴侣就该问题"总是意见不一致，存在分歧"。

● 任凭宝宝把房间弄得乱七八糟。
A（　）　　B（　）　　C（　）　　D（　）

● 购买过多的或非常昂贵的玩具。
A（　）　　B（　）　　C（　）　　D（　）

● 把宝宝当婴儿看待。
A（　）　　B（　）　　C（　）　　D（　）

● 对宝宝很宽松。
A（　）　　B（　）　　C（　）　　D（　）

● 期望宝宝遵循超过其年龄可承受的规则。
A（　）　　B（　）　　C（　）　　D（　）

● 着装、发型和面部卫生等可以疏忽。
A（　）　　B（　）　　C（　）　　D（　）

● 宝宝一犯错就将马上受到惩罚。
A（　）　　B（　）　　C（　）　　D（　）

● 不密切关注宝宝的行踪。
A（　）　　B（　）　　C（　）　　D（　）

● 宝宝感冒、受伤时，不急于带宝宝看医生。
A（　）　　B（　）　　C（　）　　D（　）

● 强迫宝宝在很小的时候学习很多的东西。
A（　）　　B（　）　　C（　）　　D（　）

● 对宝宝可能引起事故的行为过于疏忽。
A（　）　　B（　）　　C（　）　　D（　）

● 不用公平的手段管教宝宝。
A（　）　　B（　）　　C（　）　　D（　）

● 当宝宝希望与你一起玩耍时，你显得非常疲倦（也许有正当的理由）。
A（　）　　B（　）　　C（　）　　D（　）

● 照顾宝宝不是一件艰难乏味的事，而是一件简单有趣的事。
A（　）　　B（　）　　C（　）　　D（　）

● 当自己困乏不已或感觉不佳时，只在宝宝提出要求时才为宝宝做点什么。
A（　）　　B（　）　　C（　）　　D（　）

● 从旁观者的角度批评自己的育儿做法。
A（　）　　B（　）　　C（　）　　D（　）

● 任凭宝宝的一些错误行为再发生，直到冒犯自己时才加以管教。
A（　）　　B（　）　　C（　）　　D（　）

● 在养育子女方面实事求是，不感情用事。
A（　）　　B（　）　　C（　）　　D（　）

❤ 认为宝宝的某些不良行为在一定程度上是因为我的过错造成的。

A ( ) 　　 B ( ) 　　 C ( ) 　　 D ( )

❤ 双方已经统一的关于照料宝宝和养育宝宝的意见不能坚持执行。

A ( ) 　　 B ( ) 　　 C ( ) 　　 D ( )

❤ 不信任我在教育宝宝时做出的评判。

A ( ) 　　 B ( ) 　　 C ( ) 　　 D ( )

■ 家长要有教育的责任感。每一位年轻父母都要想到自己的重任、自己的天职——教育子女。

评分方法

选 "A" 的题目得1分，选 "B" 的题目得2分，以此类推。将以上题目的得分相加，就是你们在这个测试上的总分。总分高低不同，说明每对夫妻在育儿观念上的分歧程度不同。

以下是一个百分数对照表，从中可以看出你和爱人在育儿观念上的分歧程度与其他父母在育儿观念上的大致分歧程度。将你的总分与给定的百分数对照表进行比较，总分越高表示分歧程度越大。举个例子，你的总分是30分，那么对应的百分数约是70%，这就意味着在育儿观念上，人群中有70%的父母比你们夫妇的分歧程度低，即他们在育儿观念上的统一程度比你们高。换句话说，你们在育儿观念上的意见分歧比约70％的父母更多。

总分	百分数
18	15%
22	30%
25	50%
29	70%
33	85%

测试解析

得分低于25的人，倾向于在教育宝宝方面与伴侣的意见比较一致，即使有分歧，性质也不严重。

得分高于25的人，倾向于在教育宝宝方面与伴侣的意见分歧比较多，容易因此而争吵，有时甚至出现一方放弃管教宝宝的情况。

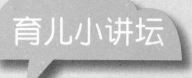

育儿小讲坛　　育儿分歧对宝宝的影响

　　无论是丈夫还是妻子，似乎都没有奢望伴侣关系比养育儿女更好、更重要，众多的男人和女人都认为生宝宝是爱情终结的象征，并认为有了宝宝之后爱情将面临无穷的考验。这不能不说是一种讽刺。

　　的确，养育宝宝非常艰辛，会遇到许多意想不到的困难。要想有效地养育子女，父母双方都必须投入其中，并在一般的原则上达成一致。育儿观念直接关系到养育子女的行为方式，也是夫妻双方必须首先协调的问题之一。

　　父母在育儿观念上的分歧，可能会导致宝宝出现更多的行为问题。在这个测试上，得分高的父母更容易拥有一个行为不端的宝宝，他们的宝宝可能撒谎，可能伤害、欺负或谩骂、侮辱其他同伴，还可能偷窃别人的物品，或者常常惹麻烦，或者违背父母的规定和命令。当然，也有不少研究认为，父母在育儿观念上分歧非常严重，但他们宝宝的行为却发展得非常好，令人喜爱；有些父母在教养子女这方面完全一致，却仍要面对一个不守规矩、难于管教的宝宝。

父母的育儿角色扮演

新手父母学习进入父亲或母亲的角色是相当必要的，没有角色定位就没有职能的正常发挥。父亲在养育子女方面，应该是妻子和宝宝在人生道路上的知心伴侣及坚定支持者。父爱如山，母爱如海。父亲是阳光雨露，母亲是根基和养分，两相交融，才会有回报。母爱与父爱相互补充，才有了父母之爱组成的家庭，才有宝宝成材的根基。

初为人父母

通常情况下，新生儿父母需要花费一些时间来调整自己，使自己适应父母这一角色。面对这个幼小的、独立的人担负起巨大责任，许多新生儿父母感觉到肩上负担很重，不免感到恐慌。

与应对其他变化一样，要想接受这一新角色、轻松面对这一新角色是需要时间的。开始时，你们可能希望能有人来帮助自己，攻克这一难关。与其这样，还不如给自己多一些时间、一点空间来了解自己的宝贝，建立亲情关系。

最初几周对于成功进行母乳喂养也是十分重要的。要想进行母乳喂养，就要休息充足，饮食正常合理。

欢迎宝贝

每个做妈妈的都曾对自己即将拥有的宝贝有过种种美妙的想象，但是，真实情况往往是，新生儿的母亲很难将自己想象中的宝贝和现实中怀抱的婴儿联系起来，尤其是当婴儿的性别和自己希望的相反，或婴儿不太"完美"，或者仅仅是和自己期望的不一样时。爱上自己的宝宝需要时间，学会做父母也需要一定的时间。与婴儿朝夕相处可调整自己，从而适应这种角色的变化。虽然可能已经为宝宝准备了一间卧室，但是，许多新生儿父母喜欢让宝宝和自己睡在同一间卧室。这样喂起奶来比较方便，大人也能休息好。

休息及放松

在婴儿出生的最初几周内，父母可能感觉到，他们在无止境地给婴儿喂奶、换尿布，只有在婴儿睡觉时，自己才能休息一会儿。如果总处在精疲力竭的状态下，那么，可能会失去自己照看婴儿的愉快心情，从而产生厌烦情绪。婴儿降生后，马上留出时间和家人团聚，彼此互相关照，对托付给你的新生命的到来倍感惊奇，在床上"筑巢"就餐等，所有这些都有助于轻松进入父母角色，并有助于在回到现实生活之前帮你恢复体力。

■ 虽然老一辈人的一些育儿观念已经过时了，但是他们毕竟积累了很多宝贵的育儿经验，对新手父母来说向他们请教是非常必要的。

在有的新妈妈患有产后抑郁症的同时，说不定爸爸也受着"产后抑郁症"的折磨。鼓励新爸爸参与协助新妈妈是很重要的。这样他便可以明白到底发生了什么事，同时学习如何去帮助新妈妈。新爸爸是帮助新妈妈的最佳人选。宝宝是第一胎，新爸爸可能会因宝宝出生后自己被忽略而感到愤慨，不能了解新妈妈多么需要他的支持和鼓励，便可能会退缩，这就增添了新妈妈的烦恼。

新爸爸可以通过了解产后抑郁和协助新妈妈的方法释放压力，也可以借着协助照顾宝宝，以耐心聆听、忍耐、正面的态度去给予新妈妈有效的帮助。

朋友及家人

你的好朋友及亲戚在此可帮你出把力，可以帮忙做一些家务。如果他们在照顾婴儿方面有经验，那可是为你提供了帮助的源泉。另一方面，新生儿父母可能会发现，亲朋好友给自己的建议可能和自己的想法相反或令自己困惑，在这种情况下，可向保健医生咨询，解除你所有的困惑。

这时，肯定会有许多朋友向你们表示问候，他们可能会亲自登门看望或打电话问候，和丈夫商量一下，看一看如何应对此种情况。要知道，产后需休息，保存体力，这时，限制一下客人来访时间是很必要的，不要感到难为情。

不要对自己做母亲的能力表示怀疑

产后几天或几周内，由于怀孕期激素的突然减退，新妈妈情绪处于不稳定状态。因为生育是每个女性一生中非常重大的事情，生育有可能会加重任何潜在的个性及情感问题，而且还会使一些未解决的问题死灰复燃。新妈妈很难预料自己对婴儿的出生会有何反应，有时，在怀孕期兴高采烈、无忧无虑，在产后却情绪低落。

产后出现情绪问题的性质、严重程度及持续的时间往往会因人而异，而同一个妈妈的情绪问题在每次生育中也会有所不同。有时，有的妈妈第一次生产后，没有出现任何情绪问题，而在接下来的生产后却面临严重的情绪问题。有的妈妈甚至还会出现产后抑郁症。

产后情绪问题的一个最重要原因，是激素不可避免地突然下降，因此，如果出现情绪低落现象，也不必惊讶，因为大多数新妈妈都会面临这样的问题，大约80%的新妈妈都会有此经历。在整个孕期，产妇的激素水平很高，而分娩后，激素水平突然下降到相对低得多的正常状态。这种急剧却正常的变动使很多新妈妈在月子期间乃至产后的好几个月都可能出现情绪突然波动、易怒、犹豫不决及焦虑等现象。尤其是在产后3~5天，持续约1周到10天，其通常与泌乳一起开始（泌乳受激素变化的控制）。

初为人母的新妈妈如果产后出现了情绪低落现象，一旦对新宝宝到来的陶醉感逐渐消退后，她就会发现很难应对做母亲这个现实。除了上面听说的症状以外，新妈妈可能会感到迷惑，怀疑自己是否有做母亲这一能力。有时还会感到沮丧，因为在新妈妈看来，学会做一个好妈妈要花费那么久的时间。不要着急，任何妈妈都不能马上进入做母亲这一角色，只有经历一段时间才能做到。

此时，新妈妈还会发现自己对丈夫的感觉和以前不一样了，这并不意味着对丈夫的感情不如以前了，事实上，这只是感觉问题，并非感情淡漠的迹象。可能，夫妻双方的感情会变得更加成熟，更加亲密。新妈妈很重要的事情，就是敞开心怀和丈夫谈论事情，因为这是预先抑制面临做母亲而产生的紧张及压力，从而不至于发展为严重的情绪问题的最好办法之一。

使自己不要过于劳累也很重要。在分娩后的最初一段时间内，疲劳是不可避免的，但对此问题不可轻视。如果感到累了，就应停下手中没必要一定要做的事情，平躺下来，使双脚比头部略高。保存体力不一定要睡眠，好好休息一下就足够了。

课堂笔记 产后抑郁症的预防

预防方法可分为三个层面：防止产后抑郁症出现、及早治疗和防止病情继续恶化。

🍃 **不要尝试成为女超人**：怀孕本身已是一个艰苦的过程，因此，应尝试减少怀孕期间的工作负担。应确保有充足均衡的营养和午餐后休息。如果可能，在怀孕期至婴儿六个月大的这段时间不要搬家。

🍃 **结识其他将有或刚有婴儿的夫妇**：其中的好处是可以互相临时帮忙照顾婴儿或者交流养育婴儿的经验。找一些你信赖的人，必要时向一些好朋友求助是很有帮助的。夫妻共同参加产前预备课程。婴儿出生后，争取每个休息机会。尝试学习小睡的诀窍。

🍃 **吸取充足营养**：安排夫妻共同的娱乐时间。如一起出外用膳、看电影、探朋友或上小酒馆等。即使尚未对性爱恢复兴趣，夫妻间也应有亲密的时刻，如接吻、拥抱及爱抚等。这不但能互相安慰，也可及早恢复对性的兴趣。

🍃 **不要互相责备及自责**：这时的生活是艰难的，双方的疲倦及易怒可能引致争吵。这个时候需要互相支持，互相责备只会进一步削弱双方的关系。当需要帮忙时，不要害怕求助。应由医生和护理人员去判断是否患上产后抑郁症。

养育宝宝是父母的天职

父母的天职可分为两大部分：抚养和教育。

每一位年轻的父母，都渴望有一个健康的宝宝。从宝宝呱呱坠地开始，就需要父母的养育。精心、科学地育儿，可以为宝宝今后的成长打下坚实的物质基础。没有一个健壮的身体，干什么都会感到力不从心，一个人的身体状况同人格有着直接关系！

身体的养育

身体健康的人一般都乐观向上，积极进取，做事充满信心。而疾病缠身的人，则忧郁、沉闷，对自己的能力表示怀疑，做事信心不足。计划生育是我国的基本国策，独生子女的身体健康，尤为重要。

健康是父母送给宝宝最好的礼物。

养育健康的宝宝，不是简单地给他吃、喝，宝宝总会有一些不尽如人意的地方，时而不爱吃饭了，时而不停地打喷嚏，时而哭闹不止，为什么会出现这样的状况？怎样让宝宝成长得更好呢？

宝宝长得是否健壮，除了遗传因素外，还受饮食、营养、睡眠、运动等诸多因素的影响。因此，爸爸妈妈要注意从以下几个方面来关注宝宝的成长。

● 合理地调配饮食

宝宝的生长发育离不开营养，宝宝的营养对他的一生和体质是非常重要的。丰富的营养能促进儿童的生长发育，为宝宝充分发挥自己的发育潜力提供物质基础。

身材高矮与身体骨骼构建关系特别密切，在骨骼形成中需要各种营养素，其中特别重要的是蛋白质和矿物质，如钙、磷、微量元素等，以及维生素D，它能促进钙、磷吸收并沉积于骨骼中形成新骨。

● 保证充足的睡眠

儿童的生长发育与体内不少内分泌腺功能有密切关系。如脑下垂体分泌的生长激素能促进、调节身体的生长发育。这种激素水平一般在宝宝夜间睡眠时达到高峰，白天时较低，故夜间睡眠时间不够会影响生长激素分泌。

如果宝宝不肯睡，可能是怕黑的心理作祟，所以让宝宝有安全感是很重要的。

为了舒缓他的不安，可在卧室亮起夜灯，还可给宝宝一件舒适的陪睡物品，如抱枕、玩具熊等。

● 帮助宝宝积极锻炼

平日很少运动的宝宝不仅活动能力弱，反应不灵敏，耐力也差，容易疲劳，身材增长也显得慢。体格锻炼能促进骨骼、肌肉、韧带、关节的发育和功能增强，使宝宝体魄健壮。

体育锻炼也是有助宝宝长高的重要因素之一。经常在阳光下进行体育锻炼，不仅可获得充足的阳光照射，而且通过跑、跳、蹦等动作对骨骼进行机械刺激可以加强骨骼的增殖能力，从而使骨骼的生长发育加快，但要注意不可过于疲劳。

因此，自幼培养宝宝好活动、爱运动、进行体育锻炼的好习惯，能促使宝宝长高。

智力的培养

父母天职的第二部分则是教育。望子成龙，自古皆然。在有健康体魄的基础上，父母都希望宝宝成为有用之才。人才学研究表明：宝宝潜在的才华比成人想象的要多得多，几乎没有不能成才的儿童（先天疾病、低能儿除外）。只要有良好的教育环境、科学的教育方法，绝大多数儿童都可以在一定程度上成才。

家长要有教育的责任感。因为宝宝出世以后，第一个生活环境是家庭，第一位教师是父母。父母对宝宝种种有意无意地引导及父母的言行，对宝宝的启蒙、成长和成才起着不可估量的作用。每一位年轻父母都要想到自己的重任，自己的天职——教育子女。

教育效果直接影响宝宝的前途，家长要重视对宝宝智力的开发，能力的培养。人与人先天的差别并不大，重要的区别在于后天的教育。家庭教育是后天教育的重要组成部分。家庭教育尤其要注意对宝宝进行智力开发。智力主要由感知能力、记忆能力、思维能力、想象能力、创造能力五种基本能力组成。所谓开发智力，就从这五种基本能力入手逐步提高。智力开发的标志，就是能力的提高。

宝宝基本能力的组成

感知能力
反映宝宝通过感觉器官对各种事物的直接认识

记忆能力
反映宝宝对外界事物的分析和综合的能力，也就是运用过去的经验来解决新的问题

思维能力
反映宝宝对外界事物的反应能力。可以通过对各种事物的认识，对不同的事物进行分类归纳

想象能力
反映宝宝在已经认识事物的基础上，在大脑中创造出新形象的能力

创造能力
反映宝宝产生新思想，发现和创造新事物的能力

心理素质的培养

家长不但要在开发智力上下工夫，还要注意对宝宝心理素质的培养。一个健康的人，不但要有健壮的身体，而且要有健康的心理、健康的人格。所谓人格，简要地说，就是人们在社会生活中形成的用以调节自己的思想和行为，以便适应和改造客观世界的个性心理品质。人格和成才有着密切关系，可以这样讲，能力和健康人格是成才的两个因素。因为人格可以促进能力充分发挥，促进能力的发展和完善，同时也可以阻碍能力的发展。一个人成才与否，重要原因并非智力上的差距，而是人格优劣所致。

根据心理学的专业理论，成人的某些心理问题是来自婴儿期。人们的实际生活也显示，3岁前的婴儿的人格发展是个人成长的重要组成部分。所谓"三岁看大"是有一些道理的。不仅如此，在婴儿时期，应该说，只有拥有了健康的心理，才会拥有健康的身体。父母们都希望拥有身心健康的宝宝，如果在发育过程中，心理上有什么偏差的话，就有可能影响到身体健康；而心理健康，在早期主要是情绪健康，是涉及整个人格的健康发展的。

人格特性包括许多方面，婴儿时期人格的健康发展则主要包括：情绪稳定性；思维与活动的独立自主性；良好的社会适应能力；乐观与自信。那么，父母应注意些什么呢？

培养快乐而稳定的情绪

——为了发展愉快、稳定的情绪特征，父母应尽可能多地与婴儿接触，与他玩耍，同他谈话，给他唱歌。包括对那些看起来不太费事，也不太哭的宝宝

培养独立自主的人格特性

——独立自主性是指在思考、想象和活动中，较显著地不依赖和不追随他人，而相对独立地进行活动。独立性的培养一般可从1岁左右开始

培养社会适应能力

——在社会上任何地方，都有必须遵守的秩序和规则。在家庭和幼儿园中也一样。这种遵守社会团体的规则的能力，就是社会适应能力，也是培养宝宝社会适应能力最重要的一点

培养自信心

——自信心决定着人做事的成败，制约着人接受任务、面向外界的勇气和克服困难的精神。因此，在某种意义上，自信是人格全面发展的重要组成部分

🪡 习惯的培养

"习惯成自然"。婴幼儿期最容易接受外界影响，是形成生活习惯、卫生习惯、行为习惯的重要时期。同时，宝宝的一些行为偏差也容易在这时出现。家长要从宝宝最小的时候抓起，注重培养良好的习惯。

一个人如有多种良好习惯，终身受益。有一种不良习惯则终身受害。习惯具有稳定性。习惯的养成，需要从点滴做起，严格要求，多次重复，反复强化。纠正不良习惯，也需有坚强的毅力和好的外部环境。习惯是每一个人都有的，既有好习惯，必然有不良习惯，对此家长要有充分认识。

育儿心得

宝宝最需要养成的良好行为习惯

良好的睡眠习惯，定时上床、起床，养成午睡的习惯，保证充足的睡眠。

符合个体特点的饮食起居习惯。

自我约束，服从纪律。

自我服务，学会独立，不依靠，做自己力所能及的事。

良好的学习习惯，注意力集中，学习的专注力强。

符合规范的社交行为，懂礼貌，不乱扔垃圾，遵守交通规则。

母亲在优育优教中的首要地位

毫无疑问，母亲在婴儿的优育优教中居首要地位。这是由母亲的身份和她得天独厚的条件决定的。

婴儿一出生，遇到的第一个人就是母亲。母亲给他哺乳，哄他睡觉，在喂养中与他建立了感情交流。于是小婴儿睡觉时总是喜欢面对着母亲的方向，喜欢听到母亲柔和的话音，看到母亲慈祥的目光和亲切的面容。在他看来，最愉快最温暖的地方就是母亲的怀抱。由最初的条件反射到后来的完全信任，小婴儿对母亲产生了深深的依恋，母亲的一举一动都在影响着宝宝、教育着宝宝。

任何一个平凡的人，只要她做了母亲，那她就给自己选择了一个崇高的事业，一个创造性的事业，这就是对人的养育和培育。

遗憾的是，并不是每一位母亲都能意识到自己在婴儿的养育和教育中究竟担任着一个什么角色。有不少母亲认为，宝宝生下来不过是一个小玩意甚至是一个小包袱。其实，宝宝正是母亲最伟大的杰作，一个母亲能够为人类、为社会做出的最大贡献就是把宝宝培养成一个健康而又具有坚强、进取精神的人。

因此，母亲每一天的经历，都是一种人生的体验和创作。或许母亲自己并没有留心，但实际上她在每天的生活中不知不觉地教了宝宝许多东西。她对宝宝的教育，远比宝宝日后在学校受到的教育更为重要。宝宝长大后，其言行、举止和为人无不打上母亲的烙印。

真正的母爱不仅在于爱，还包括育和教。一位名人曾经讲过，仅仅是爱宝宝，这是连母鸡都会的。相信年轻的母亲们都能从这富有哲理的警句中得到启示。

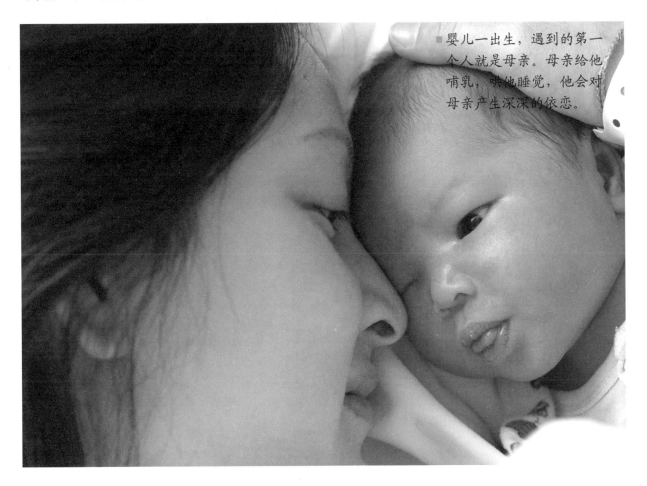

■婴儿一出生，遇到的第一个人就是母亲。母亲给他哺乳，哄他睡觉，他会对母亲产生深深的依恋。

母亲的态度影响宝宝的性格

　　母亲是宝宝精神世界的开拓者，母亲的教养态度和宝宝性格的发展有着内在的密切关系。一般来说，母亲对宝宝既要严格要求，又应尊重宝宝的意见，宝宝性格大都表现为亲切、直率、活泼、端庄，有独立精神，有活动能力，善于同大家协作共事。

■母亲对宝宝的态度，应该是不溺爱、不过分严厉，满足宝宝的情感需求，这样成长起来的宝宝，才会性格健全。

父母的态度	宝宝的性格
支配型	顺从、依赖、缺乏独立性
照管过甚	幼稚、依赖、神经质、被动、胆怯
过度保护	亲切、情绪安定、被动、依赖、沉默、缺乏社交能力
溺爱型	骄傲、任性、幼稚、情绪不稳定
顺应型	无责任心、不服从、攻击、粗暴
忽视型	冷酷、攻击、情绪不安、创造力强
拒绝型	反社会、粗暴、企图引人注意
民主型	独立、爽直、大胆。善于与人交往、协作，有分析思考能力
专制型	依赖、反抗、情绪不安、以自我为中心、大胆
父母意见分歧	两面讨好、易说谎、投机取巧
过于严厉、经常打骂	顽固、冷酷无情、倔强或缺乏自信心及自尊心

良好的亲子依恋关系影响宝宝的一生

依恋是在宝宝生活最初的两年内，与主要养育者之间建立的一种关系。依恋的质量会影响到宝宝的社交、情感和智能发展。在亲子依恋关系中，婴幼儿获得的是安全感和信任感，这种积极的情感体验有助于婴幼儿形成与其他人交往时健康的人格态度。良好的亲子依恋关系不仅可以帮助宝宝认识世界，提高他们探索世界的欲望，更有助于宝宝日后良好社会交往关系的建立。如果宝宝的依恋最终换来的是温暖、受保护和健康，他就会懂得其他人是有价值的，而且人际关系是值得建立的。如果妈妈和宝宝之间没有形成安全的亲子依恋关系，往往会导致宝宝胆小、焦虑，缺乏安全感，容易产生暴躁和发怒的情绪。

发展宝宝对母亲和其他亲人的依恋，有利于儿童安全感和社会行为的发育。

所以，日常生活中，家长应该积极利用各种生活场景以及照顾宝宝的机会，如哺乳、洗澡等，经常朝宝宝微笑，经常抱抱宝宝、亲亲宝宝的小脸蛋等，积极与宝宝交流，让宝宝时刻都能感受到妈妈的关怀和爱，促进宝宝和妈妈之间建立安全、积极、健康的母婴依恋关系。

所以，从某种程度上说，与宝宝建立依恋关系的经历会对宝宝一生的发展产生影响，这种影响会体现于宝宝今后处理日常生活中的关系中、价值体系的建立过程中以及如何寻找快乐的选择中。依恋的形成为宝宝上了终身受益的第一堂课。

■ 依恋可增加父母的照顾行为，使父母给儿童更多的保护和关爱，促进亲子依恋的发展。依恋可使儿童学习某些社会行为，如礼貌、友善等，有利于儿童适应社会生活。依恋还有利于儿童遵从父母相同的价值观。依恋的剥夺可能使儿童产生人格障碍。

宝宝依恋行为经历的四个发育阶段

第一阶段	从出生到12周。婴儿对刺激做出反应，但不能对不同的人做出不同的反应。当看到人走动，会用视觉追踪；当人走过来，会微笑、发声
第二阶段	12周~6个月。对其他人仍然友好，但对母亲或其他带养者反应更为友好
第三阶段	6个月至2岁。通过身体移动和信号(微笑、发声)表示想与认识的人保持亲近的意向。反应具有选择性，表现为对母亲打招呼，对陌生人感到不安
第四阶段	2~3岁。认识到自己的行为与母亲或其他带养者的反应及行为的关系，以自己的良好行为，获得母亲或其他带养者的微笑和爱抚。3岁以后，儿童的依恋行为减弱

人说母亲是最伟大的，母亲既是老师，也是宝宝的营养师，更是家里的保姆，没有人会怀疑母亲的爱心，可是除了爱心，我们还能给宝宝什么呢？

母亲的伟大就在于，为了宝宝，她可以把自己塑造成另一个人。平时大意的人变得细心了，平时急性子的人变得有耐心了，至于童心就更不用说了。

当好妈妈，你需要具备三颗心

要当一个好妈妈也并不容易，如今大多数人只有一个宝宝，都不想留下什么缺憾。当一个好妈妈，你最好应该具备三颗心。

第 1 颗心：细心

一般大家都以为，当个好妈妈最起码得有一颗爱心，但这并不是首要条件，因为没有不爱宝宝的妈妈，每个妈妈都能做到有爱心，但不是每个妈妈都做得到细心的。

妈妈的细心就在于对宝宝的观察。像老中医那样得知道望、闻、问、切，对宝宝的生活规律、日常饮食、情绪变化等等都得仔细认真地观察，不能早早地下结论。

观察宝宝的言行举止，特别是对年龄小、还不能表达自己想法的宝宝，观察是妈妈帮助宝宝找到问题、解决问题的钥匙。

相信宝宝的能力，然后经常认真地观察宝宝的行为，就能了解宝宝的需求。

第 2 颗心：耐心

这一点并不容易做到。面对宝宝的淘气，有时候妈妈也会忍不住要发火。正因为如此，耐心其实应该是当好妈妈很重要的一项品质。有很多事情，只有在妈妈足够的耐心下才能做好的。

第 3 颗心：童心

在养育宝宝的过程中，做父母的最重要的一点，就是要保持一颗童心了。

父母只有拥有一颗童心，才能真正理解宝宝的需要。这话说起来简单，做起来却很难。

有的父母认为自己已经摸爬滚打了差不多二三十年，自认为自己的经验教训是最丰富的，一心想把自己的经验教训传授给宝宝，希望宝宝不要在自己曾经跌倒的地方再次跌倒。

可是，父母首先还必须尊重宝宝的成长规律。也许宝宝根本理解不了当父母的这片好心。

因此，父母必须回到宝宝的视点，和宝宝站在同样的角度考虑宝宝的需要，在这样的角度给宝宝做一个指导。当你的宝宝长到3岁以后，你发现他的语言成熟了，想法也比以前多了。他正在用他自己的眼睛、耳朵、身体感受着这个世界。他对下雨感兴趣，他对踩水塘感兴趣，他对自己的大便都有很浓厚的兴趣。

仔细想想，其实这些不也正是我们小时候感兴趣的东西吗？

所以遇到这样的问题，做父母的还是应该首先理解宝宝的想法，帮助宝宝一起解决他的这些疑问和困惑。

■ 我们只有以一颗纯洁的童心和宝宝一起长大，才会发现宝宝世界里许多奇妙美丽的东西。父母要让宝宝觉得亲切，宝宝也让父母觉得更可爱。

父亲是宝宝心智健康的守护神

由于缺乏经验，男人常会让人觉得不适合担任育婴的工作。然而，研究表明，常和父亲相处的宝宝智商高，没有父亲的爱培养出来的宝宝，往往是有心理缺陷的人，社会学家发现，和父亲联系紧密的宝宝，在自信心、独立性、社交能力等各方面，都比缺乏父亲关心的宝宝强，这是由父亲对宝宝特殊的教养方式和父亲的人格力量影响决定的。

父亲和宝宝一起游戏时，总是以大朋友的姿态出现；父亲喜欢带宝宝郊游参观，扩大视野；在与宝宝的交往中，父亲往往做一些创造性、动态性的游戏；而且父亲在人际交往中的坦诚、粗犷、幽默、坚强、对新事物的探索精神、对事业的忘我投入和向往实现自我价值等特点，对宝宝都有着潜移默化的影响。

父亲的关心，是儿童快乐最重要的源泉。作为父亲，无论职务多高，工作多忙，都应抽出一定的时间与宝宝在一起，听听他们的心里话，帮助宝宝克服弱点，培养他们的自信和兴趣。母亲应经常把宝宝的情况与丈夫交流，一起探讨教育宝宝的方法，共同肩负起家长的责任。年轻的父亲，只要用心去参与，就会享受到天伦之乐。

研究表明，当父亲和宝宝的关系比较密切的时候，宝宝会增加安全感，不但能自信地应对外面的世界，而且内心世界也较平和。

专家一致认为，父亲和母亲接触宝宝的方式不一样，父亲倾向于和宝宝玩耍，做一些新奇有趣且令人兴奋的游戏，而母亲则多以温柔的方式抱着宝宝和宝宝说话。

另外，父亲多数会对宝宝挠痒，并把宝宝向空中举起。心理学家观察到宝宝在3个月大时对爸爸和妈妈的反应不一样。宝宝听到妈妈的声音时，他开始四处搜寻，面部柔和，四肢移动的速度也会放慢下来，好像期待妈妈抚慰；而在父亲靠近时，宝宝会耸肩挑眉，表现得像期待玩耍一样。

所以，父母给予宝宝不同的刺激，这对宝宝的健康有平衡的作用。

父亲对宝宝的影响

对宝宝的独立性会产生影响	宝宝生下来的前几周，大多是由母亲照顾的，在宝宝日后的成长过程中，父亲会慢慢成为宝宝生活中的"最重要的人"。通过父亲，宝宝能慢慢体会到分离、转换。宝宝认为父亲是"冒险刺激"的来源。宝宝在和父亲玩游戏时，学会了冒险和解决问题的能力
对宝宝的社交能力产生影响	和父母关系较好的宝宝，较之单纯和母亲关系密切的宝宝对事物的兴趣比较高。常和父亲在一起的宝宝，社交能力较强，也能较快学会说话，喜欢玩游戏，且更急着让人抱
对宝宝的信心产生影响	常和父亲在一起的宝宝，较易适应新环境。专家们发现，由父亲负主要养育责任的宝宝，在面对新环境，如去托儿所时的焦虑感较低
对宝宝的心智发展产生影响	感情丰富的父亲，其宝宝智力测验的成绩比父亲冷淡的宝宝高；和父亲比较亲近的宝宝，数学成绩相对较高，这其实是一种"模仿行为"。假如宝宝希望像父亲一样，他们就会学习父亲的行为和思考方式，也就是采用父亲解决问题的方式。另外，父亲还会让宝宝产生强烈的性别意识
对宝宝设身处地为他人着想的性格产生影响	和父亲相处时间较长的宝宝，在长大后较能为他人设身处地地着想。假如父亲很会照顾人，宝宝也能效仿。父亲除了对男孩有榜样作用外，对女孩也有极强的影响力，如父亲会鼓励女儿参加具有竞争性的活动，这对女孩的成绩提高有好处。如父亲会教女儿从事传统的男性活动，如修理家电等，无疑在帮助女孩发展自信心及拓展生存的技能

科学育儿理念的树立

很多父母为宝宝的生活需求、生理需要、智力开发、特长培养而呕心沥血。可是对宝宝的人格教育却异常落后，在许多人心目中甚至可以说是盲点。有的父母说："生儿育女是人之天性，不用教也不用学。"这话对吗？应该说，至少不全对。养育宝宝是一门科学，不能单纯凭父母的兴之所至和近乎痴迷的爱心。

正确的育儿观是怎样的

虽然不要求为人父母者必须接受儿童心理学家和教育家的训练，但每一位父母都应该学习掌握一些哺育宝宝的最起码的心理知识、生理知识和卫生常识。

养育方式不当，宝宝最受伤

据报道，到儿童医院就诊的宝宝一多半都是由于父母养育不当致病的，不是吃得过多就是捂得太厚。

"要让宝宝安，三分饥和寒。"这种民间育儿经验有其科学合理的成分，应当辩证地学习应用。当宝宝不想吃的时候也非得往下塞，很快就会把宝宝的胃口塞没了，小小婴儿稚嫩的胃肠消化道始终处于超负荷运转，怎么能不病呢？

现在的广告满天飞，儿童食品五花八门、应有尽有，甚至还出现了宝宝滋补药品。年轻的父母应当学会分析比较，不要听风就是雨，让小宝宝吃这个喝那个。只要不偏食，合理配餐，按时吃饭，宝宝的营养是不会有问题的。

要知道，婴儿的第一需要就是吃，肚子饿了他自然要吃，不需要依靠某些滋补品来调节。宝宝的身体健康与否，也不是那些滋补品所能左右的。

顺便说一句，在当前一些社会不正之风的影响下，一些所谓的滋补营养药品质量很成问题，对婴儿非但无益，而且有害。

问题的关键还在于父母的教养方式。如果一个婴儿从长了牙齿后每天零食不断，他怎么会爱吃饭呢？又怎么能身体强健呢？

端正你的育儿观

目前，在相当一些家庭中存在着教育误区，片面强调智力开发，忽视了宝宝的品德、行为等非智力因素的养成教育，认为自己的宝宝只是个婴儿，品德行为教育为时过早。

其实，婴儿的生活中处处可融进教育内容，教育应是随时随地、自然而然、潜移默化地进行的。宝宝的玩具越贵越好，玩不了两次就扔了又买新的；要什么给什么，给什么不稀罕什么……备受父母关怀和宠爱的婴儿，现在就已不珍惜来之不易的幸福，将来又怎么能成为栋梁之才呢？

另外，喂养方式也很重要。婴儿首先需要的是爱，否则，即使得到很好的哺育也会食欲缺乏、消化不良、睡眠不好。

如果一位母亲一边哺乳一边看电视，或者是一边跟自己的女友聊天，就会使婴儿感觉到母亲并不属于他，仅仅是出于义务而喂养他，感到索然无味，毫无乐趣，在幼小的心灵上投下阴影。

的确，如何做父母是一门系统的科学，需要每一位为人父母者认真研读，以提高做父母的严肃性和智能性。

现代育儿观的基本类型

父母的育儿观可分为以下类型:

娇惯型

其特点是生活上娇惯放纵,最大限度地满足子女的一切要求,注重抚养而忽视教育。

人们的生活水平提高了,有了较富足的物质基础,家长总是让宝宝吃得精细,穿得漂亮,对养育比较重视。对此无可非议,因为任何人都需要有一个健康的身体。

问题在于重视抚养而轻视教育。宝宝在婴幼儿时期就"追着喂、拍着睡"。宝宝大一点后,父母对他们总是言听计从,宝宝的一切要求都给予满足,势必会造成"只知受爱,不知爱人"的心理缺陷,造成宝宝"只知人为我,不知我为人"的心理扭曲。

更有害的,将会导致少年儿童缺乏自我控制和调节的意志和能力,形成不健康的人格。

自然型

其特点是父母与子女互相游离,互不干涉,一切任其自由发展。

有些家长对宝宝十分冷漠,不因宝宝进步而高兴,也不因宝宝退步而焦虑,认为养育是家长的职责,教育则应由幼儿园、学校完成。

还有人认为"树大自然直",宝宝小没关系,宝宝长大以后,一切会自然而然走上正轨。这部分家长不理解宝宝的苦恼,不帮助宝宝进步,当宝宝出现较大问题时,父母还蒙在鼓里,虽有恍然之悟,却也为时太晚。

控制型

其特点是封建意识强,制定多种禁令束缚宝宝手脚。

有的家长不把宝宝看成是一个独立的、有强烈自尊心的人,认为"宝宝是我的骨肉,父母意志就是子女意志"。为子女规定呆板的生活方式,以自己的好恶标准,决定宝宝的取舍。宝宝的所有行为都要在家长严密控制之下,稍有异议或"越轨",即视为大逆不道,以强制手段胁迫宝宝绝对服从。

这种育儿方式容易产生的结果是,在强力压制下,宝宝易形成呆头呆脑、文过饰非、弄虚作假、顽梗对抗等不良品格,失去了活泼的天性、广泛的兴趣和强烈的求知欲,更可怕的是,这种方式会毁掉宝宝最宝贵的自重自爱,奋勇争先的自尊心和自信心。

单纯智力型

其特点是对宝宝智力开发、技能技巧的培养十分重视,以至于要求过高过急。的确,从社会发展来看,培养智力型人才,对国家、社会、家庭乃至宝宝本身都有好处。

但是,智力水平的提高、智能的开发,是多方面综合作用的反映,其发展也有一定规律。

为了提高智力,有的家长提出过高、过早的教育要求,将宝宝压得喘不过气来,甚至超过宝宝身体和精神的承受力。有的宝宝同时要学英语、练器乐、学绘画、练舞蹈。

一个人能力、精力都是有限的,更何况宝宝身体发育还不成熟,齐头并进如何能学好?非但学不好,还会产生副作用,由于不能提出适度的教育要求,单纯开发智力,易使宝宝产生厌学心理及恐惧学校的情绪,使宝宝因屡遭失败和挫折,失去前进的动力和目标。

全面负责型

其特点是掌握教育规律,注重全面智力开发,兼顾情商的培养。

父母既要重视宝宝的抚养,也要重视教育,既注意智力的开发,又要注意对宝宝心理素质的培养、健康人格的塑造。注意各种因素对宝宝的成长所起的作用,这才是科学的育儿观。

父母的育儿观,对宝宝一生的成长甚为重要。

　　家长要在科学的育儿观指导下，对宝宝的教育做整体规划，在尊重独立人格的前提下，了解子女，掌握知识、技能发展的特点，本着全面负责的原则，创造一个和谐融洽、充满生活情趣、富有知识素养的家庭教育环境，使宝宝既具有健壮的体魄、丰富的知识，同时也具有健康的人格。这是每一位负责的、有远见的父母都应该做的。

■ 父母既要重视宝宝的智力开发，又要重视心理素质的培养、健康人格的塑造，双管齐下，才能造就身心全面健康的宝宝。

明确你的育儿目标

如今，满足宝宝的物质要求，对大部分父母来说已不是难事。但是，对宝宝的教育并没有得到较大的改进，相反，在一定程度上存在片面性。能根据子女的生理、心理特点，做到养教结合，扬其所长，方法得当，并收到较理想效果的父母并不多。倘若父母有明确的育儿目标，育儿效果将事半功倍。

育儿需要正确的育儿目标

溺爱的宝宝长不大

有的新手父母只注重智力的培养，忽视德育教育，忽视儿童实际情况，进行不合理的早期教育，把儿童变成没有儿童期的儿童，势必影响儿童身心健康，甚而会引起儿童行为与情绪异常。

此外，对宝宝溺爱往往造成宝宝或妄自尊大、老子天下第一，或脱离集体、以自我为中心的心理，家庭全包全替的服务使宝宝的生活自理能力和劳动能力极低，产生各种形式的行为异常或情绪异常，如儿童多动症、儿童强迫行为、儿童退缩行为反应等。

对宝宝在饮食上给予最大的满足，导致过养儿、肥胖儿日益增多。有的家长在宝宝婴幼儿阶段过度喂养，或恐惧过食而不能合理喂养，致使宝宝罹患消化营养紊乱，影响着宝宝的身体健康。在精神上也直接影响了宝宝在成长期情商的建立。

所有这些现象，都是由于父母缺乏科学育儿知识和缺少正确的育儿目标。因此，树立正确的、科学的育儿观至关重要。

考虑确立子女的培育目标

育儿技术十分重要，但是以什么样的想法去育儿更重要。因此，怎样去养育子女，如何去培养，育儿的目标又是什么，是父母首先必须考虑的问题。

通常对子女的培育目标，通俗而朴素的说法是：要培育成为一个"好宝宝"。但怎样才是一个"好宝宝"呢？

能否说听父母的话，就是"好宝宝"？显然不全面。培育成为身心健康的小宝宝，就是达到了"好宝宝"的目标了吧。对于培育健康的身体是容易理解的，只要精心照料和加强锻炼就容易达到目标。可是培育成为健全身心的好宝宝，并非易事。

因此，作为父母，树立一个正确的育儿目标是最重要的。

■ 如果可能的话，最好夫妻双方在孕前，或孕期中就制定明确的育儿目标。

具体的育儿目标

对于这个问题，很难定出一个标准，仅就一般对宝宝身心的培育较为重要的几点来谈，列举如下。

身体条件

培育一个健康的宝宝要注意下列三点。

●锻炼有抵抗力的宝宝

结实的身体指的是不容易生病，即使生病也不至于过于严重。通过锻炼是可以达到身体结实的目标的。然而，在婴儿阶段过于激进的锻炼又不适当。具体做法请参见本书各章节的宝宝饮食营养和运动训练部分。

●预防事故与疾病的发生

定期定时进行计划免疫，也就是按时预防接种。宝宝突然事故的发生是很难预料的，所以对宝宝要特别精心照料。

●力求早期发现疾病和异常

要密切观察宝宝的状态。一旦发现有异常，及时处理或请医生。切不要忽视或拖延，以免贻误诊断与治疗。

精神条件

这是培育宝宝健全的精神世界的问题。随着宝宝的神经发育的不断成熟，依据其智力所能理解或意识到的程度，通过父母和周围环境的直接授予和间接辐射，以语言、行动、思想、思维方式感染和培育宝宝，使宝宝逐步建立起协调性、自主性、顺应性、韧毅性和进取性。

协调性	自主性	顺应性	韧毅性	进取性
合群、能与其他宝宝一起生活和学习，能协调、讲团结	养成宝宝独立生活的习惯，避免饭来张口、衣来伸手，甚至已上了小学，仍不会自己系鞋带、结纽扣等问题	能顺应环境的变迁。躯体对寒暑的自然变化如不能顺应时，则容易罹患各种疾病；如不能顺应心境的变化时，则不能自立。宝宝是缺少顺应性的。当送去托儿所时，会哭闹、害怕。平日父母应注重养成其顺应性的能力	对做某一事务的持续性和耐性，而应避免其朝三暮四，不专心致志	培养宝宝的上进心和创造精神。自从会玩玩具起就要注意通过游戏等培养锻炼宝宝思考、创造的能力

讲究育儿的科学方法

对宝宝，尤其是对独生子女无止境地溺爱，往往造成小儿或妄自尊大、老子天下第一，或脱离集体，养成以自我为中心的心理，或家庭全包全替的周到服务，使宝宝的生活自理能力和劳动能力极低，甚或形成病态，引起各种形式的行为异常或情绪异常，如儿童多动症、儿童强迫行为、儿童退缩行为、儿童过度焦虑反应等一系列病态反应。

做父母是一项很专门的学问

当下，80后的新爸妈们，可能正在为刚出生的小家伙手忙脚乱、不知所措，也有不少的90后父母加入了进来。即便使尽了浑身解数，还是恨自己没有三头六臂。其实，做父母也是一项很专门的学问。

担负在新手爸妈肩上的育儿重任

有人说，做父母是一件很专业化的事情，因为它关系到宝宝一生的健康和幸福。确实是这样，3岁前可以说决定了宝宝的一生。如果缺乏应有的培养、教导与锻炼，会影响宝宝正常的生长发育与身心健康。如有的宝宝到了该走路的年龄，还停留在爬行的阶段；到了该说话叫"爸爸妈妈"的时候，还总是"嗯嗯、啊啊"的发音不清；到了该自己吃饭的年龄，还不知道怎么把饭菜送进嘴里；到了该自己解决排大小便的时候，还不知道怎么拉下裤子……所有这些都与爸爸妈妈的育儿方式密切相关。

养育宝宝的日子，是非常幸福而艰辛的，从宝宝呱呱坠地、嗷嗷待哺，到宝宝的抬头、坐立、翻身、学爬、学会走路，乃至吃喝拉撒等，都需要爸爸妈妈的全方位照护，容不得丝毫的懈怠，否则，可能导致宝宝生病和影响大脑的发育。

新手父母要树立什么样的育儿态度

育儿是父母应尽的责任和义务，也不妨把这个过程当做一种创造性的欢乐。在获得创造性成果或完成一件有趣味的创造时，人们总会从心理上感受到欢乐，育儿就是这样。眼看子女在自己的关心照顾下，一天天成长起来，必然会感到愉快和欢乐，并从中体验到育儿工作的意义。

人们对自己子女的未来期望的心情虽然是不难理解的，但是期望并不等于现实，它带有许多未知的因素，像做梦一样。妊娠时的母亲，开始时就怀着梦一样的期望，想象着自己宝宝的音容笑貌。怀抱宝宝的父母对宝宝的未来也都寄予梦想一般的希望。正是这种希望激起了强烈的育儿之心。

但是，父母对宝宝的未来不可期望过高，不可脱离实际，不能要求宝宝达到力不能及的程度。既不宠爱，又不放手不管，努力为其发挥主观能动性创造条件，这才是正确的育儿态度。对宝宝过于照顾、宠爱或不适当地干涉，不但不利于宝宝自主能力的发挥，而且会成为宝宝的精神负担。

选择最适合的育儿方针

担负养育宝宝责任的人自然是父母，而不是爷爷奶奶。如果爷爷奶奶与宝宝的父母同居，当然要首先倾听老人的经验之谈。然而爷爷奶奶和年轻的爸爸妈妈毕竟是两个时代的人，所以育儿方针也会有所差异。因此，最好开个家庭会，商量一下家庭育儿方针。

家庭不同，其育儿方法、对宝宝的教育等等也会大不相同。

● 爷爷奶奶多溺爱

一般爷爷奶奶总是过分地溺爱孙子或孙女，往往容易使宝宝变成爱撒娇的娇气包。说得好听点，就是用宽容精神养育的结果吧。比如宝宝哭了，赶紧给些什么东西；宝宝一提什么要求，马上照办；等等。而宝宝呢，习惯于此，慢慢就倒向爷爷奶奶一边，变得骄蛮任性。

● 父母育儿要从大处着眼

作为父母，必须从大处着眼来看待宝宝的所作所为，要不断给宝宝指出所做的事情是好是坏，哪些可以、哪些不可以等。与此同时，当爸爸妈妈的还要能适当倾听宝宝的要求，适当让宝宝自由发展。表面看来似乎是娇宠宝宝，实际上如此做却能培养出遵守社会秩序、具有独立思考能力、和善而又出色的人才。

最近，严格的育儿方法少了。尊重宝宝的个性，从小严格教养宝宝，肯定可以培养出一个具有超群能力的出色的人才的。但是，不要以为严格教养宝宝，就是要经常用命令式的口气，这样的"严格"教育，往往容易因不能满足宝宝的正当要求而使宝宝性格变得古怪，有的会变成反抗型、攻击型、和或情绪不发达型的人。

● 寻求育儿方针的统一性

当然，各个家庭，可以有其特有的育儿风格。成员较多的大家庭，应该时常谈谈对培养宝宝的看法。不能忘记，养育宝宝的责任与义务在于父母，别人只能帮忙，当然也应该帮忙。周围的人不能过多地指点，帮倒忙，否则会打乱宝宝父母的原有育儿方针。比如当妈妈严厉要求宝宝时，其他人也要相应地配合。假如妈妈严厉，其他人却采取纵容的态度，那是无法教育好宝宝的。

家庭成员不协调，育儿方针不统一，则宝宝的个性也会不协调。例如，爸爸妈妈想严厉些，而爷爷奶奶却反对如此，一味纵容，宝宝就会变得骄纵，并倒向爷爷奶奶一边。长此以往，宝宝就会对爸爸妈妈不好，从小学会敷衍大人的一套把戏，从而变成一个表里不一、阳奉阴违的人，而且很可能终生如此。

■ 爷爷奶奶对孙子或孙女过于溺爱，易使得宝宝养成娇气、刁蛮任性的性格。

正确看待五花八门的育儿书刊及经验

您刚刚获得父亲母亲的头衔，站在为人父母的起跑线上，您没有经验，往往感到不知所措，无从做起。因此，您有必要请教一些育儿书刊，从前人的育儿经验及科学的育儿知识中得到启示。这样，可以使您减少许多麻烦，妥善解决一些问题，使您的育儿工作从容不迫，更简单也更有效。

然而，正如只凭书本知识无法驾驶汽车一样，您必须把书上的知识灵活运用到您的实际育儿工作中去，才能得到成功。

此外，每个宝宝都有其各自的特点，您的小宝宝有其独特的、鲜明的个性与气质，吃奶的模样、哭闹的方式、睡眠的特点，都会与其他宝宝不尽相同，可以说一个宝宝一个样。

因此，您绝不要把育儿书刊奉为放之四海而皆准的真经，机械地生搬硬套。如果您发现您的宝宝某一点与书上所介绍的不符时，更不要惊慌失措，认为宝宝有什么不对劲。

要知道，所有的育儿书刊仅能提供有关婴儿发育的一些基本常识，书中所叙述的婴儿喂养方法、婴儿身体和智力发育情况等都是取的平均值，是就普遍性而言，不一定完全适合您的宝宝。对于邻居及其他母亲的经验，您也应该辩证地看待，吸收其中合理的部分，而不能盲从，人云亦云。

请记住，您的宝宝是独立存在的，不可能与别的宝宝完全一样。对于宝宝的培养教育绝没有完全通用的方法，对一些宝宝能够产生良好效果的某种方法，不一定也适合您的宝宝。

如果您不了解宝宝的个性，生搬硬套书上的公式和别人的经验去塑造自己的宝宝，就有可能影响宝宝的正常发展，最后使得您的教育以失败而告终。

■ 最明智的态度，就是把育儿书刊和别人的经验作为参考资料，悉心了解自己宝宝的个性，掌握其生理心理特点，把各种各样的科学知识融会到育儿实际工作中，使宝宝幸福、健康地成长。

为人父母要加强自身修养

家庭是宝宝的第一所学校，父母是宝宝的第一任教师，是宝宝最为亲近的人。

宝宝和父母生活在一起，时时刻刻受到父母潜移默化的影响，并且终生难忘。所谓"有其父必有其子"，倒不完全是因为遗传的因素，更重要的是宝宝早期模仿的结果。

宝宝虽然还不会说话，对父母的行为更不能理解，但他的目光却像永不停息的电波，时刻追随着父母，捕捉、记录着来自父母的信息，积累在脑子里，构成个人的行为因素。

因此，父母不仅是子女的养育者，也是第一个榜样，具有极大的影响力和感召力。称职的父母总是尽可能地把自己身上的优点展示给宝宝。宝宝不是像一块黏土那样可以由父母按照自己的愿望随意塑造。事实上，天下所有善良的父母对宝宝都怀有一颗爱心，都希望自己的辛勤培育能结出美好的果实。

然而，当良好的愿望通过不良的教育方式体现在教育行为上时，则往往事与愿违。一些父母以极大的努力，不惜任何代价设法提高自己宝宝的素质，却忽视了自己作为教育者自身素质和自我修养水平的提高。

明智的父母应当从自我做起，认真地反省自己，检查一下自己性格中有哪些长处和短处，取长弃短，注意约束自己的言行，不断完善自身，和宝宝一起成长。

现代社会，人们的生活方式、思想观念日新月异，许多都是父母们闻所未闻、见所未见的，这也给新手父母提出了新的挑战。父母们必须重新调整自己的教育观念和教育方式，不断汲取社会信息，用新知识、新信息、新观念来充实自己，不断重新塑造自我。

育儿小讲坛 宝宝心目中的妈妈是什么样的

3岁宝宝心目中理想的母亲形象是什么样的呢？调查表明，3岁宝宝心目中的母亲形象已经远远超出了传统的"慈母形象"，他们理想的"现代母亲"是这样的：懂一点电脑，化一点淡妆，少一点说教，多给点空间，有气质，爱学习，像个朋友一样。

如何通过"现代母爱"，真正走近宝宝，给宝宝最需要的温暖？下面介绍几个"充电"的途径。

首先是学会倾听宝宝的心声，多抽点时间，坐下来和宝宝聊聊，即使你的宝宝刚满1岁，光明正大地了解宝宝的想法，倾听宝宝的声音，再加以鼓励和引导，会增强宝宝对母亲的信任感。

其次要学会教育，尽量给宝宝以和风细雨式的指点，而不是粗暴的指责和唠叨，让宝宝在遭遇挫折时乐意向母亲求助。最关键的还是母亲要学会学习，而不是将希望全部寄托在宝宝身上。

每个做母亲的，都要注重提高自身素质，在生活中做宝宝的榜样，这样的母亲才不会被社会淘汰，不会被宝宝轻视，也更容易与宝宝产生共同语言。

做父母其实并不难，信任自己最关键

等待成为父母的过程总是伴随着甜蜜和不安，第一次为人父母多少会因为自己缺乏经验而苦恼。别着急，其实做父母并不难，先从心理上调节自己吧。

给自己足够的信心

首先应该给自己足够的信心，因为对于即将出生的宝宝来说，父母是唯一的，只有父母才是养育他的最佳人选。不要因为自己没有经验而慌张，每个父母都是从自己的第一个宝宝开始做起的，只要顺其自然，从容自信，都能带出最好的宝宝来。

逐步积累育儿经验

著名育儿专家区慕洁教授认为，做父母的经验会在照料宝宝的过程中逐渐积累起来。在抚育宝宝的过程中慢慢地学会了如何做父母。比如给宝宝喂奶、换尿布、洗澡等，在这些过程中父母和宝宝间形成了互相信任的情感，同时父母也逐渐走向成熟。

不要被别人的话吓倒

准父母一定会经常和亲友谈论如何抚养宝宝的事情，也会更加留心报纸杂志上的相关文章。于是会有各种不同的说法充斥在父母的头脑中，有些甚至互相矛盾。怎么办，该听谁的？意见越多越觉得迷茫。其实不要把别人所有的话都当真，更不要被他们的话吓倒，要敢于相信自己的常识。父母出于本能的爱心而给予宝宝的关心和照顾比那些技巧更重要。

想想自己的父母

人们的基础知识来自他们的自身经验，即他们的父母是如何从小把他们带大的。你将成为什么类型的父母很大程度上受到你父母的影响。当然，可以认真地思考一下他们的养育方式，从中找出有益的东西，反思他们的不足，这样有助于更好地抚养宝宝。

■ 给宝宝换尿片、喂奶、带宝宝看病、培养宝宝的好习惯、和宝宝一起做运动……所有这些都是需要父母在养育宝宝的过程中逐渐摸索出来的，没有哪个父母天生就会做父母。

积极参与，尽到做父亲的职责

现代社会，父亲越来越积极地参与到家务和养育宝宝的工作中来。不论母亲有无工作，照料宝宝都是两个人的事。心理学家发现，父亲分担育儿职责，对宝宝的健康成长发育起着重要作用，是不可替代的。

父母不同的影响力

父母是以全然不同的方式影响宝宝的。

母亲给予宝宝的乳汁、爱抚、对视、对话、护理等，都为宝宝身心健康发育提供了良好的条件。

父亲对宝宝多以激励的方式教育，交往的方式和内容多以游戏为主，身体运动方式交流较多、大运动的刺激较多。这样，父亲自然地成了宝宝游戏的伙伴，宝宝和父亲在一起会感到愉悦、兴奋和平等，父亲也是宝宝情感满足的重要源泉和依赖对象。

促进智力发育

从父亲那里，宝宝可以学到丰富、广阔的知识，广泛地认识自然、社会，并通过花样变换多样的活动、玩法，逐步培养起动手操作能力、探索精神，刺激、丰富宝宝的想象力，并发展宝宝旺盛的求知欲和好奇心。

良好个性品质的形成

一般来说，父亲通常具有独立、自信、勇敢、坚强、开朗、大方等个性特征。宝宝在与父亲的不断交往中，既能潜移默化地感受到父爱，又能模仿、学习父亲的言谈举止。

性别角色的认识

宝宝对两性关系的认识最早来源于家庭。如果男孩与父亲交往过少，则容易导致"女性化"倾向。对女孩来说，通过对父母性格特性的认识，会强化自己的性别意识，掌握性别角色标准。

共同分担育儿的职责

教育和培养宝宝是父母共同的责任，父母在行为方式上的差异可以互补，宝宝在得到鼓励、推动的同时，也不乏耐心的呵护。

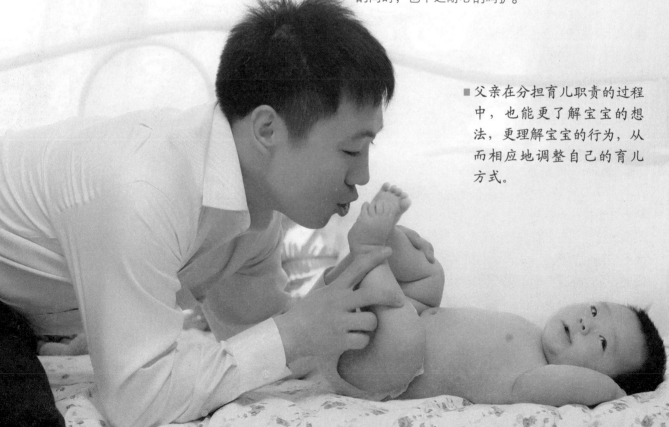

■父亲在分担育儿职责的过程中，也能更了解宝宝的想法，更理解宝宝的行为，从而相应地调整自己的育儿方式。

父亲如何与宝宝交流

当宝宝非常开心地笑的时候，肌肉活动会变得强烈，血管的紧张度也会升高，体内的新陈代谢会进行得非常旺盛，此外也会供给脑部非常充足的氧分（脑障碍儿的产生，就是由于脑中氧的供给不够充分）。

笑可以引起宝宝积极的感情，培育出朝气蓬勃、魁梧健壮的小孩，所以要尽量让宝宝多笑，以维持他积极的情绪状态。

在幼儿时期不常和父亲一起游玩、不经常笑的宝宝，容易产生各种各样的问题。由于父亲所扮演角色的不同，培育出来的小孩性情也会不同。

如果父亲从宝宝两三个月左右开始，就和宝宝之间有交流，会逗他、陪他笑、和他玩，这样就绝对不会培育出不爱说话的宝宝。而且在这期间，和父亲有良好交流的宝宝，在1~3岁这段时间，会和父亲一起玩得非常高兴。

如果到了2~3岁，宝宝还和父亲不太亲密，那就是从出生两三个月直到六七个月这段时间，彼此交流不够的缘故。

此外，如果在出生5个月左右，父亲经常和宝宝一起玩，那么宝宝的反应会更敏捷。

■ 父亲的职责对于家庭幸福、宝宝健康成长必不可少哦！

如果你是一位职场妈妈

有了宝宝的生活更需要白领妈妈的收入来支撑，白天工作，晚上回家才能见到小宝贝，这是所有职场妈妈难以改变的事实。职业女性当了妈妈后，如何兼顾工作和家庭？

■ 即使只有短暂的时间，也要利用与宝宝在一起的机会，通过皮肤接触和愉快的游戏等，表现出浓浓的爱意。

要表现充分的爱意

如果宝宝得不到充分的爱抚的话，容易出现语言或行为障碍，缺乏注意力等。当宝宝总是抱着不安和焦急的心情，或即使表现了也无人接受的时候，就经常会出现这样的现象。尤其是当爸爸妈妈因为单位工作太忙而无暇照看的时候，这些现象表现得更加突出。因此，妈妈晚上回家后，要多抱抱宝宝，多跟宝宝在一起玩乐。

夫妻共同承担育儿的责任

丈夫的帮助不但能使家务活变得更加容易，也能给妻子莫大的安慰。因此，丈夫应经常关心妻子，主动询问累不累，需要什么帮助等，表现出对家务活和育儿等问题的积极姿态。

对宝宝不必总是心怀歉意

即使因为不能很好地照看宝宝而愧疚，也要表现出对自己从事的工作充满自信和喜悦，使宝宝安定。妈妈总是对宝宝表示歉意，宝宝非但不能理解妈妈，反而会因为妈妈不在自己身边而更加哭闹。

不要寄希望于物质补偿

双薪家庭特别要注意的是不要寄希望于对宝宝的物质补偿，如用给宝宝买玩具或衣服等行为，来弥补因为不能经常与宝宝在一起而产生的歉意。其实，只要妈妈一有时间，就对宝宝表现出浓浓的母爱，一起做宝宝喜欢的事情，就足够了。

在工作与育儿间寻找平衡点

"我爱人是军人，今年因工作需要调到宜昌，三四个月才回家一次，带宝宝的事就落到我一个人身上了。而我是一名小学教师，带两个班的数学，平时工作很忙。宝宝现在5岁，每天去幼儿园总是最早的，接回家总是最晚的。宝宝总抱怨'妈妈不陪我玩'，我现在工作、家庭两边的压力很大，为此十分苦恼。觉得自己时间精力有限，根本无法兼顾两头，就有了辞职的想法，想一心一意带宝宝。"

很多父母都有像这位妈妈这样的苦恼——既要养育宝宝，又要照顾家庭，还要忙忙碌碌地工作，真是分身乏术了。职场妈妈如何才能工作、育儿两不误？

职场妈妈的育儿困扰

找不到其他人替代自己育儿

职场妈妈的一个困扰就在于育儿的问题。每天早上出门上班，总要硬下心肠将哭着的宝宝推开，妈妈心里也很无奈。特别是在宝宝生病时，更会内疚地认为是由于自己照顾不周而让宝宝受苦。

奔波于单位与家庭间而感到精力疲惫

将注意力集中在单位的工作上，家中就会一团糟；而将重心放在育儿上，单位的事情又办不好。没有哪个妈妈是超人，都会感到精力不足。

没有属于自己的时间

养育宝宝、上班，真正属于自己的时间几乎没有了。白天忙忙碌碌地上班，回到家后还要给宝宝收拾残局、喂奶，全弄妥当后已夜深人静了。日复一日，似乎生完宝宝后就没有属于自己的时间了。

对做个贤妻良母感到无能为力

职场妈妈无法像全职主妇那样尽心尽力地养育宝宝，有时会因自己的无力感而生气上火。职场妈妈也想像全职主妇那样花时间对宝宝进行早期教育，也想给老公多做点好吃的饭菜，但由于时间所限，职场妈妈似乎对任何事情都做不到位，并对此感到无能为力。

终日忙忙碌碌也没攒下钱

虽然辛苦地上班，但却没攒下什么钱。养育宝宝的费用确实不菲，再加上两人都要上班，日常支出确实很大，心中有种忙来忙去都是瞎忙活的感觉。

职场妈妈的优势大剖析

上班挣钱虽然很累，但同时也具备了不少优势。很多职场妈妈尽管心中困扰多多，但最终还是选择了做职场妈妈。她们希望在职场中寻找一种怎样的成就感？

做职场妈妈，享受多彩人生

曾经的职场女性因为养儿育女而辞去了工作，或休产假在家，开始的一两个月会过得很愉快。摆脱了忙碌繁杂的工作，享受着从未享受到的清闲，会觉得家庭主妇的日子很有滋味。但是育儿中的辛苦也是不可忽视的。日复一日地照顾宝宝、打理家务，让许多妈妈感到厌倦。"我的梦想哪儿去了？""难道我就这样在家中老去吗？"出现这样的想法时，妈妈们觉得，还是做个职场妈妈更好。

这是个偏向职业女性的世界

虽然育儿并非简单的事，但一个妈妈不会因为专职在家中养育宝宝而得到特别的尊重。令人遗憾的是，许多人都把养育宝宝当做"天经地义"的事，认为育儿其实并不是什么了不起的事。社会更重视职业女性，而不是全职的家庭主妇。凭借着职业女性的身份，便有借口推掉一些家中琐事，也算是一种优势吧。

● 做职场妈妈，实现自我

无论如何，上班能增加许多社会体验，接触到更多的人，摆脱家庭束缚后，会对这个世界的运转多一些了解。投身职场的好处之一就是可以不断地实现自我。

● 两人一起工作总比一个人强

虽说是两个人挣钱，但不等于要挣丈夫双倍的工资。即使妻子的收入有限，总比爸爸独自一人挣钱养家要好。事实上，很多家庭主妇也会做一些兼职。只靠爸爸工作养家来支付不断增长的教育经费和育儿支出是件很不容易的事。虽然上班后增加的支出项目也不少，但是两个人一起挣钱养家总比一个人好些。

职场妈妈的育儿小窍门

在短暂的亲子时间里，如何有效地养育宝宝，培养与宝宝之间的亲情，是职场妈妈的当务之急。

● 把握细小的时间

当职场妈妈因为工作而与宝宝相处的时间不足时，要善于把握细小的时间。如，可以利用网上购物等节省时间。网上购物能代替外出采购物品，用网上银行或手机银行等办理业务代替去银行排队等待。另外，要尽量减少日常事务占用的时间，如选择不必熨烫的免烫服装等。

你可以像做游戏一样和宝宝一起做家务。如在清理地板时，可以让宝宝配合着将地板上的玩具抢

育儿小讲堂　给职场妈妈出个招儿

充满自信的妈妈才能养育好宝宝。妈妈对工作和育儿的态度会影响宝宝的成长发育。如果妈妈整天待在家中照顾宝宝，也很容易厌倦，育儿的效果往往不如职场妈妈。但是，如果上班族妈妈过度劳累，或是对自己的工作不满意，缺乏自信，也无法稳定宝宝的情绪。宝宝喜欢有自信心的妈妈，妈妈的自信心也能影响宝宝的情商的发育。

带宝宝去妈妈工作的地方。宝宝能听懂话后，应该认真地向他解释妈妈工作的原因，让宝宝充分理解。可以带宝宝去妈妈工作的地方，让宝宝看看妈妈工作的样子。在上班期间，应该按时给宝宝打电话，对宝宝说"妈妈一直在想你"之类的话，表达妈妈对宝宝的爱。

利用有限的时间多陪陪宝宝。在处理日常事务时，必须从重要的事情做起，尽量腾出时间陪宝宝。要合理分配时间，安排出陪宝宝做游戏的时间，然后严格遵守约定。在育儿过程中，培养母子之间的感情是需要一定时间的。

先放入箱子里；制作方便宝宝使用的抹布，与宝宝一起进行"除尘游戏"。这样，既能做家务，又能和宝宝一起愉快地游戏，一举两得。

需要买的东西尽量一次性买齐。集中一次性购物，平时记录下需要购买的物品。把购物浪费的时间省出来，用在宝宝身上。

● 训练宝宝接受妈妈白天上班

离开不愿和妈妈分开的宝宝去上班，对许多妈妈来说简直就像一场战争。很多妈妈为避免宝宝纠缠而偷偷离开，这是绝对禁止的。宝宝会认为妈妈抛弃自己了，整天找妈妈，心神不宁、注意力不集中，再见到妈妈更是一刻也离不开了。妈妈应让宝宝学会接受妈妈上班和自己分开这件事情。宝宝如果能听懂话，就用简单的语言来解释与妈妈分开的原因，上班前看着宝宝的眼睛进行对话，并通过亲吻拥抱表达妈妈的爱意。

肌肤之亲很重要。上班前和宝宝亲密接触，对他和你一天的心情都很有好处。用手指轻刮宝宝脸颊，在其腋下或背部挠几下等，能使宝宝体会到乐趣。肌肤之亲是让宝宝感觉到母爱的最佳途径。

育儿小讲堂   站在宝宝的角度考虑问题

很多爸爸和妈妈只站在自己的立场考虑问题，不站在宝宝的立场，往往会造成不良的后果。父母必须正确地判断，托儿所或保姆等是否能给宝宝充分的关爱，是否能够真心、细致地照顾宝宝。宝宝在出生后的5年内，性格会逐渐定型，即使是刚出生的宝宝，也能通过各种方式表达自己的感情，所以当宝宝的心智逐渐成熟时，父母必须洞察宝宝的需求。

在养育宝宝的过程中，最重要的就是关爱。这些关爱会成为宝宝信赖别人的基础。只有得到关爱的宝宝才会形成健康的性格。父母必须做充满爱心的父母。

如果你是一位职场爸爸

很多爸爸虽说认识到了自己在育儿中的地位，然而真正身体力行起来，能将育儿大任落到实处的爸爸却有点屈指可数了。很多爸爸摆出了各种各样的理由和苦衷，加上不知从何入手，于是乎，育儿仍是妈妈的专利，做爸爸的在育儿方面仍然处于被动地位，有的干脆当起了"甩手掌柜"。如果你每天都忙于事业，也请不要做"甩手爸爸"。

别做"甩手掌柜"

"甩手爸爸"往往存在一些认识误区，最常见的有以下几种表现。

● "我工作太忙，顾不上宝宝"

这是"甩手爸爸"最理直气壮的说法。其实爸爸在育儿过程中的参与、所需投入的时间并非最重要的因素。

许多时候，养育宝宝并不需要做爸爸的投入太多的时间，如性别角色示范、对家庭责任的担当等，本身就是一种潜移默化的影响，最需要的是爸爸恰当的参与方式，可以"四两拨千斤"。只要爸爸有这个意识，即使再忙，也可以力所能及地参与。

● "宝宝不缺人带，也不差我一个"

爸爸的育儿角色并非可有可无，要知道，宝宝在成长过程中，还有着艰巨的社会化任务，如学习规则、积聚探索外界的力量、建立性别认同、学习与异性相处等。在此过程中，爸爸的角色是不可替代的。

爸爸不仅会直接影响宝宝的性别社会化，还有更深层次的影响，因为爸爸作为男性的许多育儿方式可以给宝宝不一样的体验，使宝宝的成长获得充足的能量，这是妈妈无法替代的。

爸爸参与育儿，也是对妻子的爱的体现

育儿是父母共同的责任，所以爸爸理应积极参与到育儿中来。很多妈妈既要忙工作还要照顾宝宝，会比之前更加忙碌，所以丈夫要主动帮妻子分担家务。要表现出对家务活和育儿的积极姿态，如帮宝宝换尿布、洗澡、喂牛奶、消毒奶瓶等。有时间的话，丈夫还可以和妻子一起读一些育儿方面的书籍，加深对宝宝的了解。丈夫的帮助不但能使家务变得更加从容，而且对刚刚分娩过后的妻子和刚出生的宝宝来说，都是爱意的表现，会增进夫妻、父子之间的感情。

育儿心得

● **"我和宝宝妈有个约定，我负责赚钱养家，她负责照顾宝宝"**

育儿无细节，很多是分不清边界的。如宝宝的营养、照护可以明确地由妈妈负责，而牵涉宝宝的心理发育、育儿氛围的创建等内容，是需要爸爸来配合的，靠妈妈独立支撑可能就孤掌难鸣了，甚至可能把家里搞得乌烟瘴气，那就是做爸爸的失职了。

尽自己所能做一名称职的父亲

1.如果你想成为一名称职的父亲，从一开始就要进入到抚养宝宝的角色当中。在妇产医院时，如果你还不知道如何正确抱宝宝，就应赶快向儿科医生或是护士请教如何给宝宝洗澡，下一次你就亲自给宝宝洗澡；如果妻子还在剖宫产手术后的恢复期中，那么在宝宝出生后的头几天里，你就要为宝宝换尿布和穿衣服。

2.在家里，爸爸须继续承担为宝宝洗澡等职责，让妻子能更好地休息；宝宝喜欢看到同样的面孔，每天和他一起戏耍是建立你和宝宝之间感情的最快途径；给他洗澡、拥他入怀或为他换尿布，这一切对于宝宝都非常重要。

3.产后的前几周，妻子会感到非常疲惫，还得用母乳喂养宝宝，直到她能下地活动，爸爸要做到持家有方，而不能总去打扰她休息。

4.如果宝宝已经习惯了规律喂奶，最好可以帮助妻子用奶瓶喂养，即使是母乳喂养也没关系。妻子可以先挤出奶，这样你也能承担喂养宝宝的责任。

5.阅读有关育儿的书籍。只要有时间，不妨阅读一些育儿书籍，加深对宝宝的理解。

6.你可以用自己的方法给宝宝穿衣服，与宝宝聊天，和宝宝一起玩耍。因为，父亲和母亲承担着不同的角色，发挥着不同的作用。

7.照料妻子时要善于与她沟通。有些妻子非常关心宝宝，以至于忘记了丈夫也需要关心宝宝，你应该温和地向妻子说，关心宝宝对你来说也同样重要，让她明白你也能处理好宝宝的日常琐事。

8.如果你平时上班，早晨就要在床上抱抱宝宝，晚上尽量能与宝宝一起玩上半个小时。如果你平时没有太多时间与宝宝在一起，那么周末就显得非常重要了。

9.共同商议家务和育儿。常与妻子一起商议家务和育儿等相关问题和共同解决的方法，能加强夫妻之间的信赖。

10.对符合宝宝月龄的育儿信息、玩具、游戏等表现出关心的态度，阅读与此相关的书籍或资料等。这样，就会对育儿产生新的认识，从而更积极地参与其中。

四类典型父亲的育儿方案

爸爸在明确了自己的育儿责任后，可以根据自身的知识、能力结构和时间安排等因素选择合适的育儿介入方式。下面列举几种方案，希望能对爸爸们有所帮助。

● 工作繁忙的爸爸

这类爸爸通常忙个不停，刚做爸爸的他们很想多留出点时间陪陪宝宝，与宝宝一起玩乐，可动不动就要出差，难得跟宝宝相处。在缺乏育儿时间的情况下，可采取如下方式拉近跟宝宝的距离：

经常跟宝宝电话交流，如果还有时间，在出差回来时可给宝宝带点他喜欢的礼物。条件允许的话，还可和妈妈带宝宝一起出差。

适当拍些工作的照片给宝宝看，让宝宝了解爸爸的职业，认识爸爸对这个家庭的付出和责任，尤其是对宝宝来说，这种做法尤其重要，因为父亲的角色承担对宝宝今后的家庭责任感影响深远。

在家时，即使没有多少时间陪宝宝，也要多一些身体接触，抱抱宝宝、跟宝宝"骑大马"、尽可能地回应宝宝的需求，从而深入宝宝的内心，达到与之沟通的目的。

● 熟谙电脑使用的爸爸

这类爸爸能轻松地找到可靠的网络育儿资源，不妨为宝宝下载各种育儿视听素材；利用网络资源咨询育儿过程中的各种问题，如发现宝宝的健康出现了一点小问题，可以直接上网查询相关知识，解决困惑。

● 知识丰富的爸爸

这类爸爸非常注重汲取育儿知识，善于把握宝宝的心理，很善于引导宝宝和开发宝宝的兴趣。这类爸爸有着先进的育儿理念，对宝宝的异常行为善于解读和处理，如宝宝突然变得爱尿裤子了，是宝宝性心理发展的可能，爸爸会想到是肛欲期的问题。

● 爱好运动的爸爸

这类爸爸动手能力强，爱运动，玩起来很有创意，很容易成为受欢迎的"宝宝王"。他们很善于发展宝宝的动手能力。而手指关联着大脑，动手能力的发展对宝宝的智力开发意义巨大。这类爸爸还可给宝宝一些"抛起来"的游戏体验，让宝宝玩得非常刺激。

创造和谐的家庭情感气氛

家庭的情感气氛决定着父母对宝宝的态度和宝宝在家庭内部关系中的地位。从有宝宝开始，就要把营造家庭的情感气氛提到家庭计划的重要日程上。

● 营造家庭情感气氛的重要性

父母之间美好及和谐的情感对宝宝的健康和顺利成长是有益的，也是必需的，能够塑造宝宝优良的品德；反之，则不利于宝宝健康成长和健全人格的形成，容易产生心理行为问题。

● 营造家庭情感气氛的决定因素

夫妻关系是否和谐是家庭中最关键的因素。

和谐的家庭情感气氛表现为：夫妻双方个性特征之间能够相互补充，彼此不断地加深认识、相互理解和接纳，情感逐渐成熟并深化，彼此具有家庭责任感等。

● 和谐的家庭情感气氛对养育宝宝的作用

和谐的家庭情感气氛可以保证夫妻养育宝宝立场的一致性、灵活性和预见性。在此家庭里，宝宝的成长成为夫妻共同关心和探索的重要内容，会不断地察觉宝宝成长的过程和心理变化，并合理调整自己的行为和教育方法。

和谐的家庭情感气氛为宝宝的成长提供温暖、安全的情感环境，宝宝能够轻松和愉快地成长，特别是宝宝会按着自己的感觉去体验、去探索，这是宝宝心理健康发展的推动力。

■ 家庭环境在宝宝的性格形成中有特别重要的作用，俗称"制造宝宝性格的工厂"。

教养子女和为人父母，切忌无效的育儿方式

在教养宝宝方面，一开始就采用有效的育儿技巧是非常关键的。

如果父母中的一方在必须管教宝宝时既无所谓又没有成效，那么另一方也会不情愿分担养育宝宝的责任。这样教育出来的宝宝长大以后，很可能出现更加严重的问题，例如吸毒、酗酒、家庭暴力、犯罪和多种心理障碍。

无效的育儿方式通常表现在三个方面：松懈、过度反应和啰唆。

松懈

松懈指的是当宝宝违反规则时，父母常常听之任之，忽视了自己订立的规则。

举个例子来说，父母告诉正在玩耍的宝宝到睡觉的时间了，当宝宝发脾气提出抗议时，父母会这么说："好吧好吧，但只能再玩10分钟。"

对于这样的父母，一个重要的参考意见是一定要言行一致。如果已经规定睡觉的时间是9点，那么宝宝必须遵守这个规则，即无论他如何争吵、要求或者哭闹都必须9点上床睡觉。

任何一个正常的宝宝，在经历一周甚至更长一段时间类似的一致而严格的强化之后，都会心甘情愿地遵守这个规则。

过度反应

无效育儿方式的第二个特点是过度反应，这类父母放任自己的情绪，过于沮丧或生气，甚至尖叫、扇宝宝耳光或打宝宝，他们很少获得成效。在宝宝这一方，学到的并非母亲试图教给他的。相反，任凭妈妈再大声尖叫、惩罚也无济于事，于是他会继续做自己想做的事，因为他对自己的行为与惩罚之间的关系始终弄不明白。

啰唆

无效育儿方式的第三个特点是啰唆。要知道，两三岁的宝宝根本不明白什么是"原因"，什么是"内疚"。

有效育儿的父母知道不必费力地对宝宝解释为什么应该这样做或那样做，他们把宝宝的不当行为看成是偶然的，并且始终如一地强化宝宝的正确行为。

因此，当两三岁的宝宝偶尔用饭勺触碰邻近的电线插座时，他们会发出简单的口头警告。如果宝宝继续接近插座，有效的父母就会实施惩罚，也许是在背后拍打一下，也许是在屋外站10分钟，但无论惩罚的内容如何，都是以一种实事求是的态度进行的，没有愤怒的成分。

对于宝宝而言，有时候稳定而一致的要求更有利于他们的成长。因此，对于育儿方式，父母要格外慎重。

教养宝宝是每个为人父母者分内的事。本书中所说的一些有效育儿技巧，是值得父母们尝试、借鉴的。

■ 无论采用什么样的育儿方式，父母首先要考虑其带来的影响和效果，然后坚持实施。

爱的赠语

送给父母的育儿名言（一）

一个人的整个生活全以儿童时期所受的教导为转移，所以，除非每个人的心在小时候得到培养，才能去应付人生的一切意外，否则任何机会都会错过。

——夸美纽斯

幼儿教育是教好后一代的基础的基础，它关系到进入青少年时期德育、智育、体育的健康发展。所以说幼儿教育是一项重要的工作，是非常细致耐心的工作，也是一项极其光荣的工作，做好这个工作，首先是要求搞幼儿教育工作的同志自身要有高尚的共产主义的道德修养，热爱自己的专业，专心致志，钻研业务，对培养好幼儿具有高度的责任感。

——徐特立

我们都知道，儿童发展的时期是一生最重要的时期。道德的营养不良和精神的中毒对人的心灵的危害正如身体的营养不良对于身体健康的危害一样。所以，儿童教育是人类发展的一个重要问题。

——蒙台梭利

儿童能力初期萌芽是尤其可贵的，我们引导儿童初期自然趋向的途径能固定儿童的基本习惯，能确定后来能力的趋向。

——杜威

我们不能为了惩罚宝宝而惩罚宝宝，应当使他们觉得这些惩罚正是他们不良行为的自然后果。

——卢梭

名副其实的教育，本质上就是品格教育。

——布贝尔

父母可以为宝宝提供一个安适的成长环境，但无法隔断他们在现实生活中生存。因此，聪明的父母应当及早培养宝宝的独立能力。

——斯宾塞

儿童的心灵是敏感的，它是为着接受一切好的东西而敞开的。如果教师诱导儿童学习好榜样，鼓励仿效一切好的行为，那么，儿童身上的所有缺点就会没有痛苦和创伤地、不觉得难受地逐渐消失。

——苏霍姆林斯基

PART 2
新生儿期宝宝的养育

宝宝从出生到满月的这段时间里被称为新生儿，初生的小宝贝一天一个样儿。你的宝宝看起来可能和你想象的样子有很大的不同。他看起来好像很小，十分脆弱；他的头看起来怪怪的，皮肤皱皱的，像是一个陌生人。不要担心，这些都是正常现象。不要忘记，他是你辛苦怀胎10个月，和你一起经历一场生命的搏斗才来到世上的。他会在你悉心的照顾下，慢慢茁壮成长，当你发现宝宝对于你给予他的一切照顾有所反应的时候，母爱自然会由心底滋生出来。

成长备忘录

宝宝的生长发育

生长是量的增加，发育是质的提高。从一个新生儿成长到成人，运动能力和智力同时不断地增长，这就是一个生长发育的过程。宝宝的生长发育是一个连续的过程，有其阶段性，也有一定的规律，而每个宝宝又都不相同。也就是说生长发育是连续进行的，但有时快些，有时慢些；有时这个系统发育快，有时那个系统发育快。

因此，只有全面衡量宝宝生长发育的情况，才能做出生长发育是否正常的结论。身为父母的你，必须了解自己的宝宝生长发育的过程，才能掌握宝宝的健康情况。

新生儿的外观

足月的新生儿，头发清楚可见，已无胎毛，身上覆有一层胎脂。耳部软骨发育良好，有弹性。可在乳腺上摸到结节。指甲长到指端，整个手掌、足底纹路交错分布。男婴的睾丸已降至阴囊，阴囊有皱褶。女婴的大阴唇完全盖住小阴唇。早产儿头发稀少而短，仍有胎毛，耳部柔软且与颅骨相贴，乳腺摸不到结节，指甲尚未长到指端，手掌足底皱褶少，男婴的睾丸未降至阴囊，女婴的小阴唇突出。

新生儿的体重

胎龄为37~42周，体重大于2500克，身长大于45厘米的新生儿，为正常新生儿。胎龄大于28周、未满37周，出生体重小于2500克，身长小于45厘米的新生儿，称为早产儿。

定期测量体重是了解宝宝生长发育情况的例行工作，称为生长发育监测。健康新生儿出生时体重为2500~4000克，在此范围内都是正常的。新生儿在出生后1周内，体重会下降6%~9%，这是正常现象。1周以后新生儿体重会迅速增加，每天增加25~30克。

■ 体重是反映新生儿生长发育情况的重要指标，也是判断新生儿营养状况、计算药量、补充液体的重要依据。

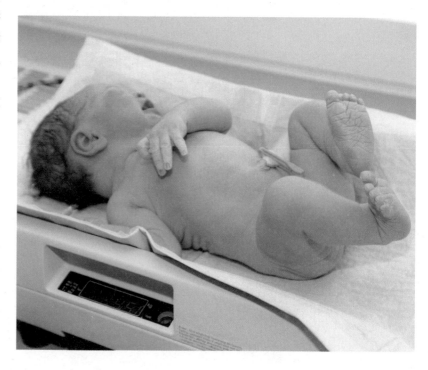

新生儿的头围和囟门

　　头围和囟门是反映宝宝是否有脑部和全身疾病的重要指标。在正常状况下，囟门直径要小于5厘米。

　　如果发现新生儿的囟门隆起来或凹陷都是不正常的，要带新生儿到医院检查。

　　后囟门位于枕骨与顶骨间，较前囟门小，几乎是闭合的。

　　后囟门大多在宝宝6~8周大时闭合，前囟门闭合时间较晚，在16~18个月时闭合。

　　头围就是用皮尺量宝宝头部所得的周长。新生儿头围平均为33~35.5厘米，出生1个月后，头围会增加1.2厘米，头围一般大于等于胸围，到1岁后胸围一直大于头围。

新生儿的身长

　　身长是仅次于体重而能够反映宝宝健康状况的指标。必须定期测量宝宝身长，以了解宝宝的生长发育情况。正常新生儿出生时身长47~53厘米。在新生儿时期身长会增加3~3.5厘米。

■ 小小囟门学问多

前囟位于头部中央的稍前方，很柔软，且此处无头骨，所以不能用力按压。前囟在不停地搏动，因而俗称"命门"或"跳门"。囟门可反映某些疾病状态，如：在维生素A、维生素D中毒时，前囟可隆起；脑内发炎时前囟也会隆起，如脑炎、脑膜炎等；佝偻病患儿前囟闭合延迟，呆小病及一些生长过速的婴儿前囟闭合也推迟，而头小畸形时，囟门的闭合常较早。

■ 宝宝出生后定期给宝宝测量身高，可以及时了解宝宝的生长发育情况。

新生儿身体系统发育的生理特点

新生儿已是一个眼、鼻、口等各个器官俱全的"小人儿"。但是，这个"小人儿"毕竟和成人不一样，虽然五脏六腑齐全，但身体各项系统功能发育都还不成熟，需要父母的倍加呵护。

骨骼

出生后，新生儿不少骨头还是软骨。上下肢的长骨也没有完全钙化。新生儿颅骨骨化尚未完成，有些骨的边缘彼此尚未连接起来，有些地方仅以结缔组织膜相连。由于脊柱的生理弯曲尚未形成，脊柱的负重、支撑能力很差，因此新生儿无力抬头。

肌肉

新生儿刚出生，四肢呈蜷曲状态。随着月龄增加，屈肌和伸肌的力量逐渐协调，四肢就会伸展开来。不要硬把新生儿的胳膊、腿拉直，裹紧，这样就限制了新生儿的运动。最好给新生儿穿上合身的上衣，包被自腋下包裹，松而不散即可。

关节

新生儿的关节还没有发育好，关节不够牢固，受到强力作用时，容易发生脱臼。新生儿的衣服要宽松，易于穿脱。若衣袖太紧，穿脱时猛力牵拉或提拎了新生儿的手臂，容易造成脱臼。

皮肤

新生儿的皮肤薄嫩，呈玫瑰色。皮肤的保护功能差。若皮肤被擦伤、抠烂，细菌就可乘虚而入，使"病从皮入"。由于皮下脂肪较少，体热散失容易，环境温度低时，新生儿很容易受凉。因汗腺尚未发育完全，即使很热，也不会出汗。

体温

新生儿还不能很好地调节体温。新生儿由于体温中枢发育尚未完全，体温的调节能力差，体温不易保持稳定，容易受环境的影响而发生变化。

哺乳后和身体运动以后体温容易偏高。正常新生儿的肢体温暖，其体温在肛门测量为37℃左右，腋下比肛门要稍微低些，正常腋温为36.5~37.4℃。故当新生儿从母体娩出后1~2小时内，体温下降约2.5℃，然后会慢慢回升至正常温度。由于新生儿的皮下脂肪薄，汗腺发育不成熟，较成人散热快，在环境温度过高或保暖过度的情况下，加上水分摄入不足就会造成新生儿体温升高；相反，体温则会下降。若环境温度正常，保暖适度，而体温有异常，则属病理情况。

呼吸

新生儿面骨的发育尚未完全，鼻小，鼻腔狭窄，一旦感冒会出现鼻塞，可导致吸吮困难和睡眠不安。由于气管、支气管的管腔狭窄，发生炎症时容易造成呼吸困难。

新生儿的胸腔狭窄，吸气时胸廓扩大的程度有限，因此在呼吸时几乎看不出胸廓的起伏。新生儿呼吸时，腹部可见明显起伏，称为"腹式呼吸"。正常新生儿每分钟呼吸约40次，呼吸的快慢常不均匀。

心脏和血液

新生儿新陈代谢旺盛，但心肌力量薄弱、心腔小，每次搏出的血量少，因此必须以增加每分钟心跳的次数来补偿。一般新生儿每分钟心跳的次数为140次左右。哭闹、吃奶后或发烧，都可使心率加快。新生儿全身血液总量约300毫升。血流多集中于躯干和内脏，四肢较少，所以四肢容易发凉或青紫。

免疫系统

新生儿的皮肤和黏膜薄嫩，屏障作用差，一小块皮肤、黏膜破损，都可能引起严重的败血症。新生儿自身产生的抗体还很少，不足以抵抗病原体的侵袭。但是胎儿时期，母体给予胎儿的抗体，对新生儿防御一些传染病仍然有效。新生儿还可以从初乳中获得抗体，所以初乳更显可贵。

育儿小讲堂 为什么新生儿娩出后要让其大声啼哭

新生儿娩出后，助产士首先为其清理呼吸道，及时用吸痰管清除口腔及鼻腔内黏液和羊水，以免发生吸入性肺炎。当确定呼吸道黏液和羊水已吸净而仍无哭声时，可用手轻拍新生儿足底，促其啼哭。新生儿大声啼哭，是新生儿出生后的第一次呼吸，表示呼吸道已通畅，呼吸系统已经正常工作，能够提供自身需要的氧气。同时新生儿肺部得以扩张，吸入大量氧气，降低了肺循环的阻力。

能量与体液代谢

　　足月儿基础代谢需要热量大概为50千卡/（千克·天），共需总热量大概为100~120千卡/（千克·天）。宝宝体内所含水量占体重的70%~80%，随着日龄的增加会逐渐减少，大概7~10天后会恢复到出生时的体重。钠需要量大概1~2毫摩尔/（千克·天）。宝宝出生后10天内血钾水平较高，一般不需要补充，以后需要量为1~2毫摩尔/（千克·天）。

　　早产儿吸吮力非常弱，消化功能也差，往往会需要肠道外营养。体液总量大概为体重的80%，按千克体重计算所需体液量要比足月儿高，摄入100千卡热量一般需100~150毫升水。

■宝宝也知道"站得高，看得远"的道理了，在妈妈把他抱得高高的时候，宝宝会高兴得大声嚷嚷。

身体发育

父母最关心宝宝是否健康，一般通过宝宝体格发育的一些指标能做一个大概的测评。

宝宝刚出生

如果宝宝出生一切正常，医生和助产士就会为宝宝进行下一步的检查，以了解其健康和身体发育的情况。

	男宝宝	女宝宝
身长	48.2~52.8厘米	47.7~52.0厘米
体重	2.9~3.8千克	2.7~3.6千克

宝宝出生15天

如果妈妈感觉宝宝身体发育不达标，或是发现了有异常，最好在宝宝半个月的时候做一次体检，以便及时发现问题，及时治疗。

	男宝宝	女宝宝
身长	52.8~55.0厘米	52.0~54.0厘米
体重	3.8~4.2千克	3.6~4.0千克

TIPS

很多新妈妈发现，宝宝在出生的1~10天内，体重非但没有增加，反而有些减少，让人怀疑宝贝是不是身体出了问题。其实不用担心，很多宝宝会出现这一情况，是因为宝宝会排出体内的胎便，身体内的水分会有些损失，以至于体重有所减轻。

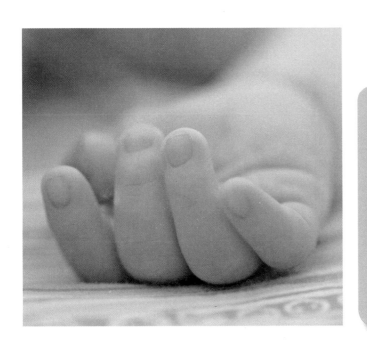

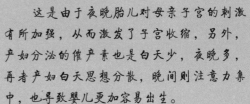

为什么宝宝多在夜间出生

"哇哇哇……"，一阵阵生命的呐喊划破了寂静的夜空。为什么宝宝多在夜深人静时降临人世呢？

这是由于夜晚胎儿对母亲子宫的刺激有所加强，从而激发了子宫收缩，另外，产妇分泌的催产素也是白天少，夜晚多，再者产妇白天思想分散，晚间则注意力集中，也导致婴儿更加容易出生。

 育
 儿
 心
 得

宝宝出生28天

在宝宝满月的时候，除了要为他进行身长、体重发育等常规检查外，听力筛查也是重要内容。因为宝宝从出生后到3个月内是听力治疗的最佳时间。如果有问题能及早发现，有助于病情康复。

	男宝宝	女宝宝
身长	55.0~57.0厘米	54.0~55.8厘米
体重	4.2~5.0千克	4.0~4.5千克

TIPS

此时的宝宝正处在生长的爆发期，体重平均每天会增加20~30克，身长相比出生时会增加2.5~4厘米。

出生28天以内的新生儿，中枢神经系统发育还不完全，体温调节功能也不稳定，皮肤汗腺发育不良，皮下脂肪薄，肌肉不发达，活动能力小，产热和散热的能力都比较差，加上新生儿免疫系统很不健全，总之很多器官的发育还没有完善起来。因此，在病毒、病菌的侵蚀下，几乎完全丧失了抵抗力。这就使新生儿患病时表现为体温不但不升，反而常低于35℃。

出生28天后的宝宝，父母可遵照医保政策的规定，在为新生儿办好户口后，为宝宝办理医保参保手续。

宝宝出生42天

42天的体检对于宝宝来说意义重大，是宝宝由新生儿向婴儿转变的重要时期，妈妈可以从这时开始检测宝宝的身体发育，了解宝宝的肌肉发育、四肢发育和喂养情况。

	男宝宝	女宝宝
身长	57.0~59.0厘米	55.8~57.2厘米
体重	5.0~5.5千克	4.5~5.0千克

TIPS

新生儿出生后28天内为新生儿期，28天后为小婴儿期，42天健康检查时已进入婴儿期。

当你怀抱婴儿准备出院回家时，医生会嘱咐你产后第42天带着宝宝一同来医院复诊，一是对产妇进行产后康复检查，二是为婴儿进行查体。

出生后42天随诊，是早期发现遗传代谢病的最佳时间，发达国家已有近十种代谢病可以在这个时期筛查出。刚刚做了父母，常常被突然而至的家务包围，不易觉察到宝宝的细微异常，这时，把宝宝交给医生去检查，不是最好的防患措施吗？

另外，在随诊中，医生将指导你怎样合理喂养婴儿，何时添加辅食等一系列育儿知识，同时，你也可向医生请教自己在育儿中遇到的难题。因此，我们说，42天随诊可以为你的宝宝健康增添的保险系数，切不可马虎错过。

综合能力

宝宝刚出生

宝宝的视力：宝宝是个天生的近视眼，看东西都很模糊。有的宝宝可能还会有些对眼，妈妈们不必惊慌，这很正常，不代表视力不好。

无意识的微笑：妈妈会发现宝宝在睡梦中笑了，也许你认为宝宝是梦到好事儿了，其实宝宝这个时候的笑是毫无意义的，直到宝宝满月才会逐渐懂得妈妈的逗笑。

■ 满月前的宝宝，基本上每天都在睡眠中度过，饿了就会醒过来吃奶。

宝宝出生15天

社交：这个时候的宝宝已经能辨认出妈妈的声音了，他们喜欢听到妈妈温柔地对他们说话、唱歌，会感到很舒服。

认知能力：宝宝出生两周左右，已经具备了一定的认知能力，会哭着寻找帮助，亲人的怀抱会让他们哭声停止，因为他们感到安全和温暖。

视力：随着月龄的增长，宝宝的视力会逐渐发育，对眼的现象也会消失。半个月以后，新生宝宝可以看到距离50厘米的光亮，眼球会追随转动。

宝宝出生28天

听力：将宝宝放在安静的房间内，在其一侧耳朵9厘米处左右晃动带声响的物体，如摇铃等玩具，宝宝可以将头转到发出声音的方向。

头颈部力量：妈妈把宝宝竖着抱起，并让宝宝的头靠在自己的肩膀后，用手轻轻扶住。查看宝宝头部是否自己竖直，宝宝的头部可能能独自竖直2秒钟。

视力：宝宝仰卧时，爸爸妈妈用宝宝感兴趣的物体，在其视线内来回移动，宝宝的眼睛能跟随物体移动。

宝宝出生42天

社交：宝宝不仅喜欢听妈妈的声音，而且视线会跟随妈妈移动，还会对妈妈的逗引、爱抚做出回应。

有趣的原始反射：很多妈妈会惊奇地发现，如果扶住宝宝向前，他们会像行走一样迈步，其实这是宝宝与生俱来的原始反射之一，满3个月后就会消失。

运动能力

宝宝刚出生

宝宝刚刚降临到这个世界，已经具备了一些运动能力，但是非常有限，主要是原始反射。他们的行为多为无规则、不协调的动作。

迈步反射： 也许你不相信，宝宝天生就有行走的反射能力。如果用手臂托着宝宝的腋下，让其脚底接触平面，宝宝就会做出迈步的姿势，好像在行走。

觅食反射： 如果你用手指轻轻地、有规律地在宝宝的嘴角触碰，你会发现宝宝会张开嘴，做出吸吮状。

抓握反射： 如果用手指轻轻叩击宝宝的手掌，他会出现握紧拳头、握住手指的动作。

足握反射： 用手敲击宝宝的足趾根部时，会出现足趾弯曲的动作。

宝宝出生15天

上肢运动： 宝宝在这个时期内可做的运动还有限，可以屈伸手臂，将手放到自己的视力范围内。

短暂抬头： 宝宝俯卧时，随着颈部力量的增强，会自然地出现头部向上扬的动作，头部会短暂抬起1～2秒钟。

拥抱反射： 当宝宝忽然受到惊吓或失去支持时，大哭的同时，还会表现出头部向后，颈部伸直，手脚张开，手臂抱在一起的动作，很像拥抱姿势。

> **TIPS** 宝宝在愉悦的状态会不自觉地做出许多运动，如转头、抬手、伸腿等。这些自发的动作虽然简单，但对于运动能力的发展却起着很重要的作用。

宝宝出生28天

上下肢运动： 宝宝在愉悦状态下会出现上下肢一起律动，看起来很像在骑自行车。

颈部力量： 宝宝俯卧时，头部可以抬起并转向一侧。

抓握力： 让宝宝仰卧在床上，将宝宝感兴趣的摇铃或妈妈的手指放入宝宝掌中，宝宝能将拳头握紧，并紧握5秒钟以上。

宝宝出生42天

颈部力量： 宝宝俯卧时，头部不仅可以抬起并坚持3秒钟以上，而且还能伸展小腿。

抓握能力： 将宝宝感兴趣的玩具放入手中，宝宝可以握住，并且不松开。

头部竖立： 抓住宝宝的双臂使其保持坐姿时，宝宝的头部可自行竖直2～5秒钟。

> **TIPS** 宝宝在42天检查时，医生会告诉妈妈宝宝有哪些能力没有达到，需要在平常加强练习。此外，还可以给宝宝做一些抚触和体操方面的练习，以增强宝宝的运动能力。

宝宝的排便

宝宝刚出生

排胎便： 新生儿一般在出生后24小时内排胎便，胎便呈深黑绿色或黑色黏稠糊状，这是胎宝宝在母体子宫内吞入羊水中的胎毛、胎脂、肠道分泌物而形成的大便，3～4天胎便即可排尽。吃奶之后，大便逐渐转成黄色。吃奶粉的宝宝每天排便2～3次，吃母乳的宝宝大便次数稍多些，每天4～5次。

尿量： 新生儿第一天的尿量相对较少，大多数宝宝在出生后24小时之内排尿。

> **TIPS**
> 宝宝出生后会排出颜色为绿黑色、光滑、黏稠的胎便。以后正常吃母乳的婴儿排出淡黄色的粪便。婴儿的粪便一般为糊状或是比冰激凌黏稠一些，没有气味。吃母乳的宝宝很少便秘，宝宝几乎能吸收所有的东西，废物很少。

宝宝出生28天

一般母乳喂养的宝宝每天排便在3～5次左右，配方奶粉喂养的宝宝1～3次左右。每个宝宝的大便次数都是不同的。只要宝宝的身体发育正常，大便中没有奶瓣和气泡，都属于正常。满月前后宝宝每天小便次数在10次左右，约可达250～400毫升。

> **TIPS**
> 吃不同的食物，会排不同的粪便。吃母乳的宝宝的粪便呈鸡蛋黄色，有轻微酸味，比吃配方奶粉的宝宝排便次数要多。吃配方奶粉的宝宝的粪便和吃母乳的宝宝的粪便相比，水分少，且多为深黄色或绿色。

宝宝出生15天

新生儿在出生两周后，每日排大便次数大约在4～8次之间。随着宝宝的成长，结肠容积会有所增加，相应的大便次数就会减少。

随着哺乳摄入水分，尿量逐渐增加，每天可达10次或以上，总量可达100～300毫升。

> **TIPS**
> 喝配方奶粉的宝宝大便次数一般会较少，而母乳喂养的宝宝大便次数相对较多，有时一天可达到8次。这是因为母乳的分子较小，宝宝更容易消化和吸收。

宝宝出生42天

一般每日2～5次，宝宝到了这个阶段可能会出现便秘的情况，特别是人工喂养的宝宝。宝宝每天小便次数在8～10次左右，约可达300～500毫升。

> **TIPS**
> 母乳和配方奶混合吃的宝宝，因母乳和奶粉的比率不同，粪便的稀稠、颜色和气味也有所不同。母乳吃得多的宝宝，粪便接近黄色且较稀，而奶粉吃得多的宝宝，粪便中会混有粒状物，每天排便4～5次。懂得了这些，你就要注意观察宝宝每次排出的大便，发现宝宝粪便有异常，就要随时调理和治疗。如果宝宝出现了便秘的情况，妈妈可以早晚给宝宝按摩肚子两次，方法是顺时针揉动，每次5～10分钟。

宝宝的睡眠

宝宝刚出生

新生儿每天约需睡眠18~20小时，他们的大脑皮层兴奋性低，外界的刺激对他们来说都是过强的。所以，在新生儿期，除去饿了要吃奶醒来，或哭闹一会儿外，几乎所有的时间都在睡眠。

宝宝出生15天

出生半个月的新生儿，每天的睡眠时间很长，大约会在18~20个小时。

宝宝出生28天

宝宝每天的睡眠时间大约在16~18个小时，如果没人打扰，宝宝晚上睡觉的时间明显延长了，有时晚上只需要吃1~2次奶。这是因为他已经开始感觉到白天和夜晚的区别了。

TIPS

为了让宝宝养成良好的睡眠规律，妈妈可以在白天的时候尽量使室内明亮一些，并且多和宝宝交流，同他说话；夜晚时，要尽量将灯光调低，使宝宝感受到白天和夜晚的区别。

宝宝出生42天

宝宝的睡眠时间已经有所减少，每天平均在15~16小时。你会发现，宝宝更喜欢在夜间睡眠，白天时清醒的时间会逐渐增多，常常会出现睡一会儿就醒，过一会儿就睡的情况。

育儿心得

为什么初生的小宝宝除了吃奶就是睡觉

新妈妈一定奇怪为什么小宝宝除了吃奶以外几乎所有的时间都在睡觉。

这是由于新生儿大脑皮层的兴奋性较低，神经活动过程弱，外界刺激对他们来说都相对过强，因此很容易疲劳，极易进入睡眠状态，从而导致新生儿无昼夜之分，甚至有的新生儿昼眠夜哭。

以后，随着年龄的增长，大脑皮层的发育逐渐完善，宝宝睡眠时间逐渐缩短，而且由于白天外界刺激多，在宝宝的生活中逐渐出现昼夜之分。睡眠状态是大脑皮层的一个弥漫性抑制状态，它可以在皮层得以休息后恢复其功能。

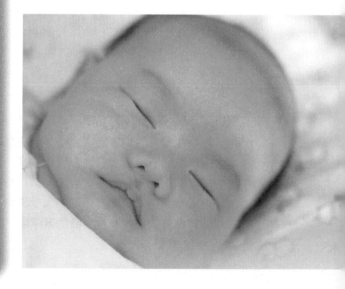

宝宝的个性

个性是一个人整体的精神风貌，是一个人在处理环境关系时表现出来的一定的行为倾向，以及思想方法、情绪反应和行为风格等心理特征的总和。

个性品质的健全有利于提高儿童活动和交往的效率，有利于增强儿童的社会适应能力，有利于处理好人际关系。

个性结构包括三个层次：

个性结构的三个层次

| 个性的倾向性，它决定个人活动的动力，如需要、动机、兴趣、信念、理想和世界观 | 个性心理特征，表现为一个人典型的心理活动与行为，包括能力、气质和性格 | 个体对自身的个性倾向、个性特征的认识与评价 |

初生宝宝的情感

新生儿出生后就具有愉快和不愉快的情感。只是这些情感都是与他的生理需要联系在一起的。如吃饱、穿暖、睡好就愉快；当需要不能满足，如饥饿、疲倦、未睡好时就要哭闹。哭的时间和次数在新生儿期最多。

哭声是新生儿表示需要的语言，用哭声和成人交流，以引起关注他的生理和心理上的需要，提醒成人不要忽视他的存在。这是一个无条件反射。新生儿在哭的同时，呼吸及语言发音器官自然得到了锻炼和发展。

新生儿生来就会笑，这是本能的、生理性的微笑。3周后由于经常接触妈妈的爱抚、搂抱和喂奶，注视妈妈的脸，建立了条件反射，出现了微笑。每当听见妈妈的声音，看到妈妈的脸就会微笑，这是依恋妈妈情感的开端。

新生儿在出生到满月的1个月中，能通过感觉、动作、情感的发育，对外界的刺激做出各种不同的反应，说明新生儿已开始了心理活动。但与成人相比，这种心理反应较低级，只是一个意识活动的开始。

育儿心得

初生宝宝的笑对心理发展的意义

从出生后到3个月左右的婴儿，当亲人的面孔俯向他时，就会注视着亲人的脸，手舞足蹈，发出微笑。当宝宝吃饱、睡好后，也会自动发出微笑。这两种微笑，前者称为"天真快乐反应"，后者叫"无人自笑"。

无人自笑，是宝宝在生理需要得到满足后，所出现的愉快反应。正确地安排婴儿的生活，养成有规律的生活习惯，使婴儿的食欲、睡眠得到充分的满足，十分有利于婴儿身心的健康发展。

婴儿的"天真快乐反应"，是他迈向社会、与人交往的第一步，在心理发展过程中正是一次飞跃，是一缕智慧的曙光。调动宝宝的天真快乐反应对宝宝的心理发展十分有益，对大脑的发育也是一种良好的刺激。逗引婴儿，使他兴奋与抑制交替合拍，十分有利于养成有规律的睡眠，建立起正常的生活规律。

初生宝宝的气质

　　新生儿时期还谈不上有稳定的性格，但宝宝降生以后，就表现出一些行为上的差异。有的宝宝生来好动，有的活泼，有的安静，有的急躁，这些个别差异也就是与生俱来的气质差异。

　　气质没有好坏之分。但是不同气质的人在成长过程中会受到不同的社会因素的影响，进而影响其个性发展。

　　一个难养型宝宝，如果教养得当，长大后会变得文雅、理智、富有人格魅力；如果抚养不当，一个易养型的宝宝长大后也许会变得忧虑、孤独和内向。

宝宝常见的四种气质类型

易养型宝宝	吃与睡比较有规律，容易感到舒适，有安全感，对变化具有高度的适应性，非常愿意接近新鲜环境，一般会对新的刺激产生积极的反应；积极的情绪占优势，反应强度较低或中等；与父母之间容易建立起良好的关系，愿意交流	一般情况下父母态度温和、耐心教育，容易培养自信心、自尊心，早期即可获得成功的体验	易养型宝宝+良好的教养+良好的行为习惯=成才
缓慢型宝宝	较低的活动水平，起初对不熟悉的环境具有较高的逃避性，他们很少表现强烈的情绪，无论是积极的还是消极的。他们总是缓慢地适应新环境，开始时有点"害羞"和冷淡，一旦活跃起来，就会适应得很好	对缓慢型的婴儿，可采取用色彩鲜艳的玩具和悦耳的音乐，使他对外界刺激发生兴趣，适宜的逗乐和游戏也可以激发他的反应能力	不要以冷对冷或操之过急，要允许他们有考虑问题和做出反应的足够时间
难养型宝宝	他们的吃、睡等活动都不规律，属于情绪型的，躲避不熟悉的环境；缓慢适应变化；对新事物往往有强烈的反应，安全感较差；与父母之间难以建立起良好的亲子关系，拒绝与父母交流沟通	父母对他们往往缺乏耐心，教育方式简单粗暴，或专制、拒绝，或迁就，使其不良个性特征加重；早期挫折感多，难以获得成功的体验	难养型宝宝+不良的教养（家庭的、学校的等）=问题儿童、反社会性人格
中间型	介于以上三型之间		

无条件的爱——理解、接纳宝宝的个性特点。

健康的身体——精心养育，为宝宝一生的幸福打下基础。

安全的环境——细心呵护，营造良好生长环境。

充分的交流——表达你的爱。

做出表率——榜样作用。

宝宝气质的两面性

气质类型	积极面	消极面
易养型	随和、适应性强、开朗	行动轻率、感情不稳
启动缓慢型	冷静、情感深沉、实干	淡漠、缺乏自信、孤僻
难养型	敏感、情感丰富	任性、适应慢、易发脾气

因此，父母必须根据宝宝的气质特点建立养育原则。只有当外部的需求和期望与宝宝的基本气质特征相互融合的时候，才是宝宝最适宜的环境，也才能够培养出宝宝的好行为好习惯。每个父母都需要了解你的宝宝，根据宝宝的气质特点调整你的育儿方法。

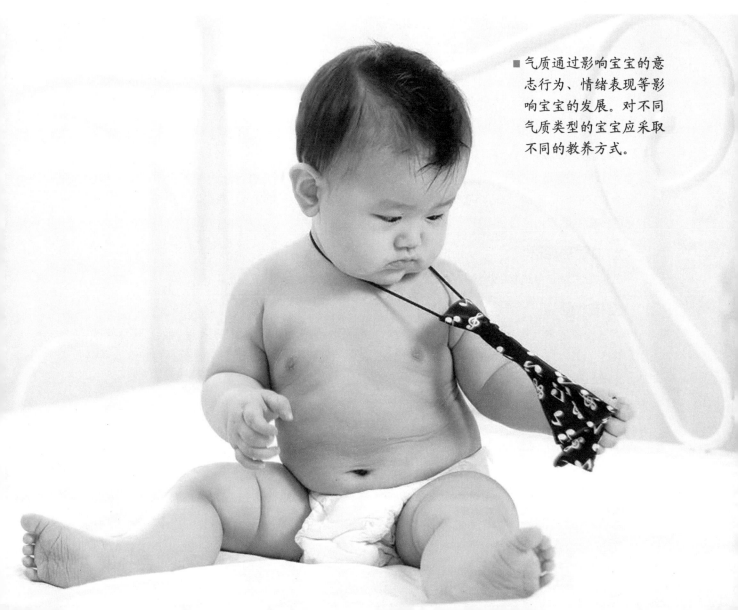

■ 气质通过影响宝宝的意志行为、情绪表现等影响宝宝的发展。对不同气质类型的宝宝应采取不同的教养方式。

早产新生儿的特征

胎龄满28周未满37周出生者，不论其出生时体重多少，均称为早产儿。早产儿的头相对较大，囟门宽大，常伴颅骨软化；头发稀、短、软、乱如绒线头，皮肤松弛，面额部皱纹多，似"小老头"，毳毛多，皮下脂肪少。其生理特点主要表现在：

● 体温调节功能差

早产儿因体温中枢发育不成熟，肌肉活动差，故产热能力低，且代谢低，在环境温度低时如保暖不当，很容易出现低体温（体温低于35.0℃）而导致硬肿症的发生。又由于汗腺发育不良，出汗不畅，在周围环境温度高时，热量散发不出而发生高热。

● 呼吸功能不健全

早产儿呼吸中枢发育不够成熟，呼吸肌和肺泡组织发育不全，吸气无力，呼吸浅而快，常有呼吸不规则和呼吸暂停现象。

● 消化功能弱

早产儿吸吮能力差，吞咽反射弱，特别容易发生呛奶。其胃容量小，胃肠功能弱，消化吸收能力差，对蛋白质的需求量高，胆酸分泌较少，不能将脂肪乳化，故对脂肪的吸收能力较差，若喂养不当很容易发生腹泻、腹胀、消化不良及营养不良。

● 神经系统不成熟

早产儿神经系统成熟与否跟胎龄大小有密切关系。胎龄越小，各种反射越差，如觅食、吸吮、吞咽及对光、眨眼反射均不敏感，觉醒程度低，拥抱反射不完全，肌张力低下。

● 肝肾功能低下

早产儿肝脏发育不成熟，对胆红素代谢不完全，故生理性黄疸重且持续时间长，常引起高胆红素血症、核黄疸。因肝脏功能不全，肝贮存维生素K较少，易发生出血症。肝内糖原贮备少，易发生低血糖，肾脏对尿的浓缩功能差，尿量多。

● 心血管功能差

早产儿心率快，可达140次/分钟；心肌收缩弱，血管脆性增强，易发生出血。

● 抵抗力低

早产儿全身脏器发育不够成熟，免疫球蛋白IgG可通过胎盘，但与胎龄增长有关，故从母体来的IgG量较少。由于IgA、IgM不能通过胎盘，免疫力低，对各种感染的抵抗力极弱，即使较轻微感染，也可导致败血症而危及生命，尤其需精心护理。

早产儿的生理特点

项目	表现
外形特点	皮肤柔嫩，呈鲜红色，表皮薄可见血管，面部皮肤松弛，皱纹多，头发纤细像棉花样不易分开，外耳软薄，立不起，紧贴颅旁，颅骨骨缝宽，囟门大，囟门边缘软。乳腺在33周前摸不到，36周很少超过3毫米。乳头刚可见。女婴大阴唇常不能遮盖小阴唇。男婴睾丸多未降入阴囊。胎毛多，胎脂布满全身，指(趾)甲软，达不到指端，足趾纹理仅前端有1~2条横纹，后3/4是平的
体温	因体温调节中枢发育不全，皮下脂肪少，易散热，加之基础代谢低、肌肉运动少，产热少，故体温常为低温状态。但由于汗腺发育不良，包裹过多，又可因散热困难而致发热。故早产儿的体温常受上述因素影响而升降不定
能量和体液代谢	新生儿基础热能消耗为50千卡/千克，每日共需热量为100~120千卡千克。足月儿每日钠需要量1~2毫摩尔/千克，小于32周的早产儿约需 3~4毫摩尔/千克；新生儿生后10天内不需要补充钾，以后每日需钾量1~2毫摩尔/千克。早产儿常有低钙血症
免疫系统	由于全身各脏器的发育不够成熟，白细胞吞噬细菌的能力较足月儿差，血浆丙种球蛋白含量低下，故对各种感染的抵抗力极弱，即使轻微感染也可发展成为败血症
肾脏功能	肾发育不成熟，抗利尿激素缺乏，尿浓缩能力较差，故生理性体重下降显著，且易因感染、腹泻等出现酸碱平衡失调。早产儿肾小管排酸能力有一定限制，用普通牛奶喂养时，可发生晚期代谢性酸中毒，改用母乳或婴儿配方乳，可使症状改善
血液循环系统	早产儿血液成分不正常，血小板数比正常新生儿少。出生后，体重愈轻，其血液中的红细胞、血红蛋白降低愈早，且毛细血管脆弱，因而容易发生出血、贫血等症状
呼吸系统	因呼吸中枢未成熟，呼吸浅快不规则，常有间歇或呼吸暂停现象。哭声低弱，肺的扩张受限制而常有青紫，喂奶后更为明显。咳嗽反射弱，黏液在气管内不易咳出，容易引起呼吸道梗阻及吸入性肺炎
肝脏	肝功能不健全，出生后酶的发育亦慢，故生理性黄疸较重，持续时间亦较长。贮存维生素K较少，凝血因子低，故容易出血。合成蛋白质功能亦低，易引起营养不良性水肿
消化系统	吸吮及吞咽反射不健全，易呛咳。贲门括约肌松弛，幽门括约肌相对紧张，胃容量较小，排空时间长，故易吐奶。胃肠分泌、消化能力弱，易导致消化功能紊乱及营养障碍

新生儿出生时的"智慧"潜力

随着"咔嚓"一声剪断脐带，新生儿独立的生命活动开始了。就像宇航员刚跨出太空舱登上月球一样，一瞬间发生了翻天覆地的变化：脱离了母体内温暖、湿润的环境，从此面临着多变、干燥的外界环境；告别了通过胎盘供给营养物质和氧、由母亲直接承担生命活动的生活方式，从此必须靠自己的口腔、胃肠摄食，靠自己的肺部呼吸，靠自己独立完成一系列生命活动。

新环境的困难和生命活动的艰辛无时不在威胁着第一次以独立个体出现的新生儿的生命。这就是为什么人们通常把新生儿期看做整个人生长河中最关键的一个月。面对嗷嗷待哺的新生儿，成人往往以"生命的保护神"自诩。其实，成人的抚养固然重要，但是，倘若新生儿在出生前不具备充分的智慧准备，恐怕再先进的科学医疗水平也只能望洋兴叹。

为了迎接纷繁复杂的新生活，新生儿早在胎儿时期就做好了充分的智慧准备。

那么，新生儿到底为自己的出生做了哪些准备呢？

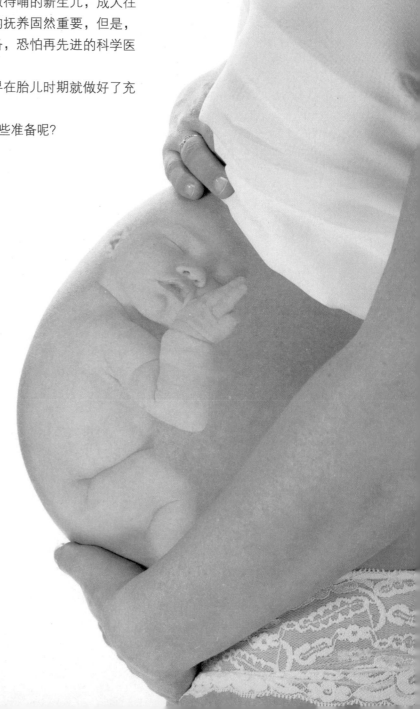

■ 还在母亲的腹中孕育之时，胎宝宝就为出生后的生存做了充分的智慧准备。

胎儿期的智慧准备

● 适应新环境、维持生命的基本"智慧"

如果用奶头或手指轻轻触及新生儿的脸颊，他就会转过头来寻找奶头或手指的方向；他不仅会吸吮伸入口中的奶头或手指，还会吞咽液体食物。这些觅食、吸吮、吞咽行为就是新生儿适应新环境，维持自身生命的最基本的"智慧"。

设想一下，如果新生儿生来不会吸吮、不会吞咽，将如何获得维持生命所必需的营养物质呢？成人的悉心抚养又从何谈起呢？

● 自我防御的"智慧"

一旦皮肤表面受到强烈刺激，如：被硬物扎痛时，新生儿会产生保护性收缩；物体突然出现在面前时，眼睑会闭合；光的亮度剧增时，瞳孔便收缩；等等。这些都是防御性"智慧"，目的在于使新生儿适应环境，避开刺激物或限制刺激物的影响。

● 独特的接触环境、了解环境的"智慧"

出生三天的新生儿就能对强光源发生转头行为，以后，只要身边一出现新异的声音或光亮，他们就会减少自己的身体活动，注视或倾听这个刺激，好像要"听懂"或"看到"这个神奇的东西。难怪晴天时，产院婴儿室里的大多数新生儿都像向日葵一样向着阳光，光成了新生儿生活环境的一部分，是他们了解和适应的对象。

新生儿神秘莫测的本能还很多。例如：

手心碰到异物，他会一下子捏紧拳头紧握不放；

水平卧伏在成人手中，会出现类似游泳的协调动作；

脚板接触地面，从腋下被扶住，他会"迈步行走"；

触摸新生儿的脚底，他的脚趾会向上呈扇形张开；

突如其来的刺激会令他"恐惧"，比如，将新生儿从高处迅速下降，他会伸直双臂，然后又缩回，紧贴胸前，握紧拳头；

当新生儿的头转向一侧躺着时，他会伸出与头的转向一致的那只手，而把相反方向的手臂和腿屈曲起来，好像一个击剑者。

这些复杂的"智慧"反应并不是由成人训练的，几乎都是与生俱来的本能。初生的"智慧"确实是新生儿适应新的生存条件，迈开生命第一步最初的、也是最可靠的保证。

■ 新生儿的智慧器官孕育着巨大的力量，他们已经有能力接近环境、了解环境。

新生儿惊人的能力

表面上，新生儿总是以被动的姿态应付自己的生存问题，整天闭着双眼，循环着吃、睡、哭的活动，难怪有些老人总是说新生儿"眼不会看物，耳不会听声"。

其实，新生儿的感官并不真是这样百无一用的。现在，已有越来越多的心理学家认识到，新生儿的感受智慧远不止于此，只是现代实验手段、技术的限制使人们还不能真正认清其"真面目"。但即使这样，新生儿惊人的能力也足以让我们倾倒了。

● 听

胎儿在母腹中就能听到外界的声音。孕妇诉说汽车喇叭声会加速胎儿的蠕动；她们怀孕时常听的一支曲子会使新生儿倍感亲切。出生后，新生儿的听力日趋完善。

有人曾经对出生仅几秒的"真正的新生儿"做了一次听力测试：在新生儿耳朵的左边或右边发出声音，发现大部分的新生儿能正确地把头转向声源，这说明一出生的宝宝就有了比较成熟的确定声源的能力。6个小时后，这些新生儿几乎都能出色地完成声源左右方位的定位的任务。到了1个月，他们的反应就更复杂了，对声源的判断伴随有身体、脸部等动作的呼应，好似在"认真地"听这个声音。新生儿能分辨男人和女人的说话声，相比之下，他们更爱听女人轻柔的高音。有人发现，出生3天的新生儿就能分辨出不同女人的说话声，他们当然对自己母亲的声音更感兴趣。

● 看

出生4天的新生儿就会转头或微闭双眼来看光线了，不久以后，他们还会用眼追踪移动的光线。

最近的一个研究结果更加惊人，新生儿能分辨不同亮度的光线，比如，在看到太阳光、灯光或烛光等不同的光线时，他们的注视方式和时间就明显不同。

1个月时，在新生儿的视野里出示一个物体，他们的眼球就会出现探索反应，视线会追随这个物体的移动，尽管这种追随还不成熟，往往是跳跃式的(而不是紧紧跟随)，物体的移动也不能过快、过远，追随的时间也不长，但它实实在在地告诉人们：新生儿能用眼视物。

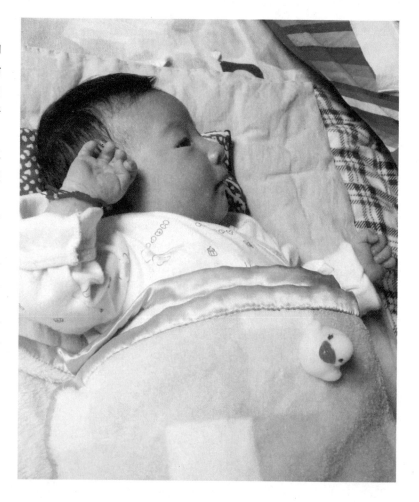

● 嗅

当新生儿闻到某种气味时，比如酒精、醋酸等，他们的呼吸会加快，动作也会增多。宝宝一出生就有用嗅觉确定物体空间方向的能力。在宝宝的头部左侧放一瓶风油精，出生16个小时的宝宝就会把头转向右边；溶液放在右边，头就转向左边，用头的转向来回避刺鼻的气味。因此，对宝宝来说，灵敏的嗅觉具有主要的生物学意义。出生7天的新生儿会在几个女人的胸罩中嗅出属于自己母亲的那种独特气味。

● 尝

新生儿的舌头能够品尝出几种不同的味道，如：糖水、盐水、奎宁水和柠檬酸溶液(这是通常用来代表甜、咸、苦、酸4种基本味觉的典型物质)。研究发现，新生儿更喜欢甜味，这在日常经验中也能看到，新生儿吸吮白开水的速度远远赶不上吸吮糖水的速度。以后，他们还会比较精准地品出不同浓度的糖水呢。这时，他们的味觉几乎与成人接近。

● 触摸

新生儿的皮肤，尤其是嘴唇、手掌、脚掌、前额和眼睑等部位，对刺激的敏感性已经接近成人。比如：当物体接触嘴唇时，会立即发生吸吮动作；当物体接触手掌时，会立即发生抓握动作；当物体接触眼睑时，会立即发生眨眼和闭眼动作；当脚掌受到刺激时，会立即产生脚趾张开的动作。

■ 感知觉的发育是从婴幼儿降生就开始的，并在降生的头几年内发展迅速，绝大部分的基本感知觉能力在婴幼儿期即已完成。在婴幼儿早期的认识活动中，感知觉占着主导的地位，是婴幼儿探索世界、认识自我过程的第一步，也是以后各种心理活动产生和发展的基础。

新生宝宝第一周开心成长记录

结束了40周子宫内的生活，宝宝终于降生了。在这个陌生的世界，他会遭遇哪些新鲜事儿呢？下面就让我们来了解一下新生宝宝第一周是如何度过的吧。

新生宝宝记事一

● **清除异物**

宝宝一出生，首先要为他清除鼻子和口腔内的异物，这样能防止窒息。在医学上，清除异物的过程叫做吸痰。

● **剪脐带**

宝宝娩出时虽然已经剪过一次脐带，但从分娩室出来后还要在仰卧的状态下，再剪一次脐带。

● **接受检查**

宝宝出生后医生都会对他进行Apgar（阿普卡）评分来确定婴儿的健康状况。通常这些都是对他的反应和生命特征而进行的测试，包括以下5个方面：心率、呼吸、肤色、肌肉和反应。每个项目的分值范围都是0~2分，最后将5个分值加起来，总分就是Apgar（阿普卡）评分。这些测试会在5分钟后再进行一次。通常7~10分都是正常的，如果你的宝宝得到这个范围内的分数的话，就说明不需要特别护理了。

● **挂上铭牌**

护士会把写有爸爸妈妈名字及出生时间的卡片挂在宝宝的手腕或脚腕上，以便和别的宝宝区分开。

● **按脚印**

为了不错换宝宝，必须按脚印，按完脚印后，几天内印记不会消退，保持原状。

新生宝宝记事二

● **胎脂**

新生宝宝的皮肤一般呈红色，刚出生的时候，全身都覆盖着一层滑溜溜的油状物质，这就是胎脂。一般3~4天后，胎脂逐渐脱落，不必剥离。

● **吸吮初乳**

出生后2~4天内，妈妈分泌的初乳中含有大量能够保护宝宝免受各种疾病侵扰的免疫抗体，因此一定要让宝宝吸吮。在宝宝吸吮的过程中，妈妈体内能够分泌出名为后叶催产素的激素，有助于子宫快速收缩。授母乳的时候，妈妈应该先用热毛巾按摩肿胀的乳房，然后喂奶，两边的乳房要交替着喂。

● **排出胎便**

出生1~2天内，宝宝就会排出黑色的胎便。胎便是宝宝出生前沉积在肠胃内的分泌物。

新生宝宝记事三

● **脐带变黑了**

宝宝原本透明的脐带变黑了，但是还没有脱落，不能沾水，否则容易发炎，因此要特别小心。

● **皮肤变光滑**

原本皱巴巴的皮肤已经变得很光滑，由于宝宝的皮肤还很薄很透明，所以能看到红色的血管。

● **接受检查**

医生将进行体检，逐一检查心脏跳动、体温等情况。

新生宝宝记事四

● 排出黄色稀便

胎便排出后，开始出现黄绿色稀便。用母乳喂养的话，宝宝大便呈黄色，也可能带有白色糊状疙瘩，都属于正常现象。用奶粉喂养的宝宝，大便呈黄褐色，状态略稠。

● 出现新生儿黄疸

新生儿的肝功能尚未发育成熟，无法将胆红素全部处理，从而淤积在体内，造成皮肤和眼白呈黄色。60%的宝宝一般在出生后2~3天出现，4~5天更加严重。生理性黄疸属于正常现象，一般不需要治疗。

新生宝宝记事五

● 出现蒙古斑

随着新生宝宝的皮肤逐渐变白，有的宝宝臀部、背部和肩膀等处会出现青色的斑点，称为蒙古斑。妈妈不必着急，一般到了幼儿期就会自行消失。

● 采血化验

宝宝出生7日内，必须采集血液，然后检查乳酸代谢、糖代谢、先天性甲状腺功能正常与否等身体代谢的指标。如能及早发现症状，就可以采取适当的治疗措施。

● 帮助打嗝

宝宝的肠胃尚未发育成熟，经常会出现吐乳的现象。因此刚喂完母乳或奶粉，不要马上让宝宝躺下，一定要设法帮宝宝打嗝，以使胃里的空气排出。宝宝躺下后，一定要把宝宝的头转向一侧，这样即使吐乳，也不至于堵住气管。

新生宝宝记事六

● 睁开大大的眼睛

宝宝虽然能睁开眼，但是由于视力尚未充分发育，所以还看不清妈妈的脸。但是他的大眼睛会灵巧地左顾右盼，跟随光亮转动。宝宝大部分时间都在睡觉，所以睁开眼睛的时间很短。

● 享受沐浴

为了预防长出湿疹，宝宝的皮肤需要保持清洁。沐浴时，要先擦拭干净颈部、嘴和腋窝，然后用干毛巾擦拭水分，最后用消毒过的棉花擦掉流入眼睛里的异物。注意不要让水进入宝宝的脐带，以免发生感染。

新生宝宝记事七

● 脐带准备脱落

脐带已经变得又黑又脆，干透以后，会自行脱落。

● 腿部呈M形

因为宝宝在妈妈的子宫里一直弯曲着双腿，宝宝出生后到学会走路之前，双腿都习惯于保持弯曲的姿势，类似英文字母中的"M"形。

● 黄疸消失

如果是生理性黄疸，出生后1周左右就会慢慢消失。如果出生后超过10天，黄疸依然不退的话，必须接受医生的诊断。

营养补给站
宝宝的饮食营养

当你怀抱可爱的小宝贝时，是多么热切地盼望他快快长大，成为身体健壮、智力发达的宝宝。望子成龙是所有家长的心愿。在婴儿期，有许许多多的事情要做，但请不要忘了，在众多的事物中，营养是关键。

母乳，送给宝宝的最珍贵的礼物

母乳是上天赐给宝宝的最珍贵的礼物，也是新生宝宝最好的能量来源。母乳的营养成分都很容易消化，并几乎能全部被新宝宝的身体吸收。母乳除含有生命所需的维生素和无机盐外，还含有可防御疾病的免疫物质。哺乳对母亲的健康有利，还能使得母子间的亲密关系得以延续。

母乳喂养，好处多多

● 母乳营养丰富，是新生宝宝最理想的天然食品

母乳中含有较多的脂肪酸和乳糖，钙、磷的比例适宜，适合新生宝宝消化和吸收，不易引起过敏反应、腹泻和便秘；母乳中含有利于宝宝脑细胞发育的牛磺酸，有利于促进新生宝宝的智力发育。

● 母乳是新生宝宝最大的免疫抗体来源

母乳中含有多种可增强新生宝宝免疫抗病能力的物质，可使新生宝宝减少患病，预防各类感染。特别是初乳，含有多种预防、抗病的抗体和免疫细胞，这是任何代乳品所没有的。

● 母乳喂养可促进母子间的感情建立与发展

在母乳喂养中，新妈妈对新生宝宝的照顾、抚摸、拥抱等身体的接触，都是对新生宝宝的良好刺激，不仅能够促进母子感情日益加深，而且能够使新生宝宝获得满足感和安全感，促进其心理和大脑的发育。

● 减少过敏反应

母乳的乳蛋白不同于牛奶的乳蛋白，对于过敏体质的新生宝宝，可以减少其因牛乳蛋白过敏所引起的腹泻、气喘、皮肤炎症等过敏反应。

● 母乳的新作用

母乳中含有镇静助眠的天然吗啡类物质，可以促进新生宝宝睡眠。母乳中的一种生长因子能加速新生宝宝体内多种组织的新陈代谢和各器官的生长发育。

初乳最珍贵

新生儿所需的营养素不仅要维持身体的消耗与修补，更重要的是要供给身体生长发育之用。

母乳是新生儿最科学、最合理的食品，母乳的作用和优点是任何代乳品都无法比拟的。母乳分初乳、过渡乳、成熟乳、晚乳，产后不同时期分泌的乳汁成分各异，对宝宝的生长发育有不同的影响，特别是初乳，是宝宝最优质的食物。

初乳除了含有一般母乳的营养成分外，还含有抵抗多种疾病的抗体、补体、免疫球蛋白、菌酶、微量元素等，且含量相当高。这些免疫球蛋白对提高新宝宝抵抗力、促进宝宝健康发育有着非常重要的作用。因此，初乳增强抵抗力的作用比成熟乳大。

营养专家建议新妈妈，初乳不可丢，过渡乳要多哺乳，成熟乳逐渐添加辅食，晚乳不久留。新妈妈应力争最少哺喂母乳4个月，确有困难者，也至少要争取让新生宝宝吃到初乳。

划分	乳汁特点	营养特点
初乳	新生宝宝出生后7天以内所吃的较稠而呈淡黄色的早期乳汁。俗话说"初乳滴滴赛珍珠"，可见初乳的珍贵。初乳量少，呈黄色，有些发黏	初乳的量少（10~40毫升），少含脂肪和碳水化合物，多含蛋白质（主要是球蛋白）、维生素A和矿物质，并且含大量能提高宝宝免疫力和促进宝宝器官发育、成熟的活性物质，滴滴珍贵，不要轻易抛弃
过渡乳	7~14天的乳为过渡乳	脂肪含量最高，而活性物质、蛋白质、矿物质的含量逐渐减少
成熟乳	产后第3周到9个月分泌的乳汁为成熟乳	成熟乳的各种营养成分比较固定，其中蛋白质、脂肪、碳水化合物的比例约为1:3:6。这个时期要逐渐添加辅食
晚乳	产后10个月以上分泌的乳汁是晚乳	乳汁的各种营养成分含量逐渐减低、分泌量也逐渐减少，已渐渐丧失其营养价值。这个时期要以添加辅食为主，充分补充营养

分娩后宜及早"开奶"

联合国儿童基金会提出的母乳喂养新观点认为：新生儿应该早开奶。新生儿出生后半小时，便可由医护人员协助，开始让宝宝吸吮母亲乳头，最晚也不应超过6小时。

为了利于乳汁早分泌，应在分娩后半小时内即开始哺乳，让母亲皮肤与新生儿皮肤进行接触，并让宝宝吸吮乳头20分钟，以刺激乳头，促进催乳素的分泌。

新生儿出生后半小时内觅食反射最强，以后逐渐减弱，24小时后又开始恢复。分娩后早让母婴接触，早开奶的好处是：

1.有利于母亲乳汁分泌，不仅能增加泌乳量，而且还可以促使乳腺管通畅，防止奶胀和乳腺炎的发生。

2.新生儿也可通过吸吮和吞咽动作促进肠蠕动及胎便的排泄。

3.新生儿的吸吮动作还可以反射性地刺激母亲的子宫收缩，有利于子宫复原，减少出血和产后感染的机会，有利于产妇的康复。

4.早喂奶可使新生儿得到初乳中的大量免疫物质，以增强新生儿防御疾病的能力。

5.早喂奶还有利于建立亲密的母子关系，能尽快满足母婴双方的心理需求，使宝宝感受母亲的温暖，减少宝宝来到人间的陌生感。

育儿小讲堂 母乳喂养需要给宝宝喂水吗

根据新生儿出生后的需水量和人奶中的含水量，母乳喂养期间必须补充适量的水分。可以在两次喂奶之间给新生儿喂适量的温开水，因为新生儿期新陈代谢比成年人旺盛，单位体重的需水量比成人高，许多代谢产物要由水来帮助排出。有些母亲认为母乳和牛乳本身就含有水分，所以很少给宝宝再喂水，这样的认识是不对的。

母乳和牛乳中的水分不能满足新生儿对水的需求。况且，牛乳中含有较多的蛋白质和无机盐，这些物质代谢后，更需要水来帮助排泄。所以对新生儿应及时地补充水分，尤其是出现热病、呕吐、腹泻等现象时，更要注意及时补充水分，以免出现脱水现象。

按需哺乳，不拘泥于喂奶次数

即使是刚刚出生的新生儿，也知道饥饿，什么时候该吃奶，宝贝会用自己的方式告诉妈咪的。妈咪应清楚乳汁是否足够喂宝贝，如果乳汁不足，再频繁地喂乳，宝贝也不会吃饱。

● 吃奶次数多

新生儿出生后，在头1~2周吃奶次数会比较多，有的一天可达十几次，即使是后半夜，也会比较频繁地吃奶。

到了3~4周，吃奶次数比之前明显减少，每天也就七八次，后半夜往往睡得比较香，5~6个小时不吃奶。

● 吃的量次不定

俗语说，"小儿猫一天，狗一天"，是有一定道理的。新生儿每天吃的量次不是一成不变的，今天也许多点，明天也许少些。如果没有其他的异常，妈咪就不用着急。

> **按需喂哺是不是一哭就喂**
>
> 我们提倡按需喂哺宝宝，但这并不是说宝宝一哭就得喂。因为宝宝啼哭的原因很多，也许是尿湿了，也许是想要人抱了，也许是受到惊吓了等，妈妈应该做出分析判断。如果把宝宝抱起来走一走，或是给他换掉脏尿布，他就能安静下来，停止啼哭，那么就不必喂奶。
>
> 育儿心得

怎样避免溢乳

许多宝贝在出生两周后，会经常吐奶。在宝贝刚吃完奶，或者刚被放到床上，奶就会从宝贝嘴角溢出。吐完奶后，宝贝并没有任何异常或者痛苦的表情。这种吐奶是正常现象，也称"溢乳"。

● 为什么会溢乳

由于小宝贝的胃呈水平状、容量小，而且入口的贲门括约肌弹性差，容易导致胃内食物反流，从而出现溢乳。有的宝贝吃奶比较快，会在大口吃奶的同时咽下大量空气，平躺后这些气体会从胃中将食物一起顶出来。

● 避免溢乳

在宝贝吃完奶后，让宝贝趴在妈咪的肩头，轻轻用手拍打宝贝的后背，直到宝贝打嗝为止。这样帮助宝贝排出胃里的气体，会减轻溢乳。

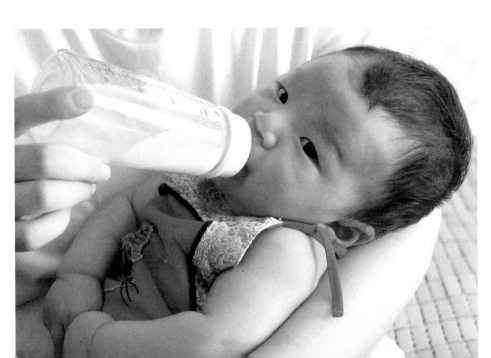

■ 新生儿不管是母乳喂养还是混合喂养，不提倡定时定量，而应按需喂养，每天8次以上。

科学喂养，打好宝宝一生的基础

面对嗷嗷待哺的没有满月的宝宝，妈妈既喜欢又着急，常常不知如何喂养才好。对于宝宝来说，每天最重要的事情就是吃。如何让宝宝吃好吃饱，也是有很多学问的。最好的方法是尽量用母乳喂养。母乳喂养不但能够给宝宝提供最优质理想的食物，也是母子沟通、增进感情的最好时机。

▶ 母乳是否充足的判断

现在提倡母乳喂养，有很多母亲担心自己的奶水不够，怕宝宝吃不饱，那么怎样知道母乳是否够吃呢？

判断母乳是否充足的最简单的办法就是称宝宝体重。宝宝出生后7~10天的时间里，尚是生理性体重减少阶段，此后，体重就会增加。因此，10天以后起每周称1次，将增长的体重除以7得到的值如在20克以下，则表明母乳不足。

还可用哺乳时间的长短来判断母乳是否充足。正常情况下的哺乳时间为20分钟左右。假如哺乳时间超过20分钟，甚至超过30分钟，宝宝吃奶总是吃吃停停，而且吃到最后也不肯放开乳头，则可以断定母乳不足。宝宝出生两周后，吃奶间隔依然很短，个把小时就闹着要吃奶，也可以断定母乳不足。

另外一种判断方法则要靠母亲自己的经验了，那就是乳房是否胀。乳房胀得厉害与否，可断定母乳是否充足。

▶ 母乳不足，原因何在

很多医生都说"大约99%的母亲都有足够的母乳来喂养自己的宝贝"，可不少哺乳的新妈妈却自称"奶水不足"，这是怎么回事呢？

● 喂养不当是导致母乳不足的主要原因

宝宝出生后，新妈妈可能由于身体虚弱、产伤等原因，没有及时让新宝宝吸吮乳房。而新妈妈分娩之后，在催乳激素的作用下，乳房开始分泌乳汁。宝宝每次吸吮刺激乳头时，都会使催乳激素呈脉冲式释放，从而促进乳汁分泌。如果这时乳房缺乏很好的吸吮刺激，催乳激素水平就会逐渐下降，乳汁也会随之减少。所以，宝宝的吸吮刺激越早，越能促进母亲乳汁的分泌。反之则会母乳不足。

● 气血虚弱是母乳不足的重要原因

新妈妈产后缺乳，通常是体质实者乳胀、虚者乳软。实者以通为主，一般需要一些疏肝理气活血之品；虚者则需要大补气血，以增生化之源。缺乳的新妈妈最常见的体质有以下5种：

哺乳的新妈妈常见5种体质

正常型	有轻微腹痛，恶露通畅且能如期排净，大便通畅，乳汁充足，饮食如常
气血虚弱型	面色苍白，头晕眼花并伴心悸，无腹痛或腹部喜按，恶露量少、色淡红、质稀无块，产后乳少、乳清稀或全无
气血瘀阻型	面色青白，形寒肢冷，小腹疼痛拒按，恶露不下或很少、色紫暗有块，乳少或乳汁不下，乳房胀满疼痛，心窝饱胀作痛，容易激怒
津亏血少型	面色萎黄，心悸少寐，肌肤不润，大便干燥并滞涩难解
脾胃虚弱型	面色无华，神倦食少，乳少并清稀，乳房柔软

怎样才能保证母乳充足

是否有充足的乳汁，是每个做母亲的最为关心的问题。如果要使母乳增多，从怀孕时起，就应当坚定自己哺乳的决心。特别是母亲自身具有的哺育新生儿的强烈愿望，这是重要的内在动力。

通常，产后几天乳汁都不会很多。等过了四五天以后，乳汁就会大量分泌出来。因此，开始几天千万不要因乳汁少而灰心丧气。宝宝出生后，要多让宝宝吸吮乳头，以刺激乳腺分泌乳汁。产后应早喂、勤喂，坚持下去，经过三五天或十来天奶水自然会增多。

作为妈妈来讲，重要的是自身应充分摄取营养，可多吃一些富含蛋白质、富含多种营养的食物。均衡的饮食不仅需要足量的蛋白质、脂肪和水，还需要有丰富的维生素和无机盐，以增加乳汁的质和量。所以，新鲜水果和蔬菜，多汁的液态食物，如牛奶、果汁等，也是必需的。此外，哺乳的新妈妈还应该多吃富含维生素E的食物，如植物油和各种坚果等，为乳房提供充足的血液，增加乳汁的分泌。

新妈妈生产结束后3天内，不宜开大荤，特别是老母鸡汤等。最适宜清淡饮食，同时补充足够的水分，多吃一些汤水类食物，如猪蹄汤、鲫鱼汤、丝瓜汤等，有利于乳汁的分泌。

产后第4天开始，可适当加强营养，选择有通乳作用的食物，如榴莲、豆制品、黑芝麻、燕麦粥、玉米须水、木瓜花生红枣汤等。

■ 鸡汤对于促进母乳的分泌和新妈妈月子体质的恢复效果非常显著。

6种催乳食物推荐

食物	催乳功效
莲藕	能够健脾益胃，润燥养阴，行血化瘀，清热生乳。新妈妈多吃莲藕，能及早清除腹内积存的瘀血，增进食欲，帮助消化，促使乳汁分泌，解决乳汁不足的难题
黄花菜	有利湿热、宽胸、下乳的功效。治产后乳汁不下，用黄花菜炖瘦猪肉食用，极有功效
茭白	有解热毒、防烦渴、利二便和催乳功效。现在一般多用茭白、猪蹄、通草同煮食用，有较好的催乳作用
莴笋	有清热利尿、活血通乳的作用，尤其适合产后少尿及无乳的新妈妈食用，效果非常显著
豌豆	有利小便、生津液、通乳的功效，青豌豆煮熟淡食或用豌豆苗捣烂榨汁服用，皆可通乳
豆腐	对乳汁不足者，能补气血及增进乳汁分泌。以豆腐、红糖、酒酿加水煮服，可以生乳
鲫鱼	鲫鱼蛋白质含量丰富，脂肪含量少，肉质细嫩，肉味甜美，吃起来鲜而不腻，自古以来就是产妇催乳的最佳补品
猪蹄	具有催乳和美容的双重作用，能够促使乳汁分泌畅通，提高母乳质量，非常适合哺乳期的新妈妈食用

此外，缺乳的新妈妈还可采用一些中医中药方法进行治疗，如气血亏虚，可选择通乳丹；肝郁气滞型，可选择下乳涌泉散或通肝生乳汤；痰浊湿阻型，可选择苍附导痰丸或漏芦散，按医嘱服用。

育儿小讲堂　忠告母乳不足的妈妈

1.欲使母乳增多，首先妈妈自身就得坚定自己哺乳的决心。宝宝出生以后，要经常让宝宝吮乳头，以便刺激乳腺分泌乳汁。

2.千万不要灰心丧气。通常，开始几天乳汁都不会很多的。等过了四五天以后，乳汁就会大量分泌出来。因此，开始几天千万不要因为乳汁少而灰心丧气。

3.不要随便补充奶粉。在第一周内，即使母乳很少，也尽量不要随便使用奶粉补充。因为宝宝一吃奶粉，吸奶力就会差，结果母乳也就会越来越少。

4.不要焦躁。要保持精神愉快。心情焦躁是会影响乳汁分泌的。更要注意休息和睡眠，千万不能过度疲劳。

这些时候，宜采用配方奶粉喂养

充足的营养对宝宝的健康起着决定性的作用。如果不能用母乳喂养，只好用牛奶或其他代乳品代替。

需要人工喂养新生宝宝的情形

人工喂养的情形	原因
宝宝患有半乳糖血症	这类新生宝宝在进食含有乳糖的母乳后，会引起半乳糖代谢异常，致使喂奶后出现严重呕吐、腹泻、黄疸、肝脾大等症状。确诊后，应立即停止母乳及奶制品喂食，并给予不含乳糖的特殊代乳品
宝宝患糖尿病	表现为喂养困难、呕吐及神经系统症状，多数患病新生宝宝伴有惊厥、低血糖等症状。对这种新生宝宝应注意少量喂食母乳，给予低分子氨基酸膳食
妈妈患慢性病须长期用药	如甲状腺功能亢进尚在用药物治疗者，药物进入乳汁中，对新生宝宝不利
妈妈处于细菌或病毒急性感染期	新妈妈乳汁内含有致病的病菌或病毒，可通过乳汁传给新生宝宝，对新生宝宝有不良后果，故应暂时中断哺乳，用配方奶代替
接触有毒化学物质	这些物质可通过乳汁使新生宝宝中毒，故新妈妈哺乳期应避免有害物质，远离有害环境
妈妈患严重心脏病	心功能衰竭的新妈妈哺乳会使心脏病情恶化
妈妈患严重肾脏疾病	肾功能不全的新妈妈哺乳，会加重脏器的负担和损害
妈妈处于传染病感染期	如新妈妈患开放性结核病，或者在各型肝炎的传染期，此时哺乳将增加新生宝宝感染的可能

喂养不当容易造成肥胖儿和瘦宝宝

个别宝宝食欲较大，摄入过多的热量易造成肥胖；还有的宝宝食欲低下，热量摄取不足，会成为比较瘦小的宝宝。这与家族遗传有关，还与喂养不当有关。不少妈妈总是怕宝宝吃不饱，宝宝已经几次把乳头吐出来了，妈妈还是不厌其烦地把乳头硬塞入宝宝嘴中，宝宝只好再吃两口。时间长了，有3种不好的结果：

1. 宝宝的胃被逐渐撑大，奶量摄入逐渐增多，成为小胖孩。

2. 摄入过多的奶，消化道负担不了如此大的消化工作，会罢工，导致宝宝的食量下降。

3. 如果总是强迫宝宝吃过多的奶，宝宝会不舒服，形成精神性厌食。这种情况在婴儿期虽然不多见，但一旦形成，容易影响宝宝的身体健康，一定要避免。

育儿心得

为新生儿选择适合的配方奶粉

虽然母乳喂养优点很多，是婴儿最好的食物，但在实际生活中，确有部分婴儿由于各种原因（无母乳或母乳不足等）不得不进行人工喂养，所以需要选择满足婴儿营养需要的代乳品，以保证宝宝的正常发育。

配方奶粉是母乳最好的替代品

目前我国市场销售的代乳品，品种较多，主要是各种配方奶粉。既有母乳化的配方奶粉，又有适合特殊群体的特殊配方奶粉，比如适合早产儿、体弱儿，以及半乳糖血症和苯丙酮尿症患儿的不同配方奶粉。

配方奶粉以牛奶（或羊奶等）为主要原料，模拟母乳营养成分，没有一般乳制品喂养宝宝的种种缺陷，能满足宝宝生长发育的基本营养需求，并易于消化、吸收。它不仅是目前国内外较理想的代乳品，而且也是除母乳外婴幼儿食品的最佳选择。

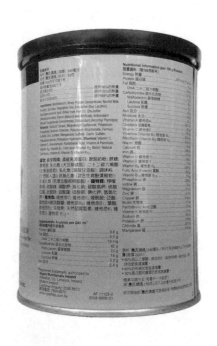

■ 配方奶粉是母乳不足的妈妈喂养宝宝的最佳选择。但如果母乳充足，应首先考虑纯母乳喂养。

婴幼儿配方奶粉因品牌不同而成分各异，它符合我国制定的婴儿配方奶粉国家标准，可以满足婴儿生长发育的需要。但市场上也有一些劣质奶粉。因此，家长为宝宝选择婴儿配方奶粉时，首先必须挑选符合国家标准的奶粉，这是婴儿生长发育的基本保证。其次，如果经济条件允许的话，家长可为宝宝选择最接近母乳的配方奶粉。因为母乳是最适合婴儿的食品，也是评价配方奶粉的黄金标准。

虽然我国婴儿配方奶粉的标准规定了脂肪、蛋白质、碳水化合物、钙、铁、锌等矿物质和维生素等营养素的范围，但由于目前营养科学的研究状况和工业生产技术水平的限制，国家婴儿奶粉标准不可能强制要求加入母乳中的所有成分，部分品牌会根据自己的生产技术水平另外加入接近母乳成分的营养素，只要这些营养素的量符合国家有关营养素添加的标准，也能满足婴儿的生长发育。

另外，某些婴儿必须选择特殊的配方奶粉，用于特殊膳食的需要或生理上的异常需要。例如早产儿可选择早产儿配方奶粉，先天性代谢缺陷儿须选择专门设计的医学配方奶粉，对牛乳过敏的婴儿则采用大豆分离蛋白配方奶粉等。

最后，配方奶粉的包装要完好无损，不透气；包装袋上要注明生产日期、生产批号、保存期限。保存期限最好是用钢印打出的，没有涂改嫌疑；最好购买近期生产的奶粉。

总之，家长应首先考虑用母乳喂养宝宝。母乳不足时，则须为宝宝选择符合国家标准的配方奶粉，并尽可能选择最接近母乳配方的奶粉。市场上可供选择的奶粉品种很多，需要认真、仔细对比购买。

母乳&配方奶粉营养成分大PK

	母乳	配方奶粉
营养成分	对婴儿来说，母乳的营养成分是最丰富、最均衡、比例最合理的。母乳中含有400多种营养元素——大部分是有利于婴儿大脑发育的成长素——是任何奶粉制造商都无法仿制的	奶粉的主要成分是牛奶，但是制作过程中需要对牛奶进行多道工序的加工。要添加水稀释牛奶，要添加糖弥补损失的热量，要添加防腐剂，添加各种缺少的营养成分，并调节牛奶中搭配不合理的钙、磷、镁、铁、锌等的比例
牛磺酸、乳铁传递蛋白、溶菌酶、DHA	母乳中含有促进大脑发育的牛磺酸、促进铁吸收的乳铁传递蛋白、预防疾病的溶菌酶、促进组织发育的核苷酸、增强视力的DHA等	这些宝贵的营养元素都是奶粉无法仿制的
脂肪、蛋白质、盐分和矿物质	母乳中的脂肪颗粒较小，不饱和脂肪酸多，而且含有丰富的脂肪酶，容易被婴儿吸收，还能促进脑发育	奶粉中的牛奶含有数倍于母乳的脂肪、蛋白质、盐分和矿物质。这些物质会增加宝宝的肾负荷及消化道负担，甚至为宝宝将来的健康埋下隐患。牛奶中饱和脂肪酸多，也会刺激婴儿柔弱的消化道
碳水化合物	母乳中的碳水化合物主要是β型乳糖，它能促进婴儿体内双歧杆菌的生长，抑制大肠杆菌滋生，从而促进营养素的消化吸收，增强婴儿的胃肠抵抗力，降低感染胃肠道疾病等的概率	牛奶中主要含有α型乳糖，它会促进大肠杆菌的生成，容易诱发婴儿的胃肠道疾病，还会使宝宝大便干燥
胆固醇	母乳中含有天然的胆固醇。胆固醇对于宝宝头两年的成长发育，尤其是大脑和神经系统的发育及维生素D的生成是必不可少的。大量调查研究表明，母乳喂养宝宝的平均智商高于人工喂养宝宝，且接受母乳喂养时间越长，相对智力优势则越高	配方奶粉中无胆固醇。缺乏胆固醇和DHA会导致成年人心脏和中枢神经系统疾病
乳糖	母乳含有分解和缓、容易消化的天然乳糖，比奶粉中牛奶的乳糖含量高一倍半。母乳中的天然乳糖对宝宝的大脑发育起着举足轻重的作用，同时它还促进很多矿物质的吸收，尤其是钙	为了弥补缺乏天然乳糖这一点，奶粉必须添加蔗糖或其他替代品，使得宝宝的血糖升降过快，必须大量分泌胰岛素和耐压激素，对宝宝的健康产生不良影响

乳清蛋白	母乳含有生化酶，有助于宝宝消化，乳清是母乳的主要蛋白质，对肠道友好、柔软易消化，其养分大多被完全吸收，所以母乳宝宝的大便非常通畅	奶粉的主要蛋白质是酪蛋白，会形成橡胶般的凝乳，非常不容易消化，很少能被完全吸收，大多成为废物，因此奶粉宝宝的大便又硬又臭，还经常有便秘的痛苦
铁	母乳喂养的婴儿极少发生贫血。虽然母乳中铁的含量比较少，但它是活性铁，吸收率极高，可达75%。母乳中含有更多的乳糖和维生素C，有助于铁的吸收	主要是强化铁，含有强化铁的奶粉的吸收率不到10%

育儿小讲堂　中医如何看待乳汁的生成

乳汁来源于气血，是气血通过功能器官——乳房化生而成的。与乳房在功能上和经络上有着密切联系的脏腑主要是脾、胃和肝，因此，脾、胃和肝在乳汁的化生上有着重要的作用。

1.脾胃与乳房的关系。胃是多气多血之腑，它所化生的气血，是乳房化生乳汁的基本物质。脾是维持人体后天生命的根本，它运化饮食中的精微物质，并在气血化生过程中起重要作用。由此可见，脾、胃所化生的气血，直接为乳房化生乳汁提供了物质条件。

2.肝与乳房的关系。肝藏血，即有调节血量之意。通调气机和疏泄功能在乳汁化生中也有重要的作用。

3.冲、任二脉与乳汁化生。冲、任二脉，下起于子宫，上通于乳房，因而在乳汁化生上有重要作用。冲、任二脉蓄存的精、血、津、液，是化生乳汁的源泉。

不主张按时喂奶

宝宝出生后，喂养主义的妈妈当然不敢懈怠。从刚出生开始，便抱着宝宝任其吸吮。有了奶水后，妈妈只要是觉得宝宝想吃奶了，就会抱起宝宝吃奶。可是婆婆却说，不要这样时时让宝宝吃，不然宝宝以后的生活习惯难以形成规律，会不好带，主张每隔两个小时给宝宝喂一次奶，新妈妈不知道该怎么办了。

殊不知，这两种做法都是错误的。应该按需哺乳，既满足了宝宝生理上的需要，也满足了心理上的需要。

不要给宝宝过早添加奶粉

母乳才是宝宝最理想的食物，它不仅含有宝宝生长发育所必需的全部营养成分，而且其成分及比例还会随着宝宝月龄的增长而有所变化，即与宝宝的成长同步变化，以适应宝宝不同时期的需要。

母乳中所含的丰富的免疫物质又能保持宝宝免受各种疾病的侵袭，增强宝宝抗病能力，而过早添加奶粉是导致母乳喂养失败的众多原因中最普遍的原因。

1.不要着急给宝宝吃配方奶粉，这样可能会导致母乳喂养失败。

2.宝宝在出生后头几天正处于兴奋期，他们的吸吮反射最为强烈。因此要抓住时机，让宝宝尽早地接触妈妈，尽早地吸吮乳汁。宝宝的不断吸吮，才会使妈妈的泌乳功能不断完善，促使乳汁大量分泌。

3.要知道初乳所含的免疫物质更丰富，如：分泌性免疫球蛋白A，能保护呼吸道和消化道黏膜功能；乳铁蛋白，能争夺细菌生长所需的铁，抑制细菌生长等。因此，产后1周内所分泌的初乳更要让宝宝多多吸吮，能够满足宝宝生长发育的所有需要，促进脂类排泄，减少黄疸的发生。

4.过早地添加奶粉，从一定程度上讲，会增大牛奶蛋白过敏的发生概率。

1.最好母婴同室，按需哺乳；分娩后让宝宝一直睡在妈妈身边或旁边的小床上，始终不要分离，因为这样才便于按需哺乳。所谓按需哺乳，就是宝宝饿了随时让他吃，不要硬性规定时间。

2.在宝宝满月前应该按需喂养，只要宝宝要吃就喂，待宝宝满月后逐渐走向规律化。

3.满月前的宝宝，胃排空母乳的时间为2小时左右，而且取决于上一顿摄入量是否充足。

育儿心得

喂母乳成功的技巧

初乳可以冷冻保管再喂

初乳最长会分泌一周，因其蛋白质含量丰富，脂肪和糖分少，所以新生儿容易消化，而且还含有丰富的营养素和免疫物质，能提高宝宝免疫力，预防疾病。最好刚出生就喂，但如果母婴分离，可用吸奶器挤出来，装在灭菌容器中冷藏再喂。

换姿势可以促进乳汁分泌

妈妈可以变换姿势来进行母乳喂养。以不同角度喂奶可以均匀地刺激乳腺，促进母乳的分泌，还可以预防母乳喂养中出现的各种乳房问题。

产后1周社区医生家访

产后1周之内社区医生家访，确认宝宝是否好好喝母乳，了解从出生当日到现在每天宝宝喝奶的时间和次数、大小便次数和状态。

■ 出生后5～7天，宝宝每天排6次颜色不是很深的小便、3～4次以上的大便才可以看成是充分地喝母乳。

心情舒畅，母乳量会增加

喂奶时要有愉快的心情，保持放松，乳房的血液循环也会通畅，有利于促进母乳的分泌。反之，心情不好、处于紧张状态会减少母乳的分泌量。

情绪波动、精神障碍、寒冷的天气等能够使哺乳妇女的乳汁量下降至正常的二分之一。如果哺乳妇女焦急、烦躁、情绪不稳定或疲劳，会使哺乳量降低，导致婴儿只能得到少量乳汁。

同时，母亲情绪不安也会波及婴儿的吸吮情况，乳汁淤积，乳房就变得发胀发痛。

因此，哺乳期妇女应精神愉快，心情舒畅，才能保证乳汁正常分泌。

喂奶前提前挤出来一点

母乳量不足时，要洗净手，用热毛巾擦乳房，然后按摩。用蒸汽毛巾热敷乳房5分钟左右，可以促进血液循环，扩张乳腺，促进母乳的分泌，更重要的是要让宝宝频繁有效地刺激乳头，方可促进乳汁分泌量的增加。因乳房肿胀而烦恼时按摩反而会起反作用，这时要冷敷毛巾，才可抑制母乳过多分泌并减少疼痛。

多食对母乳喂养有帮助的食物

产后坚持喝裙带菜汤和排骨汤对母乳喂养有帮助。

多吃富含维生素、无机盐、钙质的绿黄色蔬菜和根菜类蔬菜，对母乳喂奶的新妈妈好。

浅色鱼能促进乳汁分泌，特别是蛋白质丰富的黄鱼和大口鱼。

充分摄取金枪鱼、秋刀鱼等深色鱼或鸡肉、猪肉、牛肉等肉类，肝、鸡蛋、黄豆等高蛋白、低脂肪食品。

海藻类有丰富的碘和钙质，对母乳分泌和产后恢复有帮助。

喂母乳的正确姿势

摇篮式

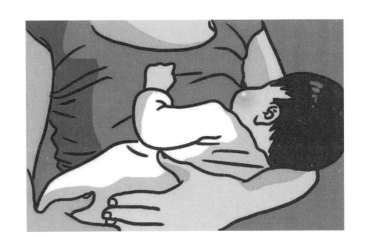

这是大部分妈妈都会做的，也是最舒服的姿势。

1.妈妈的后背垫个垫子，手肘托起宝宝的颈部，让宝宝的嘴对着乳头下方。

2.用手托着宝宝的臀部，用另一只手从乳房根部托起乳房，让宝宝含接。

3.让宝宝的枕部与背部在一条直线上，宝宝才会舒服。这时宝宝的腰部要贴在妈妈的胸部。

交叉摇篮式

宝宝无法抬起脖子或妈妈还不能熟练地托住宝宝的头部时，可以用这种姿势。

1.在妈妈的后背垫上垫子，用右胳膊抱住宝宝坐正，膝盖上放枕头，让宝宝的脸对着左边乳房。

2.宝宝贴在妈妈的胸部，确认宝宝的身体是否舒服地形成一字形。

3.拇指和四指分开，托住后脑勺下方的颈部，肘部夹住宝宝臀部，前臂可支撑在膝盖上的枕头上，用另一只手托住乳房。

怀抱式（抱球式）

长时间授乳抱着宝宝会花费很多力气，采用这种姿势会减轻疲劳感。

1.让宝宝躺在沙发上或床边，妈妈一侧紧贴沙发或床边，对着宝宝头部坐下。宝宝位于妈妈腋下方。

2.用一只手托住颈部，肘部夹住臀部，可支撑在沙发或床上，使枕部与背部呈一直线。

3.用拇指和四指托住宝宝头部下方的颈部，帮宝宝更舒服地吸奶。

■ 最好多更换喂奶
姿势，从各方向
吸吮乳汁，促进
母乳分泌。

侧躺式

　　产后还没有恢复好、在喂奶时想休息或夜间需要喂奶的新妈妈可以用这个姿势。

　　1.妈妈侧躺，这时候妈妈的头底下、肩膀后面、大腿之间垫个枕头会更舒服。

　　2.授乳乳房同侧的胳膊放在枕头下，让宝宝对着乳头躺下。妈妈上方胳膊紧紧搂住宝宝后背，并紧贴自己身体。剖宫产的新妈妈为了不让宝宝踢着手术的部位，最好在腹部围上毛巾。

　　3.用毛巾或小枕巾垫在宝宝后背上，宝宝对着妈妈会更舒服。

新生儿正确含接姿势

　　1.婴儿嘴巴张大，下唇外翻。
　　2.舌呈勺状环绕乳房。
　　3.面颊鼓起呈圆形。
　　4.可见到上方的乳晕比下方多。
　　5.慢而深地吸吮，有吞咽动作和声音。

母乳充足评价参考指标

　　吃奶时：听到吞咽声，吃奶后满足，可安静入睡。

　　精神：宝宝睡醒后眼睛明亮，反应机敏。

　　排泄：生后第1天新生儿有2次小便，第2天有3次小便，下奶后每日有6次以上小便，说明新生儿吃饱了。

　　体重增长：生后第1个月新生儿增重500克以上，以后每月增长750克左右。

喂奶时的问题处理方法

妈妈可能出现的问题

● 问题1：母乳量多易呛奶

解决：母乳如太多，送进宝宝的嘴里，会给宝宝造成负担，容易呛着。最好在喂奶时用手掐住乳房，减缓流出速度，或母亲仰卧，让宝宝俯在母亲身上，喂奶时最好只给宝宝含一边的乳房。

● 问题2：母乳的量少

解决：含接姿势错误会减少母乳的量，所以要先检查含接姿势，是否充分含接了乳头和大部分乳晕，吸吮是否有效。如不是喂奶姿势问题，是否喂奶次数和时间受限了，或是有奶瓶和奶粉干扰。此外，还要注意看是不是因为授乳环境太嘈杂，对宝宝产生了压力，有压力也不能好好吸奶。

● 问题3：扁平乳头宝宝吸不了奶

解决：宝宝吸吮的是乳房而不是乳头。因此乳房的延伸性比乳头的长度更重要。妊娠后期和宝宝母乳喂养后，乳头的情况会有所好转。如乳房肿胀，妈妈应将乳汁挤出直至乳房变软，这样使宝宝比较容易含吸足够的乳房。

● 问题4：乳房变硬

解决：为预防乳房肿胀、变硬，妈妈应在产后立即开始哺乳。母乳喂养前不喂宝宝。确保吸吮姿势正确。让宝宝吸空乳房。

● 问题5：乳头出现伤口

解决：使用乳头保护器。戴上乳头保护器也可以喂奶，要注意，如果随便使用香皂和软膏反而会使伤口发炎。乳汁含有生长因子，可以修复表皮，所以在喂奶后挤出少许乳汁抹在疼痛的部位后待其自然晾干，这样乳头表面会变光滑，对伤口愈合也有帮助。

宝宝可能出现的问题

● 问题1：宝宝体重不增加

解决：2~3周的宝宝平均体重增加慢，或起初很好但中间突然不增加，就要检查母乳的质量，但不可急性断母乳或做混合授乳。先去宝宝科接受检查，如确认健康没问题，就要检查生活习惯和饮食习惯，看是否休息不好、是否好好摄取营养、是否压力大等。

● 问题2：不好好吸奶

解决：新生儿从第一天开始若不能好好吸奶就得确认宝宝实际喝多少，也要记录大便次数和量。要寻找原因，是乳房伸展不够还是姿势问题？找到原因，分别进行解决。

● 问题3：营养不足

解决：6个月内纯母乳喂养，完全可以满足生长发育所需的全部营养物质；哺乳期母乳的量与哺乳妈妈的营养密切相关。宝宝从6个月开始，就要注意辅食的搭配和添加了。

早产宝宝的肠胃特点与哺养应注意的问题

因早产儿的胃肠发育未成熟，消化吸收能力受到限制，故妈妈出院后在喂食方面须特别注意。

奶量

刚出院回家后的两三天内，维持在医院时的进食量即可，因为宝宝对环境变化较敏感，易有肠胃不适、消化不完全的现象，待过两天稳定后再逐渐增加量。

少量多餐

少量多餐可减少宝宝出现胃胀的情况，且可避免呕吐及呛入肺内，避免因胃胀而压迫肺部影响呼吸，并有充分的时间使食物消化、吸收。但为了顾及早产儿的营养，每天喂食的总量不变，只是增加喂食的次数，这样才不会影响宝宝摄取的营养总量。

缓慢喂食

宝宝呼吸与喂食时的吸吮及吞咽动作是不能同时进行的，为了吸吮或吞咽必须得屏住呼吸。可是呼吸对早产儿来说又是迫切需要的，所以当宝宝吃奶憋不住呼吸时，就容易将口中的奶水呛入气管及肺内，造成严重的呼吸道阻塞或吸入性肺炎。

由于吸吮本身很耗费力气，连续的吸吮及吞咽动作对早产宝宝来说非常困难，所以，喂食时一定要有耐心慢慢地喂，每隔1～2分钟停顿一下，将奶瓶嘴或乳头移出口外，使宝宝能喘口气，待呼吸平稳些再继续喂食。当宝宝稍长大些，心肺功能逐步发育完善后，这些情况就会改善。

注意腹胀及大便情况

早产儿容易消化及吸收功能不良，所以，要常用手摸捏宝宝的肚子，如果是松松软软的就属正常；如果是硬实的（在宝宝未用力时），就要格外小心，最好请医生检查。

■早产宝宝消化系统比足月儿要弱，因此，尤其需要妈妈在喂养时考虑其消化系统的特征，防止腹泻等病症的发生。

常见哺乳误区

1.自己奶水量少，担心宝宝吃不饱长不壮，就断掉母乳，改喂牛乳或其他代乳品。

母乳是6个月内的婴儿最适宜的食品，产后2周、4周、3个月，因婴儿生长发育的需求，出现暂时性母乳不足，只需让宝宝频繁吸吮，刺激乳汁再产生，以达到一个新的日产水平，满足婴儿的需要。

此外，只要休息充分、合理饮食并按需哺乳，妈妈就一定有足够的奶水喂养宝宝。

2.妈妈严格按书本上的要求，每隔2~4个小时给宝宝喂一次奶。

哺乳时应按需哺乳，只要宝宝想吃，就应该喂，这样更有利于宝宝的身体发育。宝宝多吸吮，可以促进泌乳量的增多。

3.哺乳的妈妈要多吃鸡鸭鱼肉、多喝汤。

其实哺乳的妈妈并不宜食用油脂过大的食品，特别是动物脂肪。否则会导致宝宝消化不良性疾病。

4.宝宝长牙后总爱咬妈妈的乳头，于是妈妈就给宝宝断乳了。

宝宝咬乳头是常见现象，因此，最好坚持到宝宝1岁到2岁后再断乳。对于这种行为，可通过一些措施（如堵鼻子、捏下颌等）来纠正。

5.妈妈生病了，就应该对宝宝进行断乳。

应根据病情而定。若是轻微的伤风感冒等，根本不必中止喂奶，只需戴上口罩，注意呼吸隔离就行。即使是急性乳腺炎等，也可继续哺乳，先吃患侧，充分吸完再吸健侧，可配合消炎药，有利于炎症的尽快消退。具体情况应咨询医生。

6.对于混合喂养的宝宝，若母乳吃不饱，就再喂一些牛乳。

喂养宝宝时，不要同时喂两种奶，这样会导致宝宝消化不良。正确的方式是先喂一次母乳，再喂一次牛乳，或白天喂牛乳，晚上喂母乳，总之要保持一定的时间间隔。

■ 中医对人乳的认识

人乳中医又名仙人酒。气味甘、咸、平无毒。补五脏，令人肥白悦泽，悦皮肤，润毛发，又疗目赤痛多泪。李时珍对人乳倍加称赞，在《本草纲目》这部巨著中，记载的"服乳歌"是：

仙家酒，仙家酒，
两个葫芦盛一斗。
五行酿出真醍醐，
不离人间处处有。
丹田若是干涸时，
咽下重楼润枯朽。
清晨能饮一升余，
返老还童天地久。

宝宝的日常照料

这个时期的宝宝抵抗力较弱，容易生病，照顾宝宝可能会使你费尽力气、精疲力竭。这时最重要的是，充分了解宝宝的生理特点和发育过程，借此帮助你认识宝宝不正常的表现，分清楚哪些是正常生理现象，哪些是疾病。同时必须了解新生儿的成长特点和正确的护理方法，才能照顾好宝宝，使他健康地成长。如果宝宝有异常现象，也能够及早发现、及早治疗。

宝宝必需品早准备

奶瓶、奶嘴的选用

一套合适的奶瓶、奶嘴对于宝宝的健康成长非常重要。宝宝用上合适的奶瓶、奶嘴，才会顺利地进食，否则就会发生呛奶、肚子胀、消化不良等不良反应，从而导致宝宝发育不好。

● 选择奶瓶

奶瓶是宝宝出生后的必备品。虽然母乳喂养是婴儿喂养的最好方法，但有时需要给宝宝喂水或果汁等，所以必须备有奶瓶。

常见的奶瓶有玻璃奶瓶和树脂奶瓶。两种奶瓶各有利弊，都应准备一两套。玻璃奶瓶适于蒸煮消毒，无毒无异味，不变形，透明度高，但是容易摔碎，不好保管，适合居家使用。树脂奶瓶不容易摔坏，但是食品放入时间过长可能会有异味，透明度差，适合宝宝自己使用，或带宝宝外出时携带使用。

奶瓶分为小型、中型、大型

以宝宝一次能喝的奶粉量为标准，奶瓶可以分为小型、中型、大型等。市场上出售的小型奶瓶容量为120～150毫升，中型为240～260毫升，大型为300～320毫升。新生儿喂奶粉的次数多而量少，一般需要准备2个120～150毫升的小型奶瓶；出生3～4个月以后，喂奶粉的量逐渐增多，需要准备4～6个240～260毫升的中型奶瓶；随着宝宝的成长，喝奶粉的量更多，需要准备2个超过300毫升的大型奶瓶。

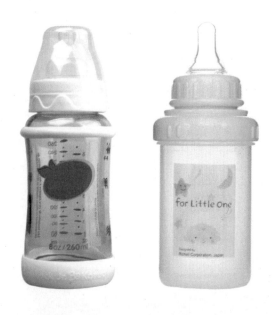

● 选择奶嘴

奶嘴的形状

奶嘴的形状有拇指大小的核形和圆筒般的圆形两种。核形奶嘴是妈妈乳头的变形，是根据口腔学原理而开发的产品；圆形奶嘴与妈妈乳头的模样相仿，容易使宝宝产生亲近感，而且大小也正好适合宝宝吸吮。

奶嘴的材料

奶嘴一般有乳胶、硅胶和硅酮树脂三种材质。乳胶奶嘴有弹性，柔软性强，颇似妈妈的乳头，但是稍微有一点橡胶异味，容易变形。硅胶奶嘴没有橡胶的异味，不易老化，但是其质感不如乳胶奶嘴柔软，宝宝可能不愿意接受。现在比较常用的是清澈透明的硅酮树脂奶嘴，它具有较强的抗热和抗湿性能，不管消毒多长时间，也不会出现烂掉的现象。

奶嘴的型号

根据宝宝的需求，奶嘴的生产型号分为新生儿时期的S、M，以及辅食阶段的L或XL等品种。出生后0~3个月为第1阶段，3~6个月为第2阶段，6~18个月为第3阶段。

奶嘴的孔眼

根据宝宝不同阶段的饮食变化，奶嘴的孔眼也分为各种不同的形状，大致有0、-、T、Y、V、+等形状。

新生宝宝一般都使用"0"形孔眼的奶嘴，"+"形孔眼的奶嘴一般用于需要大力吸吮的牛奶或辅食，"0"形孔眼的奶嘴用于月龄较高的宝宝喝水或果汁等饮料。

月龄小的宝宝应该选择孔小一点的奶嘴，否则可能造成宝宝呛奶；月龄大的宝宝吸吮能力有所增强，才能选择孔大一些的奶嘴。如果想要知道奶孔的大小是否适中，可以在奶瓶里加水，然后把奶瓶倒过来，观察水的流量。一般情况下，大小适中的奶孔，水呈点滴状；如果奶孔过大，则水呈线柱状。还有，奶嘴的吸头最好选择那种形状近似母亲乳头的，中间弧度与乳房相似。

尿布与纸尿裤

尿布和纸尿裤各有所长，尿布透气性能好，吸水能力强，经济实惠；而纸尿裤使用方便，不用洗涤。合理选用尿布和纸尿裤，既干净卫生，又能保证宝宝的舒适度，还能够为家里节省不少的开支。

● 尿布折叠方法

三角形

1.像长方形尿布那样对折后，再按1/8左右的宽度折叠2次。

2.将一侧的布角与另一侧的布角按直线折叠。

3.将尿布水平折叠成三角形。

长方形

1.将尿布对折。

2.若是新生宝宝，按1/8左右的宽度折叠起来；随着宝宝的成长，把折叠的宽度逐渐放宽。

3.将普通布店里购买的正方形尿布，按步骤1的大小折叠3次。

4.折叠方法与出售的正方形尿布一样，按相同的宽度折叠几次。

● 尿布的使用要领

1.将尿布套平摊，放上尿布。女孩的话，臀部一侧稍微垫得厚实些。

2.抬起宝宝的臀部，塞进尿布。尿布的带子要达到宝宝的腰部。

3.为了不妨碍宝宝腹部呼吸，尿布应该系到肚脐稍下部位。

4.粘上尿布套的带子，粘完带子后如果还能放进2个手指，就不用担心影响宝宝的呼吸了。

5.将尿布套前面覆上，再粘好带子，同时将前面部分整平。

6.整理好大腿部分的尿布套，使尿布不至于掉落出来。

● 纸尿裤的使用要领

1.将宝宝的两脚高高抬起，把纸尿裤放在臀部中央。

2.抓住纸尿裤的中间部分，不要把粘连的部分弄皱，还要把粘合带整平。

3.粘合带粘合后，再把两腿周围的部分铺平，不要卷曲。

● 选用尿布和纸尿裤的完美方案

1.白天使用一字形，晚上使用三角衬裤形

常见的纸尿裤有一字形、粘合式三角衬裤形、穿着式三角衬裤形等。一字形适合活动较少的婴儿期宝宝使用，价格也相对比较便宜；粘合式三角衬裤形因价格便宜和使用方便等因素，是当前最为广泛使用的纸尿裤，最适合小便量和活动量同步增长的出生6~7个月的宝宝；穿着式三角衬裤形能像三角衬裤那样穿着，虽然使用方便，但价格比较昂贵。穿着式三角衬裤形具有极为出色的活动性，适合会走会跑的宝宝使用。

宝宝白天需要经常替换尿布，可以使用一字形；晚上才使用三角衬裤形，这样就能减少尿布费用的支出。

2.只有大便时才使用纸尿裤

尿布的费用比较低廉，还能保护宝宝的皮肤，但是一旦成为大便尿布的话，宝宝会感到很不舒服。认真考虑洗涤费和水费等支出，使用纸尿裤也许还能节省费用。所以宝宝大便时使用纸尿裤也是一种节约方法。

3.白天使用尿布，晚上使用纸尿裤

尿布和纸尿裤一起使用，能预防宝宝产生尿布斑疹，经济上也能有所节约。白天使用尿布，晚上不能经常替换尿布，可以主要使用纸尿裤。

育儿小讲堂　　尿布应在沸水中或阳光下消毒

尿布洗干净后放在清水中煮沸是最佳的消毒方法。小便尿布可以2天煮1次，大便尿布每次都煮沸消毒。假如不能煮沸消毒，就要反复进行漂洗，直至漂洗的水完全变清，然后在阳光下彻底晒干后再使用。只有在通风好、阳光直射的地方彻底干燥，才能起到消毒的作用。冬天或雨季难以在太阳下晒干的时候，可以利用熨烫的方法，能够同时起到干燥和杀菌的作用。

当宝宝出现痱子或尿布疹等症状时，尿布不要使用洗涤剂洗，要用清水煮沸后使用，这样能使症状得以缓解。漂白剂和柔软剂等会刺激宝宝的皮肤，洗涤尿布时绝对不能使用。在消除大小便斑痕时，可以把蛋壳包在纱布里，与尿布一起放在清水里漂洗。这样即使不用漂白剂，也能使洗过的尿布雪白如初。

女宝宝的护理

新生儿假月经是怎么回事

有的女婴在刚出生不久就会出现"新生儿假月经"现象，表现为阴道口流出少量的血样黏液。这在新生女宝宝当中是十分正常的现象，新爸爸新妈妈不必担心，过一段时间，这种现象就会自动消失。

"新生儿假月经"现象的出现是由于宝宝在妈妈肚子里的时候，受妈妈体内大量雌激素的刺激，造成宝宝生殖道细胞增生、充血。

宝宝出生以后，没有了妈妈雌激素的影响，宝宝体内的雌激素迅速下降，原来增生、充血的生殖道细胞开始大量脱落，也就造成了类似血样的黏稠物的排出，形成了"新生儿假月经"。

如果宝宝的血性分泌物较多，新妈妈应该带宝宝去医院检查，以防宝宝患凝血功能障碍或者出血性疾病。

新出生的女宝宝有白带吗

此外，刚出生的女宝宝的阴道口还会有乳白色的分泌物排出，很像成年女性的白带。这也是正常的，新爸爸新妈妈不要惊慌。

宝宝在妈妈体内时，妈妈体内的雌激素、黄体酮等通过胎盘进入宝宝体内，宝宝出生以后，阴道黏液和角质上皮脱落，造成了类似的"白带"分泌物的排出。

对于这种情况，一般不需要特殊处理，只要用温水洗去就可以了，过几天这种症状就会自动消失。如果白带长时间不消失，就要引起注意，应带宝宝去医院检查，排除患有阴道炎的可能。

上面的两种情况都涉及给宝宝清洗，对于女宝宝，新妈妈在给她的局部或者全身清洗的时候都应该特别注意。

外阴的清洗

外阴是人体生殖系统的外口，包括尿道口。宝宝的皮肤细嫩，这些部位极易受到病菌感染，所以，女宝宝的外阴部应该每天清洗，保持干净。给女宝宝"洗屁股"的时候，新妈妈可以提起宝宝双腿，露出肛门，用温水沾湿棉花或者直接用婴儿专用的柔湿巾清洗，清洗时注意要从前往后清洗，即先清洗外阴再清洗肛门，这样可以防止肛门及其周围部位的病菌感染外阴。

女宝宝大便后更要及时揩净，并用温水清洗，最好使用流动的水清洗，如果用盆清洗，清洗用的盆及毛巾都要专用，并定期消毒，千万不要把粪便弄到前面而造成尿道口或外阴口感染。给宝宝清洗完之后，一定要把宝宝的小屁股晾干，给它一个干爽的环境，才不容易受到感染。

此外，给宝宝洗澡的水要完全烧开，然后冷却至40℃左右才能给宝宝清洗，不要热水凉水相掺杂，这样掺杂后的水含有较多细菌，对宝宝的身体不利。给女宝宝洗屁股之后，不宜用爽身粉。

新生女宝宝的乳房挤不得

新生宝宝在出生3~5天之后会出现乳房肿胀甚至有少量水样或者乳样分泌物流出的现象，之后的8~10天症状更加明显。

这是由于宝宝在妈妈肚子里时，妈妈卵巢分泌的黄体酮和垂体催乳素通过胎盘影响到了宝宝。但一般在宝宝出生2~3周之后，乳房肿大的现象就会慢慢消失，有的宝宝时间要长一些，这种情况可持续3个月之久。但无论如何，新妈妈千万不要给宝宝挤压，挤压后会使宝宝乳房的生理结构和功能受到损害，严重的可引起皮肤损伤，使细菌乘机侵入宝宝乳腺，引起乳腺发炎化脓，从而导致败血症。

男宝宝的护理

选择的尿布要舒适一点

给男宝宝选择尿布和内裤时，遵循的原则也是吸收力强、透气、纯棉质和舒适。男宝宝的内裤一般会有一个突出的兜起，以更好保护会阴部。

宝宝可以穿纸尿裤吗

在男宝宝新生期，睾丸内的曲细精管内并没有精子，因此，给男宝宝穿纸尿裤会导致将来不育的传言就不攻自破了。男宝宝可以用纸尿裤，但用时应该特别注意，要定时检查宝宝的纸尿裤，如果宝宝尿湿了要及时更换，保持纸尿裤和宝宝屁股的干燥。

每次为宝宝换纸尿裤，清洗小屁股之后，不要马上换上新的纸尿裤。要等宝宝的屁股自动变干，避免宝宝出现尿布湿疹。

如果宝宝用的不是纸尿裤而是尿布，应该选择质地纯棉的布，并且不宜太旧，布太旧手感虽然柔软，但是布质已经开始变得毛毛糙糙，对宝宝的皮肤不好。清洗尿布时也不要用洗衣粉，最好用洗衣液或者是肥皂。为宝宝护理屁股时，要避免使用含有酒精或者香精的清洁用品，也不要用香皂。如果宝宝的小屁股患了尿布湿疹，可用含有锌的护臀霜、蓖麻油或金盏草膏等药物涂擦。

生殖器的清洗有讲究

● 水温适当

水温控制在38～40℃，保护宝宝皮肤及阴囊不受烫伤。阴囊是男性身体温度最低的地方，最怕热，高温会伤害成熟男性睾丸中的精子。宝宝睾丸中此时虽没有精子，但也必须注意防止烫伤。

● 切莫挤压

宝宝的阴茎和阴囊都布满筋络和纤维组织，又暴露在外，十分脆弱。洗澡时，新手爸妈要特别注意，不要因为紧张慌乱而用力挤压，捏到宝宝的这些部位。

● 重点清洗

把宝宝的阴茎轻抬起来，轻柔地擦洗根部，阴囊多有褶皱，这里较容易藏脏东西；阴囊下边也是隐蔽之所，包括腹股沟的附近，都是尿液和汗液常会积留的地方，要着重擦拭。

● 包皮清洗

在男宝宝周岁前都不必刻意清洗包皮，因为这时宝宝的包皮和龟头还长在一起，过早地翻动柔嫩的包皮会伤害宝宝的生殖器。

● 阴囊褶皱的清洗

宝宝的粪便很容易沾到阴囊的褶皱处，因此在给宝宝换尿布时，可以用浸湿的纱布或者毛巾轻轻擦拭。阴囊表皮的皱褶里也是很容易积聚污垢的，家长可以用手指轻轻地将皱褶展开后擦拭。

■ 父母为孩子选择纸尿裤的时候，要选择大厂家，这样纸尿裤的质量有保证，更有利孩子的健康。

日常护理

刚出生的婴儿，皮肤细嫩，有些部位的发育还不是很完全，生理机能尚不成熟，对外界环境的适应能力差，在遇到各种病原体时，机体不能进行有效的防卫，容易发生各种疾病。此时，避免、减少、防止疾病的发生就具有很重要的意义。要达到这一目的，适当的护理就是强有力的措施。新妈妈照顾起来要特别小心，在平日护理时要注意许多细节问题。

新生儿的心理护理最重要

怀孕28周时，胎儿脑功能已发育得相当成熟、相当完善了。宝宝出生后对母亲仍高度依恋，常通过哭声向母亲表达自己的情绪和要求。 新生儿的家庭心理护理应注意以下几个方面：

1.在抱起新生儿时，应该用左手轻轻托起小儿臀部，竖直新生儿身体，使之有安稳、舒适的感觉。这时大多数的新生儿会睁开眼睛看看世界，此时家长应该用温和的语言对宝宝说话，让宝宝感到亲切、平和、温暖。家长温和的语言、亲切的笑容常会使不安的新生儿安定下来。

2.喂奶以后妈妈应该把新生儿竖起抱着，让新生儿趴在母亲的左肩部，轻轻拍打他的背，营造安定、舒缓的气氛。让他耳朵尽量接近妈妈左侧胸部，使之听到的心跳声与其在母胎里听到的妈妈心跳声一样，新生儿会感到安全，心理上得到抚慰。

3.父母们在护理宝宝时动作应该轻柔，不能对新生儿发脾气，更不能摔打宝宝。如果心情不好，应调整一下心态和表情后再去护理宝宝。

4.新生儿啼哭，一般都是有所求助，例如饥饿、尿湿、过冷、过热、疼痛、生病等，应该马上查看。

5.新生儿吃饱后多数会入睡，也有些新生儿吃饱奶后会睁眼注视周围，此时父母们应该放一些柔和的音乐，对他微笑，与他说话。母子间进行感情交流，有利于新生儿的神经发育及良好性格的培养。专家们认为，新生儿时期做好心理护理对小儿神经系统发育以及以后的性格形成都有重要影响。

保暖是护理的第一步

宝宝可能在不同季节出生。保证他们有一个适当的环境温度，对于生长发育、预防疾病都非常重要。

新生儿的保暖调节功能不足，是由于机体体温调节中枢尚没有发育完善，因此，外界环境湿度的变化，常常影响新生儿的正常体温。

在冬天，当气温过低时，机体不能有效地产热，常导致新生儿体温下降并进而影响代谢和循环，早产儿还可发生硬肿症。这时，可在热水袋中装入70℃左右的热水，包上毛巾，放在婴儿被褥下；或将宝宝抱在怀里让其暖

■ 宝宝的三个部位最娇弱，最需要保护，您一定要细心呵护。

敏感部位一：囟门。囟门是宝宝头部还未长合的头骨中间的一片菱形空间，像脉搏一样一跳一跳的。新妈妈平时要避免接触这部位。

敏感部位二：头垢。新生宝宝的头皮上往往会有一层鱼鳞般的黄褐色的污垢，新妈妈千万不要用手去抠，可以用植物油轻轻涂抹在污垢处，待它软化后会自然脱落。

敏感部位三：脐带。脐带处要特别保持干燥。用尿布时注意避免脐带被尿液浸湿。在给宝宝洗澡时不要让他在水中浸泡过久，洗澡后用酒精棉给脐带处消毒。

和，有条件时可将室温调节在25℃左右。在夏天，宝宝汗腺未发育完全，控热差，所以住房必须通风，以调节环境温度，但又不能让风直接吹着宝宝。总之，温度要适宜，不可太热，也不可太冷，早产儿尤其要特别注意。

● 体温过低该怎么办？

提高室内温度：可用炭生火盆，火炉上可放一个带嘴的铝锅，内盛水，水煮开后喷出的蒸汽，可调节室内的温湿度。

婴儿的保温：给婴儿穿好衣服，并包上大毛巾，在大毛巾外面可放热水袋或热水瓶1~2个，最好再包一张包被（包内放备用衣服和尿布），要经常注意热水袋的水温及漏水情况，避免烫伤婴儿。每次更换尿布时只露出臀部以下部位，接触宝宝时手先热一下，尽量避免冷的刺激，换尿布时动作要轻快，以减少热的散失。也可把婴儿放在成人的怀里利用成人的体温来保温。

● 体温过高怎么办？

有些父母怕婴儿保温不够，穿衣或盖的棉被都较多，以致宝宝身体产生更多的热量散发不出来，出现发烧现象。

婴儿的穿衣过多会影响体温：

新生儿穿的衣服和盖被稍多于成人即可，经常检查一下婴儿的四肢皮肤冷暖程度即可知道穿衣盖被是否合适，一般保持婴儿的四肢皮肤温暖，即可达到保温目的，也可用体温计测量一下体温，正常体温在36~37℃（腋下体温），若发现婴儿发热，先把包被松开，体温仍未下降时，可把衣服松开或适当减少包被和衣服，同时要给婴儿多喝些温开水或5%的糖水。一般经过上述的处理后，体温会逐渐下降至正常。若是体温仍然不下降或反而上升，而且持续时间又较长，这可能是有感染，要到医院去诊疗。

■ 新生儿穿衣不宜过于"捂"，穿衣只需比成人稍多即可。

育儿心得

新布一般都含有少量的粉浆，衣服、尿布做好后最好先洗一下，把布上的浆洗去晒干待用。尿布上沾有大、小便后要及时更换，要勤洗，洗尿布时最好用肥皂，不宜用碱性过强的皂粉，因为碱性过强的尿布容易引起臀红。沾有大便的尿布，应先用刷子刷去大便，浸泡水中一段时间后再洗干净，尿布要多晒太阳，因为阳光中有杀死细菌的紫外线。

■ 新生儿和小婴儿的大小便次数比较多，而且也不憋"大泡"的尿，所以尿布应及时更换。

换尿布

● 给新生儿换尿布

宝宝从出生后即开始排尿，乳汁充足时每天小便在6次以上。因此，新妈妈要给宝宝勤换尿布。下面我们就来一起学习换尿布的方法吧。

1.从宝宝屁股下面伸进手，用手掌托住宝宝的腰部稍微抬起屁股，在屁股下铺上新尿布。屁股放在尿布中央的前面。

2.调节尿布的高度，不要盖住肚脐，留下一点空间左右对称地贴。男宝宝的阴囊下面容易潮湿，要往上推阴囊，再戴上尿布。

3.肚子要留点空间，后背要刚好戴上尿布，这样宝宝会感觉舒服。

4.大腿的尿布没有褶或集中在一侧的话，大小便很容易漏出。最后需要检查一下尿布是否太松或太紧。

须注意的是，在换尿布时，不要用力拉宝宝的腿，否则会导致脱臼，最好是抬起宝宝的屁股来换尿布。

尿布是新生儿使用频率最高的物品，使用不当可能引起皮炎等不良后果，必须引起妈妈们的重视。

现在市售的一次性纸尿裤种类繁多，为家长们节省了许多时间和精力，有的纸尿裤的外层还设计了浸湿后变色的功能，使用起来很方便。但是纸尿裤外层都是隔水的，有些新生儿皮肤娇嫩，容易发生尿布皮炎，过敏体质的新生儿更为明显。有些家庭采用白天使用布尿布，夜间使用纸尿裤的方法，既可以使新生儿臀部脱离长期高湿环境的不良影响，又能在夜间使产妇和宝宝得到很好的休息，不失为一种可以尝试的方法。

自制尿布应该选用柔软的白色纯棉织品，因为纯棉织品吸水性好，白色能够及时反映大小便异常时的颜色和性状变化。家里用过的旧床单或被套是理想的材料，如使用新布，必须仔细清洗后再用。

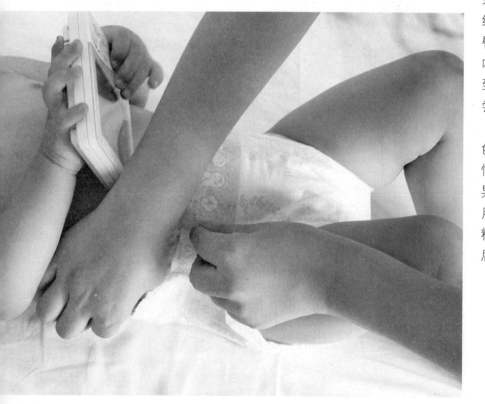

给新生儿洗澡

● 洗澡的注意事项

每周2~3次最好，洗澡的时间以10分钟为宜，最好在上午10点至下午2点之间。新生儿出生后1周还有肚脐感染的危险，所以只能洗一部分，脐带全部掉后再洗全身。

宝宝洗澡时，室温宜为24~26℃。洗澡水温度控制在38~40℃，以妈妈的肘部浸在水里感到暖和为宜。准备好洗澡水和洗浴用品，不要让新生儿的体温降低。

做好给宝宝肚脐消毒的准备，纱布毛巾等要放在够得到的地方。洗完澡后换的衣服以上衣、尿布兜、尿布的顺序叠放。

不要用香皂洗脸，最好用清水。

洗完澡穿好衣服，要开始做肚脐护理了。消毒结束后，要露出肚脐待其变干。

洗完澡后喂热的奶或水。

● 全身洗澡的方法

洗澡准备

1.测洗澡水的温度。在浴盆中准备洗澡水，洗脸盆里准备最后冲洗的水，用手肘测水温。

2.抱起宝宝。给宝宝脱完衣服就放在水中会吓到宝宝，所以要围着毛巾，一手托着脖子，肘部夹屁股，另一只手洗。

3.堵住耳朵。耳朵里进水会导致中耳炎。用托着脖子的手的拇指和中指分别在两耳后方将耳郭压向前方，盖住外耳道，阻止耳朵里进水。

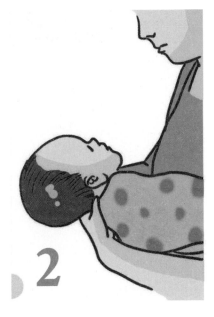
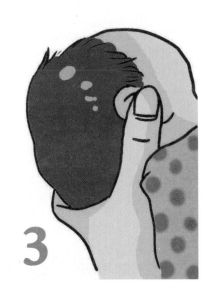

经常给新生儿洗澡也是对皮肤触觉的最好刺激，在洗澡过程中，皮肤能把各种感觉直接传递到大脑，对促进脑的发育和成熟十分有利。此外，每次洗澡的时候，妈妈还可以很方便地检查宝宝全身的皮肤、脐带，观察四肢活动和姿势，以便及早发现和处理宝宝发育中可能出现的问题。

在给宝宝洗澡时，为了让宝宝保持良好的情绪，一方面妈妈要保证自己的动作尽可能地轻柔而迅速，另一方面还可以边洗澡边和宝宝说话或给宝宝唱歌，让不耐烦的宝宝安静下来。

擦脸、洗头发

1.擦脸。按眼睛、鼻子、嘴巴、耳朵的顺序擦脸。在闭眼时从里往外擦眼屎。

2.洗头发。弄湿头发，用手弄出泡泡后，从前往后地抚摸着洗头发。用手指温柔地按摩头皮。耳朵只擦外耳道部分。

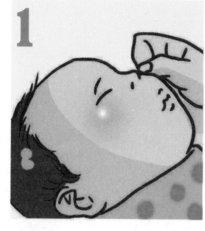 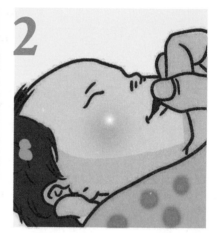

 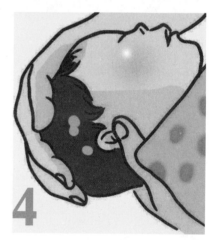

全身洗澡

1.放入浴池。拿下围着宝宝的毛巾后从脚慢慢地放入水中，让宝宝坐在一边。

2.洗澡。若是右撇子就用左胳膊，若是左撇子就用右胳膊托着宝宝的后背和脖子。按脖子、腋下、肚子、胳膊、手、腿、后背的顺序来洗。

冲洗、擦干

1.冲洗。洗完澡后，小心地把冲洗水倒在宝宝的肚子上冲洗。最后全身浸在干净的水里10秒钟左右再拿出来。

2.擦干。把宝宝放在毛巾上，用毛巾围住全身，轻拍胳膊和腿要按摩着擦洗，手指一个个张开着擦。

新生儿洗护用品的选择

　　婴幼儿洗护用品的配方基本原理虽然与成年人的用品相似，但在基本原料、防腐剂、香料、着色剂上有特殊要求，具有极其严格的超过成年人的用品的卫生及安全性。主要功能是清洁皮肤和保护皮肤，种类远不及成年人用品繁多，主要类别有：婴儿香波、婴儿润肤油、婴儿沐浴精、婴儿沐浴乳、婴儿皂、湿纸巾、尿布清洗剂等，主要的功能是清洁；婴儿油、婴儿膏、霜、露、乳液、婴儿爽身粉等，主要的功能是滋润和保护皮肤。

● 如何购买宝宝洗护用品呢？

　　1.要与宝宝的皮肤状况相宜。虽然婴儿洗护用品都很温和、自然，但不同的婴儿洗护用品所强调的配方不同，妈妈不能依自己的喜好选择，如刚出生的宝宝由于活动量少，稍稍清洗即可，无须购买清洁力很强的沐浴品。

　　2.不可用功能相同的成年人用品替代。虽然它的功能是宝宝需要的，但配方和标准不是专为宝宝皮肤设计的，有可能因不适合宝宝皮

■ 选购婴儿洗护用品时，一定要认准"专为婴儿设计"的字样，因为这类产品已针对婴儿皮肤做过测试。

肤的生理特点而造成刺激。

3.要注重洗护用品的内在品质。衡量内在品质是否优秀的标准即是否正规厂家生产及来源于正规渠道，是否经卫生管理部门批准和检测，外包装上是否有批准文号、生产厂家、成分、有效期等正规标志。一般而言，选择知名品牌、口碑佳的产品较有安全保证。

4.包装要完整安全。包装材质要无毒，且造型要易于抓握，不怕摔咬，有安全包装设计，能防止宝宝误食，包装要无破损，容器密封完好，其中的成分未和空气结合而发生变质。

5.如果宝宝是过敏性皮肤，妈妈要请教医生推荐选用专门设计的沐浴用品以确保安全。

在宝宝出生后的三四个月，洗澡时不用另备洗发香波，只需用沐浴精或沐浴乳液就可以达到清洁的目的。待宝宝逐渐长大，妈妈感到用沐浴精或乳液给宝宝洗头洗得不干净或是脏得很快时，再为宝宝选购婴儿专用洗发用品。

■ 婴儿洗护用品泡沫越多越不好，因为发泡剂全部都有刺激性，对宝宝的皮肤不利。

● 选购婴儿护肤品要了解宝宝的皮肤特性

宝宝专用的护肤产品用料严格、工艺讲究，受到众多家庭的欢迎。婴幼儿皮肤娇嫩柔软，随着生长发育，也不断地经历着变化。根据婴幼儿的皮肤特点，应当选择适当的护肤品，不宜给宝宝使用成年人的护肤品。要了解给宝宝选择护肤品的知识，首先应当了解婴幼儿皮肤特性。

皮脂。皮脂覆盖在人类皮肤的表面，起着保护、乳化、缓冲、排泄、抗菌和生物调理剂的作用，分为皮脂分泌和表皮产生两类。出生不久的婴儿，总皮脂含量与成年人的相当接近，大约出生1个月时，总皮脂量开始逐渐减少。幼儿时期，由于激素受控，皮脂分泌量少，婴幼儿皮肤较干燥。到青春期性激素活跃，分泌皮脂的能力提高，皮肤干燥情况会得到改善。此外，男孩通常比女孩皮脂更多一些。

含水量。皮肤没有保留水分的作用。人体皮肤最外层的角质层，能保护皮肤不受外界物理和化学因素的影响。从皮肤护理的需要出发，角质层含水量变化很重要。新生儿皮肤含水量为74.5%，婴幼儿为69.4%，成年人水分最低为64%。

酸碱度pH值。皮肤pH值一般在4.2~5.5之间。新生儿出生2周内接近中性，胎盘的pH值约为7.4。因此，新生儿的皮肤不能有效地抑制细菌繁殖，抗感染能力较低。

出汗。婴幼儿与成年人的汗腺数量一样，但每个单位面积上的汗腺数量不同。成年人平均为120个/平方厘米，婴儿500个/平方厘米。汗腺虽然在幼儿皮肤上生长，但分泌汗液的能力很低。汗腺受到刺激，如外界温度变化、情绪冲动和味觉刺激后，能加速分泌排出汗液。

综上所述，婴幼儿的皮肤与成年人的皮肤性质不同在于婴幼儿的皮肤含水量高，pH值高，单位面积出汗多，总皮脂量低，皮肤较干燥。

因此，婴幼儿用的护肤品，除了对皮肤、眼睛没有刺激性外，应当特别讲究护理和安全性，要具有高保护性、高安全性、低刺激性等特点。幼儿护肤品一般要有稀、泡沫少和润滑感强的特点，不能用成年人的标准来要求。幼儿的护肤用品要比成年人的稀一些。儿童乳液含水量应该很高，如果涂上之后感觉很厚，就不合适。涂上以后要有稀稀的、嫩嫩的、透明的感觉。幼儿专用的浴液、香波都比成年人的稀，过浓对宝宝不好。泡沫少的幼儿专用护肤品虽然稀，但有一定的黏度。

婴幼儿常用的护肤和洗涤用品的类别

类别	主要用品	性质特点
护肤类	如婴儿油、儿童霜、儿童蜜等	婴幼儿由于肌肤还没有充分发育，因此抵抗表皮失水的保护作用不大。再加上宝宝皮肤的机械强度低、角质层薄、pH值高和皮脂少，皮肤不仅干燥，而且易受外界环境影响。儿童霜中大多添加适量的杀菌剂、维生素及珍珠粉、蛋白质等营养保健添加剂，产品多为中性或微酸性，与婴幼儿的pH值一致。经常使用可以保护皮肤，防止水分过度损耗或浸渍，避免皮肤干燥破裂或淹湿，以及粪、尿、酸、碱或微生物生长引起的刺激
	儿童爽身粉、花露水	爽身粉的基本作用是保持皮肤干燥、清洁，防止和减少内衣或尿布对皮肤的摩擦。洗浴或局部皮肤清洗后，擦用一些婴儿爽身粉，对保护皮肤健康有益。夏季用的花露水，最好用不添加乙醇的，同时能消毒、杀菌、避蚊虫的润肤水类
洗涤类	如儿童洗发香波、儿童沐浴液、儿童浴液、婴儿香皂等	婴幼儿皮肤和头发普遍属于干性，不宜使用脱脂力强的洗涤品，需要富脂型、润肤型、杀菌型的无刺激的专用洗涤品。婴儿沐浴品性能要温和，对皮肤和眼睛无刺激性，以不洗去皮肤上固有皮脂为宜。品性优良的儿童香波，多选用较温和的活性剂配制，香波黏度较高，洗发时不易流入眼睛。婴儿香皂一般为"中性"或"富脂"皂，含有护肤作用的羊毛脂，选用的活性剂水溶性相当低，刺激性也很低，适合婴儿使用

■ 婴幼儿的皮肤天
生就很好，尽量
不要使用护肤
品。给宝宝使用
护肤品的原则应
当是宁可不用，也
不要滥用。

● 选择婴幼儿用护肤和洗涤用品要注意：

1.要买名牌、买正规产品、买专业生产儿童产品厂家的护肤品。非专业、正规生产儿童护肤品的厂家的产品，绝对不可相信，产品问题会有一大堆。

2.要买成熟产品、老产品。幼儿抵抗力弱，要慎用慎选，即使是专门生产宝宝化妆品的厂家，生产的新产品也不要买，等到产品成熟后，再买、再用。

3.选择儿童护肤用品时要慎之又慎，一定要买好的，不要贪图便宜。选用婴幼儿不容易弄破包装的产品。

由于婴幼儿护理品每次用量较少，一件产品往往要相当长的时间才能用完，因此产品稳定性要好。购买时除注意保质期外，还应尽量购买小包装产品；避免购买和使用掺有着色剂、珠光剂的产品。

同时，婴幼儿用品应尽量少加或不加香精，因为配制香用的原料，往往会对皮肤有刺激作用。如果在使用过程中发现宝宝眼睛充血、流泪，一定要停止使用。

儿童的角质层很薄，成年人的护肤品绝对不能给宝宝用，否则会伤害皮肤。成年人的护肤品有营养类、有提取物类、有激素类，宝宝用了之后会酿成祸害。例如，激素类使用到宝宝身上，会引起性发育异常，会让宝宝年纪小小乳房提早发育。

成年人用的美容品更不应随便用，宝宝处于发育阶段，如果不适合会刺激皮肤，产生不利因素。如果给女宝宝涂用成年人化妆品睫毛膏，会弄得睫毛掉落，抱憾终生，因为睫毛属于不可再生的人体组织。

TIPS

有些化妆品广告自称纯天然，不可相信。要知道化妆品就是化学品，任何一种化妆品都没有纯天然的。如果说没有防腐剂，则更是绝对不可能，而防腐剂超标给宝宝使用就更会惹麻烦。

抱宝宝的方法

从床上抱起

1.托住脖子和屁股。一只手伸进脖子下方，用全部手掌托住脖子，另一只手伸进屁股下面。

2.妈妈的腰部稍微弯曲，将宝宝拉向妈妈的方向抱起来。妈妈要维持弯曲腰部的姿势。

喂母乳时

1.摇篮抱法。这是授乳的基本姿势，将宝宝放在大腿上，用手肘的内侧托住头部，让宝宝侧躺后拉过来抱着。

2.肋抱。适合于奶多的妈妈。用宝宝含住的乳房一侧的胳膊垫住宝宝的屁股，用另一只胳膊托住头部。

● 放下睡着的宝宝时

1.抱着宝宝坐。为了不让宝宝醒来，抱着宝宝弯曲两膝盖，坐在地上。

2.让宝宝躺下。身体前倾，将宝宝的屁股放在床上。

3.将宝宝的头放在枕头上。

4.整理。放下宝宝后为了不让宝宝的后背硌着，抚摸着后背整理衣服。

● 将宝宝递给对方时

一只手放在宝宝两腿间托住屁股，另一只手托住宝宝的脖子和肩膀。从宝宝的头开始慢慢放在对方手上。

● 哄宝宝或让宝宝睡觉时

一只手托住脖子，另一只手托住屁股，竖着抱宝宝。跟宝宝对视着轻轻拍屁股，轻轻向两侧晃动。

照护新生宝宝的睡眠

　　刚出生不久的婴儿，几乎整天都在睡眠中度过，在沉睡中成长。肚子饿的时候就会醒来，吃完母乳又继续睡觉，每天反复如此，没有昼夜的分别。这个时期中他一边打盹一边感受来自外界的光线和空气，同时也逐渐习惯家人的对话及生活中的各种声音。

　　想睡的时候就让他得到充分的睡眠；哭了，母亲很快过来温柔地拥抱他；吃饱了或换掉尿布就能得到满足，对婴儿的成长过程来说，这种舒服的体验非常重要。

■ 宝宝的睡眠和状况与宝宝的精神状态和食欲的好
　坏有密切的关系，良好的睡眠和合理的营养，是
　促进宝宝生长发育的重要因素。

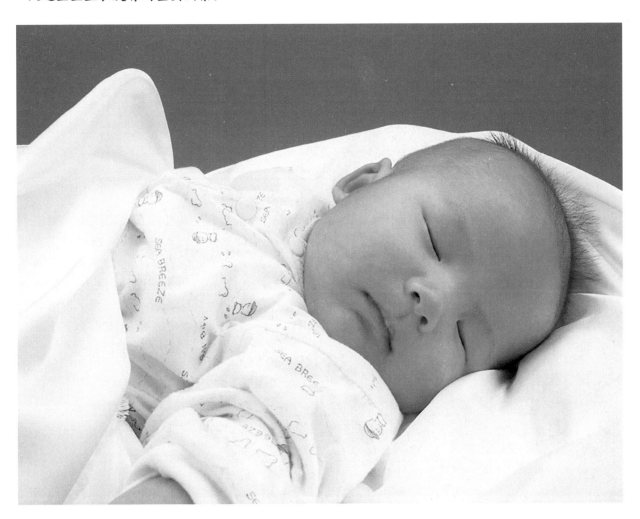

● 俯卧是新生儿的最佳睡眠方式

新生儿刚从母体中娩出，对环境的适应是护理新生儿的又一重点。

新生儿出生以后大部分时间处在睡眠状态，因为其在子宫内以趴卧状态为主，出生以后新生儿的这种习惯尽量地多保留，对其适应环境很有好处。

0～10天的新生儿住院期间的护理由专业的医生和护士完成。

在母婴同室的病房里，新手爸妈每天可抚触婴儿3～5次，同时将新生儿趴在专用头型护理枕上练习抬头3～5次，每次1～2分钟。新生儿睡眠使用爬行俯睡法需要专人看护，可在白天试着将熟睡中的新生儿变换成俯睡姿势。

高质量的深睡眠是促进新生儿发育的重要环节，只有保证了睡眠，才能保证对新生儿进行科学的护理。俯睡的过程对新生儿的心理也是一种有效的保护。因为婴儿在子宫内都是趴着的，这种习惯出生后强行予以改变，让他仰睡，配上不规范的小硬枕头，睡眠中的宝宝常常惊醒，对宝宝的伤害显而易见。婴儿心理上的不适应、不习惯是新手妈妈感觉不到的，久而久之，对婴儿心理的伤害将影响他的一生。有许多宝宝常常哭闹，不好带养，甚至消化不良，均与此有关。爬行俯睡是新生儿宫内宫外环境适应的最好方式。

还可以让新生儿趴在爸爸的胸部，爸爸跟新生儿说说话，并同时进行新生儿抚触，也可以将新生儿抱到户外、走廊或窗户等自然光线多的地方，适当地进行日光浴，呼吸新鲜空气。

当新生儿趴着的时候，他会本能地想办法使自己舒适一点，但由于新生儿自身保护能力有限，开始俯睡时，应由婴儿保健医生指导或由专人看护。

新生儿一般每天睡眠5次，约16～18小时，俯睡、侧睡、仰睡结合，不断变换睡眠姿势，以保护婴儿的头型。0～28天是新生儿脑部发育最关键的时期，头型保护及头型护理应该从出生时起就要特别地注意。

■ 可以在宝宝醒来或者喂奶及浅睡眠状态时适当地抱在怀里，让宝宝的耳朵尽量贴近妈妈的心脏，对其进行安抚、拥抱、呵护，也是使新生儿更多地获得保护和安全的方法。

● 新生儿睡眠时不必过于安静

过去人们一直认为新生儿因为耳朵里有羊水，所以听不到声音，现在科学研究表明，事实并非如此。新生儿出生后只需要几个小时就能听到声音了。

有些父母为了让新生儿有一个良好的睡眠环境，总是把房间弄得非常安静，生怕会弄出什么声音把新生儿吓着。其实这种做法是完全没有必要的。

因为一些声音是会让新生儿产生安全感的，并且还能给新生儿的感官带来丰富的刺激，对语言的发育也是非常有利的。

那么究竟什么声音才会给新生儿带来安全感呢？

首先是母亲的声音。因为新生儿在子宫内听惯了母亲的声音，他熟悉母亲的声音。母亲要经常用温和的话语和新生儿进行交流，这样能加强新生儿的安全感，让他对周围的环境产生亲切感。

其次，可以让新生儿听一些有节奏的、柔和的、缓慢的、优美的乐曲，但是要注意时间不宜过长。另外还可以给新生儿一个有声响的环境。家庭的日常生活会产生各种声音，如走路的声音、开关门声、水流的声音等，这样的声音可以帮助新生儿真实地感受周围的环境和适应环境。

育儿小讲堂　　掌握新生宝宝睡眠与觉醒的规律

科学家经过系统的观察研究，按新生儿觉醒和睡眠的不同程度分为6种意识状态：深睡、浅睡、瞌睡、安静觉醒、活动觉醒和哭。新生儿在这6种状态中均有特殊的行为表现。

🍃 深睡。新生儿双眼闭合，面部放松呼吸均匀，全身除偶然的惊跳和极轻微的嘴动外，没有任何活动。

🍃 浅睡。新生儿通常闭着眼，偶尔眼球动，呼吸不规则，面部时有微笑或怪相，有时或出现吸吮或咀嚼动作，一般这是婴儿觉醒前的睡眠状态。

🍃 瞌睡。特征是眼半睁半闭，眼睑出现闪动，通常发生在刚醒后或入睡之前，持续时间较短。

🍃 安静觉醒。新生儿眼睛睁得很大，机敏，安静，能专心听妈妈讲话，喜欢看东西，喜欢注视人脸，目光能随东西或人脸慢慢移动。在这个阶段，新生儿很少活动。

🍃 活动觉醒。新生儿的眼睛、面部及全身的活动都增加，环视周围，发出声音，手臂、腿和全身出现有节律的活动，但很快会趋于烦躁。

🍃 哭。除了尿湿了或身体不适，新生儿一般在睡前要哭一阵子，哭时眼紧闭或张开，四肢有力地活动，哭一会儿后便进入睡眠状态。

新生儿这6种意识状态按顺序交替进行，每天可有十几个周期。父母可按上面的描述，密切观察您的小宝宝，懂得这6种意识状态，掌握新生宝宝睡眠与觉醒的规律，更加科学地进行养育。

● 怎样使宝宝安睡

睡眠是婴儿生活的主要内容，对于婴儿的生长发育十分重要。婴儿的脑细胞发育尚未成熟，功能也不健全，大脑很容易疲劳。睡眠时，对氧和能量的消耗最少，有利于疲劳的脑细胞得到恢复。有正常睡眠规律的宝宝往往精神饱满，生长发育良好；而睡眠不好的宝宝常常爱哭爱闹，烦躁不安，食欲缺乏，体重增长缓慢，抵抗力降低。

那么，怎样使宝宝睡好呢？

首先要有一个良好的睡眠条件。卧室要比较安静，光线不要太强，空气新鲜，温度不宜过高或过于干燥，宝宝用的被褥要松软，经常在阳光下曝晒。最好让宝宝单独睡一张床，或者睡在妈妈身边的被窝里。不要与母亲同睡一个被窝，更不要含着母亲的奶头睡觉，以免将宝宝压坏，甚至捂住口鼻引起窒息。

其实，要做些睡眠准备工作。晚餐要适宜，喂得过饱腹部不适，宝宝难以入睡；吃得过少常常因饥饿醒来啼哭。睡觉前做一些安静的游戏，不要让宝宝过于兴奋。临睡前最好洗个澡，把把尿，换一件宽松保暖的睡衣，使宝宝感到舒适与松弛。

一旦把宝宝放在床上，就应尽量让他早些入睡。可调暗灯光，拿走玩具，轻轻地拍着宝宝并哼一些催眠曲，形成单调的刺激。每天应定时让宝宝上床，以建立条件反射，形成良好的睡眠习惯。夜间如宝宝不醒，可以不换尿布，尽量不要惊动他。

如果宝宝醒了，换尿布后可喝少许水，不要和他说话，让他尽快转入睡眠。顺便说一下，要注意宝宝睡觉的姿势，经常变换头位，以防把头睡偏。否则不仅影响头型，而且会影响大脑的发育。

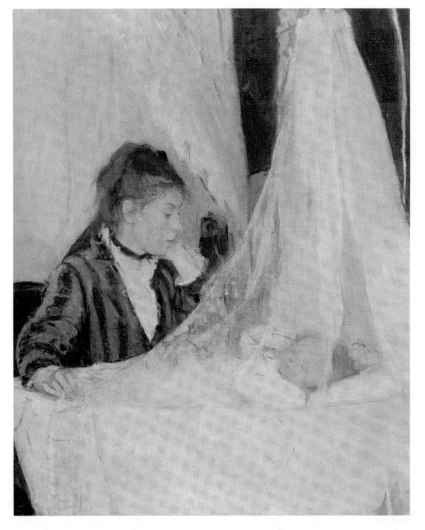

■ 宝宝睡觉时，妈妈可以唱支摇篮曲，轻拍宝宝的身体，让他快速入睡。

给宝宝穿衣、脱衣的技巧

● 脱衣服

给婴儿脱衣服的动作和穿衣服的顺序是相反的，即要先脱裤子再脱上衣。

1. 把宝宝放在床上，一只手轻轻抬起臀部，另一只手将裤腰脱至膝盖处，然后用一只手抓住裤口，另一只手轻握宝宝的膝盖，将腿顺势拉出来。另一条腿采用相同的做法。

2. 脱上衣时，把衣服从腰部上卷到胸前，然后握着宝宝的肘部，把袖口卷成圆圈形，轻轻地把胳膊从中拉出来。最后，把领口张开，小心地从头上取下。

3. 如果穿的是连衣裤，要先解开扣子，把袖子卷成圆圈形，然后轻轻地把手臂从中拉出，再按脱裤子的方法将其脱下。

● 给宝宝穿衣服

给宝宝穿衣服和脱衣服要有速度，避免使宝宝受凉。给宝宝穿衣服时，要托住屁股和脖子，让宝宝觉得舒服。

穿衣服前

1. 剪下新衣服的商标。新生儿的新衣服需要将商标剪下来，如果是贴在里面的更要彻底剪下来。商标接触皮肤会使皮肤红肿。

2. 新衣服用清水漂洗。新生儿的衣服特别是内衣，最好用干净的水漂洗后再穿，去掉可能附着在上面的灰尘或异物等。不要用洗涤剂，就用清水漂洗，这样接触的感觉会更清爽，也容易吸汗。

3. 室温升高后再脱衣服。在确定温度升高后，再迅速脱掉或换下宝宝多余的衣物。有的宝宝在脱衣服时会吓一跳，但这是0～4个月宝宝的反射反应，可以抓住宝宝的手或胳膊让宝宝安心。

穿衣服的要领

1. 最好是领子宽的衣服。宝宝的头比身体大，不能从前面打开的T恤形上衣不便穿脱。最好选择领子宽的，或可从前面或肩膀方向打开的。

2. 开胸衣服翻过来穿。给宝宝穿开胸衣服时要提前把衣服翻过来。将宝宝的手通过翻过来的袖子，从妈妈的胳膊移动到宝宝的胳膊上，即翻成正面了，把衣服反过来就能容易地穿上了。

3. 将内衣和外衣重叠后一次性穿上。内衣和外衣分着穿会比较辛苦，重叠内衣和外衣一次性地穿上更简单。外衣和内衣的袖子重叠，这样宝宝的胳膊能更容易地通过后一次性穿上。

4. 妈妈的手最好放在扣子下面扣扣子。穿着衣服扣扣子容易压迫到宝宝娇嫩的皮肤，所以，妈妈的手指要伸到宝宝的衣服下面或往前拉衣服再摁扣子。

不同月份的穿衣法则

1. 0～3个月。宝宝在温暖的被窝里度过，只穿产衣或是用围巾围住就可以了。

2. 4～6个月。宝宝不停地动，睡觉时也动，所以要穿怎么动也不会露肚子的衣服，如连体服等。

3. 7～12个月。宝宝爬或走的动作明显增多，所以会出很多汗。妈妈要注意经常给宝宝换衣服。可分着穿上衣和下衣。

■ 不管婴儿鞋做得
多么漂亮，宝宝
在很小的时候最
好不要穿鞋，
只穿袜子就好，
因为鞋子比袜子
硬，而太硬的鞋
会伤到宝宝柔软
的骨头。

新生儿的衣物选择

由于新生儿期的皮肤生理结构及功能的特点，衣物要选择易吸水、质地软柔、保暖性能好、色彩浅淡、洗涤方便的布料。

● 冬衣

由于新生儿的颈项较短，屈肌紧张性较高，因此，四肢常处于蜷曲状态。骨骼大部分是由软骨组织构成，含钙盐和其他盐类较少，故容易变形。

为适应新生儿的这些特点，做衣服样式以斜襟式的较好，即前面两片要求同样大小，衣服上不宜钉扣子或锁纽，以免损伤新生儿的皮肤，宜用带子，但不能束得太紧，否则会引起胸部骨筋畸形——肋骨外翻。由于双手经常处于蜷曲状态，穿衣时不易伸入衣袖，故衣服宜宽舒简单，这样易脱易穿，在穿衣时将后面下摆折起，以免大便的污染，便于保持衣服的清洁，避免频繁更换，以防受凉。

● 棉衣

棉衣做成斜襟式，最好用棉布做面子和里子，里面的棉花要用新的，不要铺得太浮，这样的棉衣柔软轻松，保暖性较强。

● 抱被

抱被可做成套子式正方形，便于换洗。气温较低时，头要加帽子，身上可包成斜角形，不要包得太紧，便于两只小脚在里面活动，更换尿布时不必完全打开。天气转暖和时，上身穿够衣服，两只小手可以不包在抱被内。

● 尿布

尿布是新生儿的重要用品，要选用质软、耐洗、易干、吸水性强和浅颜色棉布，有助于观察大小便的颜色。一般用旧床单较理想。尿布不宜过厚或过宽，以免长期夹在腿间引起下肢畸形。女宝宝使用尿布时宜在尿布后面部分反折加厚，因她的尿液会向后流，而男婴除将在尿布向前反折加厚外，应先将阴茎轻轻向下压，以免尿液向脐部倒流。

如果要带婴儿外出，可在尿布外面包一块橡皮布或塑料布，免得大小便流出来。在家里就不必包，可垫在臀部下，因为橡皮布或塑料布不透气，小便后浸湿屁股时间长了易引起尿布皮炎。尿布换下后要放在盆内，洗时最好用开水泡过，洗干净后尽可能在阳光下晒干。

● 夏天衣服

宝宝夏天的衣服可做成睡裙式样的单衣，后面开口，领口和背部用带子结起，这种衣服方便尿布的更换。气温高的天气，白天可用一块布做成肚兜，及腰背部用带子结起。天气凉时可准备两件小背心，这种衣服穿脱方便，宝宝的下肢可自由活动。

新生儿的面部护理

出生1个月内的新生儿，其面部极其娇嫩，对其五官的护理动作要轻、护理用品要十分干净。

● 眼部护理

新生儿的眼睛十分脆弱。对眼部的护理，要使用纱布、生理盐水或温开水。把纱布蘸湿，从眼内角向眼外角轻轻擦拭。如果新生儿的眼睛流泪，或有较多的黄色黏液使眼皮粘连，须请医生诊治。

● 鼻部护理

在正常情况下，新生儿鼻孔会进行"自我清洁"。如果空气很干燥，鼻孔里可能结有鼻屎，造成新生儿不舒服——因为他出生后头几个星期还不会用嘴呼吸。这时，妈妈可以将一小块棉球蘸湿，轻轻放入鼻孔，把鼻屎取出。这应该在哺乳前进行。

● 耳部护理

宝宝的耳道很小，洗澡时若不慎进水，应用棉花棒稍微拭干，捻成一小条，将新生儿的头转向一侧，对耳郭进行清洁。清洁只到耳孔为止，不宜深入，以免把耳垢推向深处而引起耳道堵塞。

● 口腔护理

由于口腔黏膜血管丰富柔嫩，容易受损伤，所以不能随意擦洗，以免感染。

● 面部和颈部护理

新生儿的面颊，用棉花蘸水来洗即可。要注意颈部皱褶和耳朵后面，这些部位容易忽视，常会有些小病变，要经常清洗并且擦干。

新生儿的脐带护理

1.脐带护理最重要的是保持干燥和通风，不宜用纱布覆盖或用尿布包住。

2.脐带弄湿后，一定要用酒精擦拭一次。

3.脐带护理每日3～4次，包括洗完澡的那一次。

4.在护理脐带前，妈妈要洗净双手，避免细菌感染。

5.将棉花棒蘸满消毒酒精，先由上而下擦拭整条脐带，再深入肚脐底部，最后消毒肚脐周围；也可涂上碘酒，以形成一层保护膜。

6.脐带脱落后，仍要继续护理2～3天，直到肚脐眼完全收口、干燥为止。

7. 9～10天后脐带未脱落，或脐带脱落后渗血不止者，最好去医院就诊。出现上述两种情况后，通常宝宝的肚脐中央会长小肉芽，须就医将其处理掉，肚脐眼才会收口。

8.脐带脱落后，宝宝肚脐应定期以棉花棒蘸清水或宝宝油轻轻清理，以保持干净。

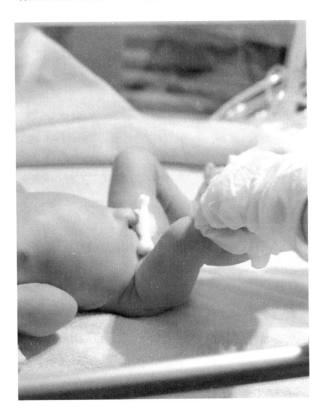

新生儿的皮肤护理

新生儿的皮肤与年长儿有着极大的区别。新生儿皮肤薄、娇嫩，当遇到轻微外力或摩擦时，很容易引起损伤和感染。新生儿抵抗力弱，一旦皮肤感染，便极易扩散。因此，做好新生儿的皮肤护理是非常重要的。

● 避免损伤

在护理新生儿时，家长的动作要轻柔，指甲要剪得短而光滑，以免接触新生儿皮肤时发生意外损伤。所有接触新生儿皮肤的衣着、被褥、尿布等，都应柔软舒适，特别是在为新生儿清洗时，不要用毛巾直接用力揉搓皮肤，洗后用干毛巾揸干皮肤，防止由于摩擦引起皮肤破损。此外，在为新生儿保暖时，不能将热水袋直接贴于皮肤上。洗澡时要注意水温，避免皮肤烫伤。

● 保持衣服和用具的清洁

要单独清洗新生儿衣物，做到每日更换。晾晒衣物最好放到干净、通风、有阳光的地方，还要定期晾晒新生儿床上用品。毛巾、浴巾、浴盆等用具最好单独使用，用完须洗净后放到阳光下晒干。

装衣物的容器不要放置樟脑。冬季要定期将室内衣物拿到阳光下晒，以免真菌生长。

● 清洁干燥

要保护好新生儿的皮肤，很重要的一点就是注意清洁、保持干燥。新生儿最好能每日洗澡、清洗皮肤皱褶处，如耳后、颈下、腋下、大腿根、手心、指(趾)缝间等。

大便后要洗净臀部，保持局部的清洁，同时要保持皮肤的干燥。不要包裹过多，尤其夏季，气温高，湿度大，汗液不能及时蒸发，容易长痱子或出现皮肤的糜烂。尿布要及时更换，防止尿便长时间接触皮肤而引起尿布疹。

● 防止感染

新生儿皮肤的抵抗力弱，要防止感染。接触新生儿时尤其要重视洗手。新生儿的衣服、尿布用后要清洗干净，晒后换用，避免病菌感染。

● 加强检查

每日给新生儿洗澡和换尿布时，仔细检查新生儿全身的皮肤，以便及时发现皮肤是否出现皮疹、损伤或其他异常情况。

● 选择洁肤用品

新生儿皮肤娇嫩，所以要使用对皮肤无刺激的洁肤用品。使用前可将浴皂或浴液先涂擦在家长的手或上臂，如无不适感，再涂到新生儿的皮肤上。目前，市场上销售许多不同种类的婴幼儿洁肤和护肤用品，家长应慎重挑选。

● 让宝宝适应天气变化

一年四季天气变化很大。宝宝出生后的第一年，是一生中第一次接受大自然的考验。加之此时宝宝的体温中枢发育尚不够完全，易受外界环境因素的影响，因此，父母要帮助宝宝度过这一时期。

适应天气的变化，除了宝宝自身的抵抗力外，父母要及时为他加衣或减衣。一般来说，夏季的天气比较炎热，空气干燥，宝宝不易感冒，只要注意适当穿衣就可以了。

但是也要避免赤身裸体，以免受凉。天气变化最大的是秋转冬、冬至春的时候。当天气由暖转凉时，宝宝要及时添加衣服，如风太大，还应戴上帽子。当然衣服不能穿得太多，要让宝宝稍稍感到有一点凉意，一般比大人多穿一件衣服就可以了。

例如，成人穿一件毛衣时，小孩多穿一件羊毛衫即可。当天气由凉转暖时，要及时替换衣服，不可让宝宝太热，造成不舒服的感觉。俗话说"若要宝宝安，须带三分寒"，就是这个意思。

新生儿的正确包裹法

为了新生儿的保温，必须给宝宝进行包裹。包裹是非常讲究的。在北方普遍用棉被包裹宝宝，有时为防止宝宝蹬脱被子而受凉，父母还常常将包被捆上2～3道绳带，认为这样既保暖，宝宝睡得又安稳，其实却没想到包裹过紧会妨碍宝宝四肢运动，宝宝被捆绑后，手指不能碰触周围物体，不利于新生儿触觉发展。

同时，由于捆得紧，不易透气，出汗容易使皱褶处皮肤糜烂，给宝宝造成许多痛苦和束缚。宝宝需要包裹，应以保暖、舒适、宽松、不松包为原则。用宝宝睡袋来替代包裹，这是一个很好的办法，可以避免对宝宝造成束缚，影响宝宝生长发育。

新生儿的"胎垢"与胎脂

● 可以清除"胎垢"

有些宝宝，特别是较胖的宝宝在出生后不久，头顶前囟门的部位，有黑色或褐色鳞片状融合在一起的皮痂，且不易洗掉，俗称"胎垢"。这是由皮脂腺所分泌的油脂以及灰尘等组成的，一般不痒，对宝宝健康无明显影响，无须清除。若是显得很脏，也可以洗掉。

"胎垢"不易洗掉，有些爸爸妈妈用香皂、沐浴液清洗都无济于事，而且还会刺激宝宝的娇嫩皮肤。可以在宝宝洗澡前用脱脂棉蘸宝宝按摩油轻轻涂抹在头垢处，等洗澡结束时，用脱脂棉蘸水轻抹，两三次后头垢基本都可清除，清除手法要轻柔。

● 不要清除胎脂

新生儿皮肤细嫩，须在逐渐生长发育中达到成熟，因其不成熟，角质层薄嫩，容易损伤，可成为全身感染的门户。新生儿出生后，皮肤上会覆盖着一层灰白色胎脂，胎脂是由皮脂腺的分泌物与脱落的表皮形成的，有保护皮肤的作用，于出生后数小时内渐渐被吸收，因此不必洗掉。

正确看待胎记

新生儿降生乃至以后的一段时间里，可以见到身上有青色的斑块，这就是俗称的"胎儿青记"。

胎记多见于新生儿的背部、骶骨部、臀部，少见于四肢，偶发于头部、面部，形态大小不等，颜色深浅各有差异。这种青色斑是胎儿时期色素细胞堆积的结果，对身体没有什么影响，随着年龄的增长，到儿童时期逐渐消退，不需要治疗。

强体训练营
强壮的体质是这样炼成的

小生命降生后，他不会站、不会走、不会说，甚至连吃、喝、拉、撒、睡都需要家长来照料和安排。他们的身体发育也是逐渐成熟的。最初肌肉无力，骨骼柔嫩，消化系统羸弱，神经系统未完全形成，兴奋和抑制过程很不均衡，适应环境的能力很差，因此，家长不得不天天为他们的身体健康而担心。

新生儿的体格锻炼有助于促进身体健康

宝宝体质好、健康、不生病，可以说是每个家长最盼望的事情，但这并不单单是由良好的愿望所决定的。它既受先天因素的影响，也受后天因素的制约。后天因素中除均衡、足够的营养为必要条件外，体格锻炼也是一个非常重要的因素，即正确利用自然界的各种因素如空气、日光和水以及体育运动来锻炼身体，达到增强体质、提高身体抵抗能力及获得适应气候变化的能力，从而提高健康水平，减少疾病。

空气浴

空气浴是利用空气的温度、湿度和气流与人体表面之间的温差刺激人体，通过神经系统的反射作用，提高人体体温调节的功能，增强机体适应外界气温变化的能力，促进新陈代谢，增强肺功能，减少呼吸道疾病。新鲜空气更有利于婴幼儿的身体健康。

新生儿在成长过程中，多接触阳光是很有好处的。可以预防宝宝佝偻病，刺激骨髓造血功能，提高皮肤抗病能力。

一般正常婴儿，出生3周左右，应逐渐接触室外空气。利用空气浴进行锻炼的方法很多，如婴儿时期的户外活动、户外游戏、开窗睡眠、户外睡眠、适当减少穿衣件数等方法均属于空气浴锻炼。最初应选择天气好、风不大的日子，打开室内窗户，使婴儿接触室外空气5分钟，连续3～5天，适应之后再抱出室外。抱婴儿到室外，要选择婴儿情绪好、身体好，天气晴朗、风和日暖的日子。春、秋季节上午10点到下午2点左右；夏天上午10点左右或下午3点以后；冬天在午饭前后。到室外进行空气浴，最初的时间掌握在5分钟左右，持续3～5天。以后，逐步增加到10～20分钟。最好能坚持每日室外空气浴。如果天气不好，只需打开窗户，不要抱婴儿到室外。

日光浴

日光浴有促进血液循环、强化骨骼和牙齿、增强食欲、促进睡眠的作用，并且能促进黄疸消退。在中午日光照射好的房间打开窗户晒(通过玻璃的日光浴起不到作用)。开始让日光晒足部，以后逐渐增加到膝部、大腿、臀部、胸部等，直到全身，但不要直接晒头部，尤其是眼睛，开始晒4～5分钟，持续3～5天，以后逐渐增加到10分钟、20分钟、30分钟，最长不要超过30分钟。头部应置于阴凉处，使婴儿入睡，或者给婴儿戴上帽子。

TIPS

空气浴和日光浴只能在身体状况良好时进行，有病和精神不振时不要勉强。

■ 新生儿日光浴要在室内进行，不要直接晒头部，尤其是眼睛。

宝宝锻炼的注意事项

1. 锻炼要从小开始，持之以恒。宝宝初生时对外界环境的刺激还未形成牢固的习惯，在此时适当地改变外界环境，一般都能逐渐适应，持之以恒就可以。如果要改变一个已经养成的习惯，就比较困难了。例如从小穿衣过多，冬天不常到户外活动，一遇气候变化，就容易感冒。

2. 要循序渐进。这个问题也比较好理解，任何事情都要有一个适应过程，尤其对小宝宝。如：开始时冷热的刺激要小，慢慢增加刺激强度；开始户外活动时，要选择适宜的好天气，户内外温差不能太大，宝宝较易适应。

3. 要注意宝宝的个体特点，不能太教条。许多书中介绍的锻炼方法是适应大多数宝宝的，但自己的宝宝是否适合，如何去适应，则要具体分析，尤其是体弱的宝宝。同时要结合当地的条件进行。必要时可以请专业保健人员或儿科医生参与指导。同时家长要知道，真正不能锻炼的婴幼儿是极个别的，大多是有各种先天或后天获得性疾病。

4. 锻炼要同合理的日常生活配合。锻炼体格应与正确的喂养、护理和卫生习惯相结合。锻炼虽然可以增强婴幼儿的体质，增强抵抗力，但如果不注意婴幼儿的生活制度、营养以及正确的护理等，也会带来不良的影响，所以锻炼与日常生活结合起来，效果更好。

怎样为新生儿健身

　　1岁以内的婴儿期是人体发育最快的时期，也是最关键的时期，这个时期在出生后的第一个月内即新生儿期就已经开始了。

　　现代医学研究表明，不少成人疾病，如肥胖、高血压、冠心病、糖尿病以及智力的发育等，都与新生儿以及婴儿时期的活动锻炼有着直接的关系。这段时间的宝宝过的是那种吃了睡、睡了吃的"摇篮"生活，由于自身活动不足，热能消耗过低，体内的脂肪容易堆积。

　　医学家发现，人体脂肪细胞的生长增殖，在1岁以内处于最活跃的高峰阶段，此时，脂肪细胞数目的增多将遗留终生，是肥胖症和冠心病的祸根。

　　为此，新生儿以及婴儿时期的身体锻炼，作为预防医学已经越来越引起人们的关注。

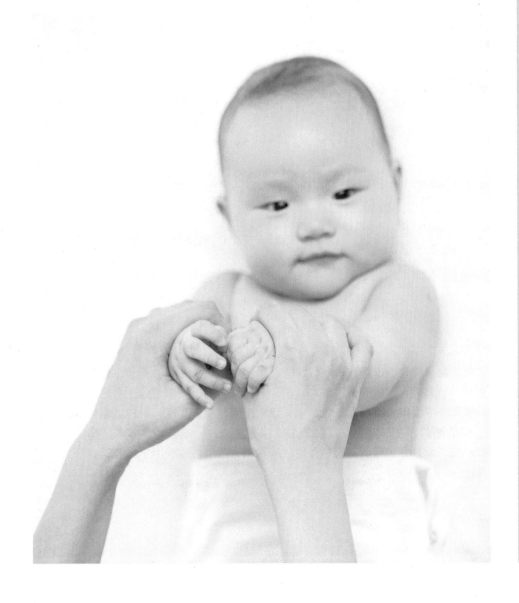

■ 运动对于宝宝来说非常重要，它可以促进宝宝良好的食欲，提高发展肌肉的能力，从而有一个强壮的体魄。宝宝在婴儿期需要在父母帮助下，进行适当的活动，如婴儿被动操。父母可以帮助婴儿做两手交叉屈伸运动、肘部屈伸运动、举腿运动等。对大一点的幼儿则应因地制宜，采取多种主动运动方式，如游戏、体操等。新生儿虽然弱小，但随着营养的增加，身体机能会不断增强，父母可以让宝宝进行适宜的锻炼，以促进宝宝身体健康。

"抱、逗、按、捏"是新生儿健身简便易行的有效办法，对新生儿身心健康有良好的作用。

新生儿的健身法	作用	对父母的忠告
抱	是母子感情信息的传递，是新生儿最轻微、最适宜的活动。当新生儿在哭闹不止的时候，是最需要大人抱，从而得到精神安慰的时候	有的家长怕惯坏了宝宝而不愿意抱，这对宝宝的身心健康和生长发育是很不利的。为了培养宝宝的感情、思维，特别是在那种哭闹的特殊语言要求下，不要挫伤宝宝幼小心灵的积极性，要适当地多抱一抱你的小宝宝
逗	是新生儿期最好的一种娱乐形式。逗可以使小宝宝高兴得手舞足蹈，使全身的活动量进一步增强	常被逗弄、与之嬉戏的宝宝要比长期躺在床上很少有人过问的宝宝表现得活泼可爱，对周围事物的反应显得更加灵活敏锐，这对新生儿以后的智力发育有着直接的影响
按	家长用手掌给宝宝轻轻地按摩。先取俯卧位，从背部至臀部、下肢，再取仰卧位，从胸部至腹部、下肢，各做10～20次	按不仅能增加胸、背、腹肌的锻炼，减少脂肪的沉积，促进全身血液循环，还可以增强心肺活动量和胃肠道的消化功能
捏	家长用手指捏揉新生儿。可以比按稍加用力，可以使宝宝全身和四肢肌肉更加坚实。一般从四肢开始，再从两肩到胸腹，各做10～20次	在捏的过程中，宝宝胃液的分泌和小肠的吸收功能均有增进，特别是对脾胃虚弱、消化功能不良的宝宝效果更加显著

TIPS

"抱、逗、按、捏"中除了"抱"以外，其他均不宜在进食中或食后不久进行，以免宝宝呕吐，甚至吐出的食物可能被吸入气管而导致呛咳、窒息。所以，时间一般选择在食后两小时进行。操作手法要轻柔，不要用力过度，以让新生儿感到舒适、满足为度。同时还要注意不要让新生儿受凉，以防感冒。在与宝宝逗玩时，表情要自然大方，不要做过多的挤眉、斜眼、嘟嘴等怪诞的动作，以避免宝宝留下深刻印象，经常模仿而形成不良的"病态习惯"，将来不好纠正。

有益新生儿的体操

宝宝出生后10天左右可以做健身操，新生儿操可以活动宝宝的骨骼和全身肌肉。做操时室内温度最好在21~26℃。动作幅度不要太大，一定要轻柔。最好是在宝宝睡觉前给他做，这样小家伙才会睡得更香。

● 活动上肢

将宝宝平放在床上，妈妈两手握着他的小手。同时伸展上肢。

● 活动下肢

妈妈两手握着宝宝的两只小腿，先把小腿向上弯，让宝宝的膝关节弯曲起来，再拉着小脚往上提，保持伸直的状态。

● 活动胸部

妈妈的右手放在宝宝腰部下方，把他的小腰托起来，再用手把宝宝向上抬一下，让他的胸部跟着动一下。

● 活动腰部

抬起宝宝的左腿，放在右腿上，让身体跟着扭一扭，这样腰部就会跟着运动起来。再把右腿放在左腿上，做同样的运动。

■ 宝宝出生后10天左右可以做健身操，新生儿操可以活动宝宝的骨骼和全身肌肉。

有益于提高新生儿免疫力的四种活动

新生儿期，宝宝的任务主要是适应外界环境，发展各种感觉器官，因此要给以适当的活动、不断的刺激，尤其是抚摸宝宝的身体各部位，发展其触觉。以下活动可反复做，1个月后还可以继续做，对提升宝宝的免疫力有很大帮助。

抬头

抬起头，视野就开阔，宝宝智力也可以得到发展。当然宝宝的抬头需要父母的帮助，当宝宝吃完奶后，扶其头靠在大人肩上，然后轻轻移开手，让宝宝自己竖直片刻，每天可做四五次，也可在宝宝空腹时，让其自然俯卧在你的腹部，将宝宝头扶至正中，两手放在头两侧，逗引他抬头片刻；也可让宝宝空腹趴在床上，用小铃铛、拨浪鼓或呼宝宝乳名引其抬头。

当宝宝做完锻炼后，应轻轻抚摸宝宝背部，既是放松肌肉，又是爱的奖励。宝宝锻炼完后可能累了，应让他仰卧床上休息片刻。抬头锻炼促使颈部肌肉发育，颈部肌肉发育好的宝宝，将来上课才能抬起头，认真听老师讲课。

■ 如果宝宝俯卧时抬头可达45～90度，那么爸爸妈妈就可以用鲜艳的、会响的玩具在他趴着时逗引他抬头。

爬行

　　宝宝有爬行和迈步(行走)的先天条件反射。当宝宝洗完澡，感受到皮肤抚摸后，感觉会很舒服，宝宝就会要求动一动了。你用手掌抵住宝宝足底，他就会向前爬，每次1~2分钟，一天1~2次即可。这样宝宝的颈部及背部肌肉可得到锻炼，四肢会越加有力，体质将得以增强。

　　在俯卧练习抬头的同时，可用手抵住宝宝的足底，虽然此时他的头和四肢尚不能离开床面，但宝宝会用全身力量向前方窜行，这种类似爬行的动作是与生俱来的本能，称为匍匐爬行。

　　最开始宝宝不能很好掌握技巧，所以可能会是向后退的爬行方式，因此家长在后面做的抵脚作用很大，能很快让宝宝掌握爬行。如果没有这种训练，有些宝宝到11~12 个月时才能爬，或者根本不会爬，就直立行走。

■ 这样训练的目的不是让宝宝马上会爬，而是通过练习，促进宝宝大脑感觉统合的健康发展，同时，也是开发智力潜能、激发快乐情绪的重要方法。

■ 新生儿对人的脸型特别感兴趣。他出生几分钟后就能睁开眼睛看自己的妈妈，一般在2周以内就能分辨出自己父母的脸型。

再就是喜欢看颜色鲜艳的物体。特别是红色，如挂在床上面的红色大气球，新生儿会长时间盯着看，而对灰暗色的东西几乎看不见。

新生儿不太喜欢强烈明亮的光线，光线太亮时他会眯起眼睛。所以给宝宝选玩具时应特别注意颜色。

妈妈应当经常和宝宝对视，逗一逗小宝宝，以促进母子感情交流。

眼睛转动

为了发展新生儿的视力，首先可以吸引宝宝注意灯光，进行视觉刺激，然后让宝宝的眼睛追踪有色彩或者发亮和移动的物体。可在房间里张贴美丽或色彩斑斓的图画，悬吊各种颜色的彩球和玩具。

悬挂的玩具要在宝宝的视线之内，而且可以移动。能够发出声响的最好。家长可以移动悬挂的玩具吸引宝宝的眼睛转动，以锻炼他的视觉和使眼球转动的肌肉。

应该注意的是，悬挂的物体不要固定在一个地方不动，以防宝宝的眼睛发生对视或斜视。

■ 拴一根彩绳，彩绳上每隔10～12厘米吊一个小玩具（或用过的小盒、小线团、小铃铛等都可以），以促进宝宝的视觉发育。

游泳

新生儿游泳的原理是让婴儿在类似母体的羊水中做自主运动。

● 新生儿游泳好处多多

新生儿游泳是一种保健活动，它通过大量温和、仿母体子宫羊水的水质，刺激宝宝在水中自主地全身运动，从而调节宝宝消化、神经、心血管、免疫等系统功能；增强宝宝食欲，提高免疫力，促进骨骼发育；并能提高宝宝的大脑功能，促进大脑对外界环境的反应能力、应激能力和智力发育，最重要的是能提高情商。

新生儿离开母体先"游泳"，首先可以帮助宝宝"渐进"地适应外部环境，降低宝宝患病的概率。同时，水作用于宝宝皮肤，刺激宝宝中枢神经，可促进宝宝大脑发育。宝宝在水中尽情手舞足蹈，也有利于骨骼肌肉系统的发育，并可促进血液循环，增加肺活量。

游泳使新生儿得到天然的活动，水的静水压、浮力、冲击将会对宝宝皮肤、骨骼和五脏六腑产生轻柔的爱抚，可促进宝宝各种感觉信息的传递，引起全身包括神经、内分泌、消化系统等一系列的良性反应，锻炼心肌，促进睡眠，提高肌体免疫力。

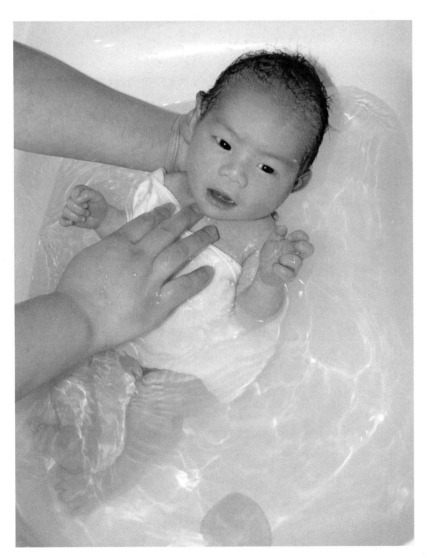

● 什么时候可开始游泳

胎儿在妈妈的子宫内始终处在"羊水"的包围之中，所以"游泳"是新生儿与生俱来的本领。新生儿学游泳的最佳年龄段是出生后3天至6个月。游泳的水温应控制在38~40℃。

游泳包括3个步骤：

1. 游泳前给宝宝按摩并与他交流；

2. 同步感觉组合刺激游泳；

3. 游泳后的安抚性按摩。

其中，在同步感觉组合刺激游泳过程中，除了新生儿在水中划游，还要播放悠扬的音乐，父母在旁进行护理。水温保持在38~40℃，每天早、晚还要进行清洁消毒。在宝宝游泳的过程中，一定要保证宝宝的安全。

啼哭也是新生儿的健康运动

生命在于运动，运动能强壮身体，这也是宝宝增强消化能力的关键环节。但是，婴儿似乎没有显著的运动，实际上，宝宝啼哭就是很好的全身运动。

在电视里见到，西方国家有婴儿啼哭大赛，看谁的宝宝哭的声音响。婴儿时期，还不会坐立和走动，整天躺在床上或摇篮里，宝宝很少有运动一下胳膊腿和身子的机会。当婴儿啼哭时，好像他在做"体操"运动，四肢不断地挥动。

在婴儿还不会翻身的情况下，这正是婴儿的一种呼吸运动。当新生儿用力地吸气时，胸腔立即扩大，肺叶也跟着张开，空气被大量吸进肺里；吸气完成后，吸气肌肉群放松而呼气肌肉群跟着收缩紧张，胸廓由扩大而缩小到原来的大小，迫使肺内的空气呼出肺外，这样反复多次地锻炼，就能促进血液循环，促进新生儿肺部和胸廓的生长发育，提高肺活量，改善心肺功能，提高消化功能，是强壮体质的一种很好的运动。

常言道："会哭的宝宝身体壮。"就是这个道理。

婴儿啼哭是身体的需要，是婴儿唯一的健康运动。同时，婴儿高亢的啼哭声，不但反映婴儿的健壮，也是口才和歌喉的早期培养。最好养成习惯，每天让婴儿哭一场，注意不要哭哑了嗓子。婴儿啼哭，等于让宝宝敞开心扉，向刚刚来到的世界问好，为更好的明天高歌。

因此，婴儿的健康啼哭应该是受欢迎的。如果新生儿真的得了病，反而就不哭了。但是，当肚子饿或因尿布湿了向大人传送信息而大哭，则是一种正常现象，如果是在很安静的情况下，突然出现大哭一声，接着又马上止住，就需要去请教医生。

新生儿几乎是整日睡觉，偶尔睁睁眼睛也会很快入睡。熟睡中的婴儿有时会突然出现一惊，抽动一下，手脚乱动。初次见到这种情况的母亲会大吃一惊，会认为是在抽搐而感到不安。这叫莫罗氏反射，是婴儿常见的一种现象。所谓的莫罗氏反射，是婴儿受到大声音及大震动的影响，突然受惊，举起双手，好像在高呼"万岁"时的姿势。这种神经反射是婴儿独特的现象，不必担心。

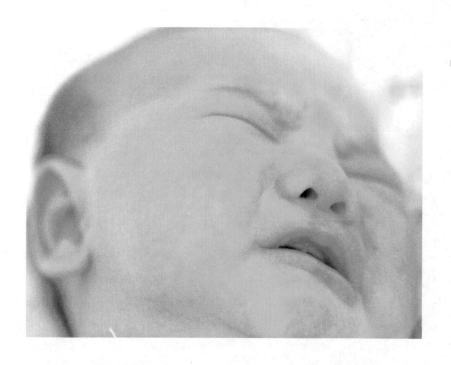

■ 婴儿的笑声能让父母心花怒放，但是婴儿的啼哭更有益健康，更要引起父母的关注。

让宝宝平安，妈妈安心

宝宝离开妈妈安全的子宫来到人间，即脱离了母体单独置身到一个新的环境，一切需要靠自己去适应，由于宝宝的生理功能还没有发育完善，很容易出现各种疾病，需要爸爸妈妈掌握各种疾病的预防与护理技巧。新手爸妈每天守候着新生儿，要对新生儿常见病有一些认识，以便能够及时发现问题。

宝宝降生时易出现的毛病

产伤

婴儿的降生过程本身是个强烈的运动过程。面对着母亲强烈的腹痛收缩，婴儿还要经过几个转身才能出来，时间很长，难免有些损伤，医学上叫产伤，即分娩过程中发生的婴儿损伤。如：头上一个大血包，手臂神经麻痹不能运动，大腿骨折，甚至有些内伤都是可能的。而且有的是很严重、很急的情况。

一般外表看得见的叫外伤，如新生儿头皮血肿时，脑袋上一个大包。看不见的叫内伤，如颅内出血，脑袋骨里面出血外面看不出，宝宝不时哭叫、青紫、昏迷，甚至死亡。

产伤的发生是产道收缩、婴儿位置与助产操作互相作用的巧合，有时不一定是难产，也不一定非常用力。

总之，分娩是一件紧急而危险的事，重点在保护母子生命安全。应急时，不幸发生产伤也应权衡轻重，及时发现多能完全治愈。

此外，一般助产产钳等直接损伤多为皮肉损伤，不需治疗，均可几天内自愈。

先天性畸形

先天性畸形是分娩期最多见的毛病。从很小的一块红记黑痣到多一块少一块的显著畸形甚至两个宝宝长在一起的连体儿；从对健康生活毫无影响的小皮赘小凹陷到影响生活美观的唇裂甚至影响生命的无肛门；从单纯外部畸形到内部组织畸形甚至先天性恶性瘤，都可能以先天性畸形形式出现。

所以说，这一类毛病种类繁多，数量也相对最大，幸亏严重的非常少见。

当然，如果你仔细查每个小孩都可能找到一点似乎与别人不一样的地方，这属于每个人的个体差异，不能视为畸形。也有一类表面上很像畸形，事实上是生产后的暂时现象，医学上叫做胎位性畸形，不必治疗均可自愈。

先天性感染

先天性感染外表上常看不出，很难在降生当时发现。如果出生后即时听心肺、摸肚子，做B超则多可早期发现。有的甚至在产前做B超或CT时就已发现。

条件好的医院应该尽量全面检查婴儿，尽早发现重要毛病，因为有些毛病是要求早治疗的。宝宝出生后1个星期才发现宝宝无肛门，不能不说对婴儿检查不够仔细吧！

新生儿检查也受条件的限制，如时间不能拖长，温度不易保持。生产当时可能有遗漏，这就需要随时多次复查，母亲喂奶时，换尿布时，都要随时注意宝宝各部位的形态与活动。发现宝宝不正常应及时向医生反映。很多情况是靠母亲首先发现的。

产伤的种类

一般按受伤部位分类，常见情况如下：

损伤的部位	损伤名称	损伤的表现和可能的后遗症
头部常见产伤	头皮血肿	表现为头上一个大包，一般约占头顶的1／4，不影响吃奶睡眠，但约需3个多月才能自消，不必治疗
	颅内出血	外表无变化，宝宝睡不实，常尖叫、吐奶、青紫，仔细的母亲能发现前囟涨硬，四肢活动不正常。一般出血不多时可以无症状，也可自然止血吸收。但严重的可发生青紫昏迷，呼吸不规则，可致死亡或遗留脑瘫呆傻后遗症
颈部常见产伤	颈一侧血肿	多数为胸锁乳突肌血肿。胸锁乳突肌俗称颈部两条大筋。在分娩时颈侧一条大筋被牵拉受伤出血，就在颈部一侧出现一个硬块，约扁胡桃大小。宝宝头偏向一侧，无明显疼痛，几个月内多自行吸收，也可能后遗斜颈畸形(歪脖)。但多数斜颈是先天畸形，产伤后斜颈只是极少数
	锁骨骨折	是分娩时肩部受挤而使一侧锁骨折断。一般还有骨膜相连，所以变形不明显或仅伤侧颈底部稍肿，婴儿不动患侧上肢，别人动他则引起痛哭，按压患侧锁骨（颈底肿处）则引起哭叫。更多见是一星期后发现患侧锁骨处一硬块，不疼不痒。照X光片则见骨折已愈合，以后也无后遗症
四肢常见产伤	肱骨骨折	为上臂骨折断。患肢不能动，仔细观察见上臂中部肿胀，手摸之可有骨折活动摩擦感，患儿疼痛哭叫。一般用压舌板一类的小硬片绑紧固定，2周内愈合，常有对合不整现象，但1年后自然长直
	股骨骨折	是大腿骨折断。患肢不能动转，仔细观察见大腿中部肿胀，摸之活动并引起尖叫。一般用夹板固定或将双腿吊起来，2周后愈合，有对合不整现象，约1年后长直
	臂丛神经麻痹	是颈部牵拉损伤了神经根，引起患侧上肢不能动。外表看不出肿胀变形，也不引起疼痛，只是患肢摆在胸侧，大拇指向内向后旋转位置不动。如果别人把它转过来，既无阻力也无疼痛。轻伤可以完全自愈，6个月内恢复正常。重伤则不能完全恢复，后遗一些畸形及麻痹而需手术治疗

新生儿疾病的筛查

新生儿疾病筛查是对出生72小时至7天内的新生儿进行筛查，使某些带有严重先天性或遗传性疾病的新生儿在其临床症状出现之前得到及时治疗，以预防智力低下以及其他严重后果发生。

新生儿疾病筛查是提高人口素质、降低出生缺陷的重要措施之一。目前推广开展的是苯丙酮尿症和先天性甲状腺功能减低症两种疾病的新生儿筛查。发病率相对较高的苯丙酮尿症和先天性甲状腺功能低下两种疾病，如不能得到早期治疗，就可能导致机体的进一步损伤，发生不可逆转的痴傻状现象，这两种疾病是引起儿童智能发育缺陷的重要原因之一。所以，对新生儿进行疾病筛查是非常有益也是非常必要的。

据统计，全国每年这两种疾病的新发病患儿有5000余例，给家庭和社会带来了沉重的负担。如果能在新生儿出生后立即做出诊断和治疗，他们的智能发育和体格发育基本上就可以达到同龄正常儿童水平。

因此，开展新生儿疾病筛查能有效降低残疾儿童的概率。现在正在逐步推广，可以使先天疾病及早得到医治。

■ 宝宝出生后，儿科医生会对宝宝进行全身的检查，以此确定宝宝的健康情况。

宝宝的哭声解读

在新生儿期，可以说宝宝除了吃、睡、排泄，最多的就是哭了。宝宝出生后第一阵响亮的啼哭，是令人欣慰的。

通常新生儿以不同哭声来表达他的要求和不适。无论是饿了、冷了、热了、尿湿了、不舒服了、生病了，他都可能用哭来表示。

新生儿的哭声表示的含义不同，要认真鉴别，以满足新生儿的要求和排除不适。新生儿的家人一定要认真辨别新生儿的哭声，哪些属于生理性，哪些属于病理性。只有这样，才能根据不同情况及时给予处理。

■ 新生儿啼哭是一项全身性的健康运动。因为宝宝哭时呼吸系统运动量增大，会增加肺活量，有利于肺部的发育。同时，宝宝啼哭还可促进血液循环和新陈代谢。一般来说，宝宝啼哭会本能地调节全身的血液循环和新陈代谢，宝宝哭到一定程度，他会疲劳，啼哭就会自然停止。

宝宝的哭声表现	反映的健康状况
新生儿出生时的哭声是安全的标志。表现为哭声流畅、洪亮，说明宝宝平安。但出生后1分钟无哭声，须采取抢救措施，如吸净口、鼻和咽部的黏液，拍打足心或臀部，使宝宝哭出声来	宝宝安全出生
哭声洪亮，哭时头来回活动，嘴不停地寻找，并做着吸吮的动作	宝宝感到饥饿
哭声会减弱，并且面色苍白、手脚冰凉、身体紧缩	宝宝感到冷
宝宝哭得满脸通红、满头是汗，一摸身上也是湿湿的	宝宝感到热
宝宝睡得好好的，突然大哭起来，好像很委屈似的	宝宝做梦了，或对一种睡姿感到不适了，或尿布湿了
宝宝不停地哭闹，用什么办法也没有用。有时哭声很尖直，伴有发热、面色发青、呕吐，或是哭声微弱，精神萎靡，不吃奶现象	宝宝生病了，应求医生诊治
出生后就出现哭声低弱，呈呻吟声，有时不哭，终日沉睡	这是病情严重的表现

预防新生儿肺炎，从预防新生儿感冒做起

其实，新生儿患感冒的不多，如果真感冒了，就要警惕转变成肺炎。就感冒本身来说，对新生儿的危害并不大，但如果转变成了气管炎、肺炎，那就是非常严重的疾病了，对宝宝的危害也会非常大。

新生儿肺炎是新生儿期感染性疾病中最常见的，发病率高，死亡率也较高。新生儿的肺炎跟大宝宝不一样。患儿很少会咳嗽，一般表现为呼吸浅促、鼻翼翕动、点头呼吸、口吐白沫、发绀、食欲差、呛奶、反应低下、哭声轻或不哭、呕吐、体温异常。新生儿最明显的症状是病儿口吐泡沫，这是新生儿咳喘的一种表现形式。同时精神萎靡，或者烦躁不安、拒奶、呛奶等。重症患儿会出现呼吸困难、呼吸暂停、点头呼吸和吸气时胸廓有凹陷，出现不吃、不哭、体温低、呼吸窘迫等现象，严重时发生呼吸衰竭和心力衰竭。

新生儿感冒的症状更多的是鼻堵塞或者流鼻涕。如果发现宝宝吃奶不好、精神不好，就要及时看医生了。

如果宝宝患上了肺炎，那更要精心护理。喂奶、吃药等，医生会嘱咐，其他的护理细节还包括下面几点。

一是要密切注意宝宝的体温变化、精神状态以及呼吸情况。

二是要多喂水。因发热、出汗、呼吸快，宝宝失去的水分较多，喂水一来补充水分，二来还会使咽喉部湿润，稠痰变稀，呼吸道通畅。

三是要检查宝宝鼻腔内有无干痂，如有可用棉签蘸水后轻轻取出，以解决因鼻腔阻塞而引起的呼吸不畅。

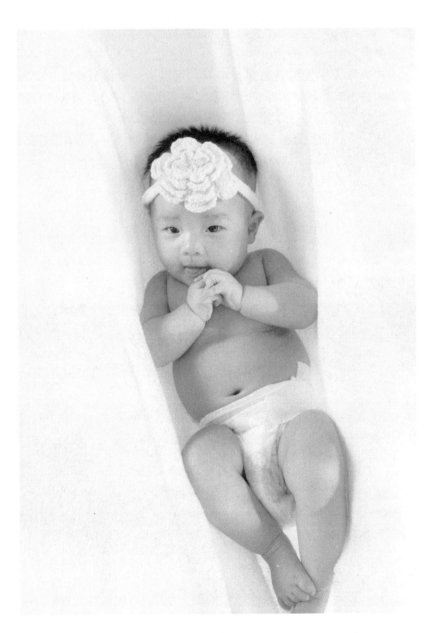

■ 如果宝宝感冒了，妈妈要及时观察宝宝的精神状态，如果状态良好，要仔细呵护，如果精神状态不好，就要及时就医治疗。

警惕新生儿黄疸

■ 新生儿黄疸的发生与胎龄和喂养方式均有关，早产儿多于足月儿，母乳喂养儿多于人工喂养儿，延迟喂养、呕吐、寒冷、缺氧、胎粪排出较晚等均可加重生理性黄疸；新生儿溶血症、先天性胆道闭锁、新生儿败血症、婴儿肝炎综合征等均可致病理性黄疸。

新生儿黄疸是新生儿期常见的现象，它包括生理性及病理性两种。胎儿靠胎盘供应血和氧气，而体内为低氧环境，必须有更多的红细胞携带氧气供给胎儿，才能满足胎儿的需要。胎儿一旦娩出，就必须用自己的呼吸系统获取氧气，如此一来，体内的低氧环境发生了改变，对红细胞的需求量也大大降低。这时，体内多余的红细胞就会分解成为胆红素。这些胆红素没有及时排出体外，堆积在血液中，随着血液的流动，把新生儿的皮肤和巩膜染成黄色，出现新生儿黄疸。这属于生理性黄疸，大约有60％的新生儿出生1周内会有这种情况。足月分娩的新生儿在产后2～4天会出现黄疸，4～5天为高峰期，2～3周内黄疸消失。早产儿的黄疸持续时间会长一些。生理性黄疸，家长不必担心。

如果希望宝宝的黄疸早些消退，可以用一些葡萄糖冲水给宝宝喝，糖水的利尿作用可使胆红素加速排出。同时，家长要注意的是，吃奶不好及饥饿可能使生理性黄疸加重延长。

需要家长们担心的是病理性黄疸，病理性黄疸如不及时治疗会造成婴儿智力障碍、脑瘫甚至死亡。

那么，如何分辨生理性黄疸和病理性黄疸呢？

新生儿生理性黄疸与病理性黄疸的区别

	生理性黄疸	病理性黄疸
症状出现时间	在出生后2～3天出现	黄疸出现较早，出生后24小时内就出现黄疸
程度表现	皮肤、黏膜及巩膜（白眼球）呈浅黄色，尿的颜色也发黄，但不会染黄尿布	黄疸程度较重：皮肤呈金黄色或暗褐色，巩膜呈金黄色或黄绿色，尿色深黄以致染黄尿布，眼泪也发黄
消退时间	足月儿黄疸一般在出生后10～14天消退，早产儿可延迟到3周才消退，并且无其他症状	黄疸持续不退：足月儿黄疸持续时间超过2周，早产儿超过3周。黄疸消退后又重新出现或进行性加重
治疗	生理性黄疸可自行消退，不必治疗	可引起脑损害，一旦出现以上症状，均应及早到医院接受检查、治疗

新生儿硬肿症

新生儿硬肿症与新生儿的防寒保暖密切相关。新生儿硬肿症，是以体温低下、皮下脂肪变硬，以及生活能力降低为特征的一种全身性疾病。以皮下脂肪硬化和水肿为特征，多发于寒冷季节或室温过低、保温不良的产后1周内的新生儿或未成熟儿，常并发感染或在感染、窒息、产伤之后发生。

当然，在夏季也有由于早产、感染等因素引起的患儿。一旦发生硬肿症，患儿四肢和躯干冰冷，体温可降至31～35℃，甚至26℃左右，哭声细弱或者不哭，不能吮吸，肢体的自发动作很少，尿少甚至无尿。肤色先为深红色，后转为暗红色，严重者肤色苍白或青紫。皮肤和皮下组织先有水肿，然后渐渐变硬，严重的患儿会硬得像硬橡皮一样。

硬肿先发生在小腿、面颊和肩部，渐渐扩至大腿外侧、臀部、上肢，直至全身硬肿。以后口鼻流出血性液体，发生肺出血而死亡。硬肿症在治疗上进行的第一个措施就是复温。轻度患儿先进行温水浴，然后用预暖的棉被包裹，放在24～26℃的暖室中，外加热水袋，热水袋内水温应从40℃渐增至60℃。这些措施可以让患儿体温很快地上升至正常水平。中度和重度患儿则需要放在远红外线开放型保暖床上，由医生进行复温救治。

新生儿硬肿症当以预防为主。一般来说，家有新生儿，室内温度应保持在22～24℃，洗澡的时候室内温度要达到28℃。室温不能低于20℃，低于20℃时宝宝生病的概率非常高，会受寒。

育儿小讲堂　新生儿喝黄连甘草水可以解胎毒吗

有的地方有一种风俗，在新生儿出生一两天后就给他喂黄连甘草水，认为这样可以解"胎毒"。这种做法是不对的。因为，黄连和甘草合用，会失去抗菌作用。所以，如果要喂，可以单喂黄连水，次数也不要多，只需要1～2次即可。

另外，由于新生儿肝脏内的很多酶系统尚未建立起来，其解毒功能很不完善，所以新生儿用药，无论是中药还是西药，都需要特别谨慎，一定要在医生的指导下进行。

新生儿生理性腹泻与病理性腹泻的识别

新生儿腹泻是新生儿期最常见的肠胃道疾病，又称新生儿消化不良及新生儿肠炎。

由于新生儿的肠胃比较脆弱，容易生病，因此容易出现腹泻的现象。新生儿腹泻又分为生理性腹泻和病理性腹泻，没有经验的年轻妈妈会心急火燎地抱着宝宝上医院，以为宝宝患了病理性腹泻。那么，如何区别这两种腹泻？

生理性腹泻与病理性腹泻的区分

	生理性腹泻	病理性腹泻
出现症状的原因	在出生后不久出现，可能与宝宝吃奶较多、宝宝出现小肠乳糖酶的相对不足或母乳中前列腺素E含量较高有关	由一种或多种不同的病原体引起的，如致病性大肠杆菌、真菌、轮状病毒等
易患人群	多发生在母乳喂养的宝宝中，大多是过敏体质、虚胖、常有湿疹的婴儿。宝宝看着会显点虚胖，同时面部、耳后或发际处往往伴有奶癣	平时体弱、营养不良或长期服用抗生素的宝宝
患者年龄特点	在6个月以内的宝宝中比较常见，尤其是初生的宝宝，一般随着年龄的增长患此病的概率会越来越小	在5～8月和8～11月发病率最高
大便的表现	腹泻出的大便稀薄呈稀水样，甚至会带奶瓣或带少许透明黏液，经常在喂完奶后就会大便	症状各有特点，大多为感染性腹泻，有发热现象，粪便有异臭，有黏液或脓血
腹泻的次数	患有生理性腹泻的宝宝大约2周后大便依然会持续性的稀薄，大便次数增多，稀黄或绿色稀便。宝宝食欲好，不呕吐无发热，体重增加不受影响，无其他异常	大便次数频繁

新生儿要不要预防低血糖

新生儿必须预防低血糖吗

血糖是人体血液中所含的葡萄糖，它是机体能量的物质基础。血糖是否正常，直接关系到心、脑、肝等重要器官的生理活动。宝宝一出生就需要验血检测血糖。那么，新生儿这么小，会发生低血糖吗？

新生儿低血糖的症状

大多数低血糖宝宝无临床症状，少数可出现喂养困难、精神萎靡、嗜睡、激惹、多汗、青紫，继而出现颤抖、震颤、眼球转动异常、呼吸不规则、呼吸停止甚至惊厥、昏迷等非特异性症状。经口服或静脉注射葡萄糖后上述症状即可消失，血糖恢复正常。

葡萄糖是新生儿时期脑组织代谢的唯一的能源，故低血糖能导致脑细胞能量失调，影响脑细胞的代谢和发育，轻者智力发育迟缓，严重持久的低血糖可造成智力低下甚至脑瘫等神经系统后遗症。因此，对新生儿低血糖，预防是首要因素。

如何预防新生儿低血糖

补充能量：妈妈在产后及时进食是预防新生儿低血糖的关键措施。引导分娩的新妈妈在产程中可适当进食，少食多餐，以富含热量的流食、半流食为主，如果汁、藕粉、稀饭等。剖宫产的新妈妈"排气"后才可以进食，但有静脉输液满足母子对糖的需求。

尽早给宝宝开奶：最好在产后30分钟就喂奶，及时补充宝宝体内热量，以降低新生宝宝低血糖的发生率。早产儿或窒息儿应尽快建立静脉通路，保证葡萄糖的摄入。

定期检测血糖：对可能发生低血糖的宝宝，必须加强血糖检测，糖尿病妈妈的宝宝要尤为注意。最早在出生后的30分钟进行，随后可以根据实际情况，间隔半个小时或1个小时复查，直至血糖稳定。如果发现血糖低于2.2毫摩尔/升，就应立即给予葡萄糖。

定期保暖：根据宝宝体重、体温情况，可给予热水袋或保温箱保暖。

育儿小讲堂　　什么原因导致宝宝低血糖

新生儿的血糖水平很低，肝糖原储备不足，而初乳分泌较少，易使其体内肝糖原迅速下降。同时，新生儿大脑发育又很快，需要消耗大量的葡萄糖，如果来源过于不足或有生成障碍，就容易导致低血糖。

一般来说，新生儿低血糖多发生于早产儿、糖尿病妈妈的宝宝以及新生儿缺氧窒息、硬肿症、感染败血症等。

早产儿、低体重儿易发生低血糖。

巨大儿特别是糖尿病妈妈所生的宝宝，低血糖发生率也较足月儿为高。

双胎、体重极低的新生儿肝脏内肝糖原贮存量都较少，如不提前喂奶，易发生低血糖。

在寒冷的季节里，宝宝出生后，如不注意加强对宝贝的保暖，易造成其出现低体温，加速能量消耗，促使低血糖的发生。

患重病的新生儿葡萄糖消耗增加，易致低血糖。

有些遗传代谢性疾病也可引起低血糖。

怎样给新生儿测体温

测量体温的用具是体温计，常用的是玻璃制水银柱体温计，以及电子体温计。通常测量体温的部位是耳郭、腋下或肛门。

目前，腋下测体温多代表皮肤温度，测肛温代表深层温度。皮肤测温是测量外周温度，虽然方便，却由于探头不好固定，易受周围环境温度的影响，但是能尽早发现因环境影响而引起的体温过高。

腋温与深部体温接近，测量腋下温度最为常用的方法是把体温计与皮肤直接接触，夹在腋下，通常用的玻璃体温计须测量5～10分钟，电子体温计则以蜂鸣声响为测量完成。新生儿的腋温超过37.5℃或肛温超过37.8℃为发热。

有资料表明，测定深部体温和外周体温之差，有助于区别是环境因素或是疾病引起的发热。环境温度过高（30℃左右），使新生儿的周围血管扩张，上述体温之差则减少。

由疾病引起的发热，往往因周围血管收缩使肢体发凉，此时肛温和周围温度的差别就会增加。肛温代表深部的温度，皮肤的温度表示外周的温度。

新生儿呕吐的护理

呕吐是新生儿的一个常见症状。

从消化道的生理解剖上来看，新生儿胃容量小，胃呈水平状的横位。胃的上端与食管相连，下端与肠管相接，胃的上端口叫贲门，其肌肉发育较差；胃的下端口叫幽门，主管收缩的括约肌发育较好。加上新生儿肠蠕动的神经调节功能和胃里消化液的分泌功能都不够健全，所以很容易呕吐。

新生儿食管内的弹力组织肌肉发育未臻完善，常出现溢乳（俗称漾奶），这并不是真正的呕吐，多在喂奶后有一两口奶液溢入口腔并从口角边流出，可有乳凝块。

溢乳在出生后不久即可出现，也会因为喂奶后改变体位而引起。溢乳大多在出生后6个月消失，不影响宝宝的生长发育。

父母应注意观察呕吐物中有无绿色或黄色的胆汁、血液，有无腹胀、便秘，有无使用过可引起呕吐的药物，有无其他不正常的表现。因为这对于分析呕吐是否由疾病所致或由发育畸形等外科原因所致，是很重要的。

■新生儿的体温发育中枢还不成熟，父母应经常注意宝宝的保暖，做个细心的父母。

从新生儿期开始做好宝宝的免疫接种

人的一生当中，会不断地受到各种病菌的侵扰，其中有一些是非常可怕的致命的病毒。因此，为了提高自身的免疫力，人们需要依靠疫苗的帮助。对于新生儿来说，注射疫苗更是一项必不可少的工作。

根据中国《疫苗流通和预防接种管理条例》，中国对儿童实行预防接种制度。在儿童出生后1个月内，其监护人应当到儿童居住地承担预防接种工作的接种单位为其办理预防接种证。

宝宝及时接种疫苗对健康至关重要，如果可能，最好按照宝宝的免疫预防接种证上建议为宝宝接种疫苗的时间表带宝宝去接种疫苗。

接种疫苗可以预防**脊髓灰质炎、麻疹、风疹、流行性腮腺炎、流行性脑脊髓膜炎、百日咳、白喉、破伤风、水痘、流行性乙型脑炎**等疾病。疫苗接种后一般一个月左右就可以有足够的抗体产生，所以接种时间往往定在可能流行的前1~2个月。

只有严格按照合理程序实施接种，才能充分发挥疫苗的免疫效果，使宝宝获得和维持高度免疫水平，逐渐建立完善的免疫屏障，有效控制相应传染病的流行。

现在疫苗的接种也关乎宝宝将来上学的问题，家长不可轻视。

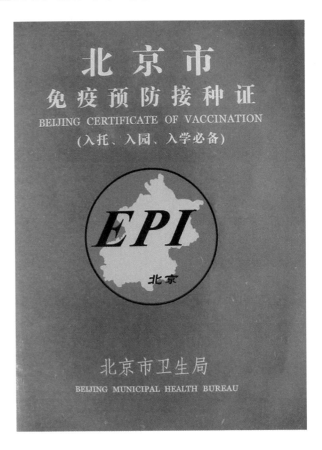

计划内疫苗接种的时间顺序

计划内疫苗（一类疫苗）是国家规定纳入计划免疫的，属于免费疫苗，是从宝宝出生后必须进行接种的。

计划内免疫包括两个程序：一是全程足量的基础免疫，即在1周岁内完成的初次接种；二是以后的加强免疫，即根据疫苗的免疫持久性及人群的免疫水平和疾病流行情况适时地进行复种。这样才能巩固免疫效果，达到预防疾病的目的。

以北京市为例，0~3岁的宝宝需要此类免费疫苗接种的时间顺序见下表：

年龄	疫苗名称	针（剂）数	可预防疾病
出生	卡介苗	初种	结核病
	乙肝疫苗	第一针	乙型病毒性肝炎
1月龄	乙肝疫苗	第二针	乙型病毒性肝炎
2月龄	脊灰疫苗	第一剂	脊髓灰质炎
3月龄	脊灰疫苗	第二剂	脊髓灰质炎
	无细胞百白破疫苗	第一针	百日咳、白喉、破伤风
4月龄	脊灰疫苗	第三剂	脊髓灰质炎
	无细胞百白破疫苗	第二针	百日咳、白喉、破伤风
5月龄	无细胞百白破疫苗	第三针	百日咳、白喉、破伤风
6月龄	乙肝疫苗	第三针	乙型病毒性肝炎
	流脑疫苗	第一针	流行性脑脊髓膜炎
8月龄	麻风二联疫苗	第一针	麻疹、风疹
9月龄	流脑疫苗	第二针	流行性脑脊髓膜炎
1岁	乙脑减毒疫苗	第一针	流行性乙型脑炎
18月龄	甲肝疫苗	第一针	甲型病毒性肝炎
	无细胞百白破疫苗	加强	百日咳、白喉、破伤风
	麻风腮疫苗	第一针	麻疹、风疹、流行性腮腺炎
2岁	甲肝疫苗	第二针	甲型病毒性肝炎
	乙脑减毒疫苗	第二针	流行性乙型脑炎
3岁	流脑疫苗（A+C）	加强	流行性脑脊髓膜炎（A群和C群）

计划外疫苗接种的时间顺序

　　计划外疫苗（二类疫苗）是自费疫苗。可以根据宝宝自身情况、各地区不同状况及家长经济状况而定。如果选择注射二类疫苗，应在不影响一类疫苗情况下进行选择性注射。要注意接种过活疫苗（麻疹疫苗、乙脑疫苗、脊灰糖丸）要间隔4周才能接种死疫苗（百白破、乙肝、流脑及所有二类疫苗）。

　　同样以北京市为例，家有0～3岁宝宝的父母可有选择性地自费、自愿接种此类疫苗，以下为计划外疫苗的接种时间和顺序：

疫苗名称	治疗疾病	使用人群与接种次数
B型流感嗜血杆菌结合疫苗	流感	6月龄以下儿童注射3针，间隔1～2个月，一年后加强1次；6～12个月儿童注射2针，间隔1个月，于出生后第二年加强接种1次；1～5岁儿童注射1针
水痘疫苗	水痘	1～12岁儿童接种1针，13岁以上接种2针，间隔6～10周
7价肺炎球菌结合疫苗	肺炎	3～6月龄儿童接种3剂，3、4、5月龄各一剂，每次至少间隔1个月；7～11月龄儿童接种2剂，每次至少间隔1个月；12～23月龄儿童接种2剂，每次至少间隔2个月；24月龄～5岁儿童接种1剂
23价肺炎球菌多糖疫苗	肺炎	对于2岁以上体弱多病儿童，65岁以上老年人，慢性疾患或免疫功能减弱的人群，注射1针，高危人群5年后加强1次，健康人不需加强
流感疫苗	流感	6～35月龄儿童注射2针，间隔1个月，每针0.25毫升；3岁以上儿童或成人注射1针，每针0.5毫升。该疫苗在每年9～12月接种
狂犬疫苗	狂犬病	犬类动物咬伤或抓伤者按0、3、7、14、28（或30）天程序接种，越早越好，咬伤严重者在医生指导下酌情加用抗狂犬病血清。特殊职业人群或宠物饲养者按0、7、21（或28天）程序做预防注射，以后根据抗体检查结果加强
轮状病毒疫苗	宝宝秋季腹泻	2月龄～3岁以内婴幼儿每年口服1次
注：表中疫苗全部为自费疫苗，自愿接种，必须在医生指导下进行接种		

宝宝成长最需要的心理营养

一般家庭，即使是愚昧不堪的父母，也决不愿让宝宝饿着、冻着，有意剥夺他生理成长的需要。而宝宝心理生命所必需的营养，却往往被许多家庭忽略了。他们希望宝宝快快长大，好好听话，殊不知宝宝更需要精神营养，滋润他心理的萌发，使"第二生命"也随之茁壮成长。

人不是低等动物，只求吃饱、穿暖及睡觉。人是精神的动物，智慧的生命，甚至还在胎儿期就有精神生活的需要。精神生活是人脑生长发育和维持脑功能必备的营养，直至人老了，死亡之前都必不可少。尤其是新生儿需要精神营养，绝不亚于他们一出生就急切地寻觅奶头，迫不及待地吮吸乳汁。

每个新生儿都爱光亮、爱音乐、爱听说话、爱看人脸、喜欢拥抱等，都是精神需要的反映。当他"精神饥饿"时还往往哭闹表示需求，只是许多父母还往往以为他哭闹都是生理饥饿或不适，而忽视了精神营养的满足。

母爱是宝宝最珍贵的营养

■ 能否得到充足的母爱，决定婴儿日后能否形成自信、开朗、活泼的性格。

对于出生1个月的宝宝来说，除了吃奶的需要，再也没有比母爱更珍贵、更重要的精神营养了。母爱是无与伦比的营养素，这不仅是因为从宫内来到这个大千世界感觉到了许多东西，更重要的是在心理上已经懂得母爱，并能用宝宝的语言（哭声）与微笑来传递他的内心世界。

作为妈妈，即使家庭条件再好，工作再忙，也不应该在宝宝很小的时候就找来保姆或让自己的长辈来照料宝宝，把宝宝的吃喝拉撒睡全都扔给他们。要知道，母爱在宝宝的成长中起着不可替代的作用。

宝宝最喜欢的是母亲温柔的声音和笑脸，当母亲轻轻地呼唤宝宝的名字时，他就会转过脸来看母亲，好像

一见如故，这是因为宝宝在宫内时就听惯了母亲的声音，尤其是把他抱在怀中，抚摸着他并轻声呼唤着逗引他时，他就会很理解似的对你微笑。

宝宝越早学会"逗笑"，就越聪明。这一动作，是宝宝的视觉、听觉、触觉与运动系统建立了神经网络联系的综合过程，也是条件反射建立的标志。

我们喜欢把新生儿的第一声啼哭看做是他来到这个世界的激情宣言，其实很多时候，宝宝用这样的方式来宣泄自己的不适。宝宝一出生就彻底告别了安静、温暖、舒适的子宫，突然来到一个完全陌生的世界，迎接他的是检查清洁、测量身高体重、留手

印脚印……很少有人会注意到宝宝的需求。其实，我们的宝宝最想要的是妈妈温暖的怀抱，想再次听到妈妈那熟悉的心跳声。这时，母亲即使经历了长时间的分娩痛苦，消耗了所有的体力，也应该尽力尽早地满足宝宝最基本的需要，哪怕只是一个简单的抚摸，也会让宝宝很满足。

抓住关键期给宝宝安全感

新生儿一出生就已经具有很多的原始神经反射，最重要的是吸吮反射，出生后20~30分钟时吸吮反射最强烈，迫切地想吃到母亲的乳头，如果错过了这个黄金时间，反射减弱，甚至会影响母乳喂养的顺利开始。

在一切程序化的工作结束之后，一定不要错过这个最佳的时期，让宝宝躺在妈妈的怀里，吸吮乳汁，感受温热的胸膛，体验绝妙的触觉感受，这可以让宝宝安静，从内心里感觉到安全。

■ 安全感是新生宝宝健康成长的关键，具备了安全感，宝宝就能积极地认知这个新世界。

心灵的慰藉也需合理刺激

■ 巴甫洛夫说过一句很经典的话："如果在婴儿出生的第三天对他进行教育，那就迟了两天了。"

新生儿出生后认知功能也基本完善，一个一天睡20多个小时、毫无表情、不具有生存能力的小宝贝，已经有了认知学习的可能性，我们可不能小瞧他的能力！

新生儿出生以后，有些家长为了宝宝的舒适，把他置于一个非常安静的环境中。其实，从胎儿的第28周开始，听觉就已经形成了，他已经习惯了有点吵吵嚷嚷的环境了。

现在突然周围没了声音，他发育良好的听觉系统很难收集到声音，这对宝宝听觉的发展很不利，限制了宝宝对新环境的认知。

因此，新生儿的环境要尽量近似在母体内时的环境，不能悄无声息，也不能太吵闹，光线要柔和，还必须保证新生儿在这个环境里可以获得保证他正常发育的各种刺激。

宝宝出生第一个月，是他感觉系统发展的关键时期，对视觉、听觉、味觉、嗅觉、触觉的刺激非常必要，而且要非常丰富。

育儿小讲堂　关注新生儿的心理需求

根据神经反射的建立和最初心理现象形成的特点，我们必须去关注新生儿的心理需求。

1. 母亲应及早训练与建立新生儿主动寻找食物的条件反射。

在喂奶时，应用亲切温柔的话语与宝宝交流，言语刺激和情感共鸣能帮助建立婴儿的神经反射，这是最初的智力开发内容，对促进心理现象的萌发和心理活动的发展都有一定的帮助。

2. 母亲应及时哺乳。

饱腹感、抚慰感会使婴儿生理上和心理上都得到最大限度的满足，这种舒适感所带来的愉快情绪，有利于宝宝良好心理品质的发展与形成。

3. 脑是人类心理活动的物质基础，而婴儿出生后第一个月的脑发育又是其心理活动健康发展的基础。

安静舒适的环境、丰富的营养、充足的睡眠对婴儿的脑发育都极有好处，母乳喂养对婴儿的脑发育更有益处，也有利于宝宝的心理健康发展。

4. 啼哭本是婴儿的天性，也是婴儿在不会说话时表达感情的语言。

不哭不闹的沉默婴儿多是由于缺乏妈妈的爱抚所导致的。父母对宝宝的哭闹熟视无睹、冷淡、拒绝，往往会造成婴儿心理闭塞。

爱的赠语　送给父母的育儿名言（二）

父母必须让宝宝知道，在成长的道路上，不可能是一帆风顺的。成功往往是与艰难困苦、坎坷挫折相伴而来的。

——芭贝拉·罗斯

教育者应该经常对儿童的困境进行反思。儿童并不能用理性来判断受到的待遇是否公正，但他们能感觉到某些事"不对头"，并因此变得抑郁和心理扭曲。儿童出于对成人的怨恨或对轻率行事的成人的反抗，就用怯懦、说谎、出格的行为、没有明显理由的哭闹、失眠和过度的惊恐来表现，因为他们还无法用理性弄清楚抑郁的原因。

——蒙台梭利

溺爱的双亲应该记住：每样事都替宝宝做，不希望宝宝做什么事，这对他是有害的。宝宝通常不需要娇养，他们要能尽职负责；过度溺爱与娇养的结果是侮辱。

——利斯

应该强调，不严肃认真的教育，有许多隐患。父母使自己的子女享福太早，是不聪明的。

——雨果

要尊重儿童，不要急于对他做出或好或坏的评判。

——卢梭

所有能使宝宝得到美的享受、美的快乐和美的满足的东西，都具有一种奇特的教育力量。

——霍姆林斯基

我们发现了儿童有创造力，认识了儿童有创造力，就须进一步把儿童的创造力解放出来。

——陶行知

只有幼儿才能具有魔术般的吸收能力。因此从出生到8岁的这段时间乃是最重要的时期，8岁之后便要走下坡，而对学习来说最关键的时期是1岁到5岁。

——格林都曼

PART 3

1~12个月宝宝的养育

出生后1~12个月的宝宝称为婴儿。在这个时期，每个月的成长变化更大，可以说，每个月的育儿方式大有差异。现在的大多数父母，不用说日常的照料，就是在经济上，也能够给每个宝宝提供宽裕的条件。然而条件过于好，又产生了溺爱的问题。对孩子来说，溺爱和漠不关心都不是幸福的。要使宝宝的身心都得到健康的成长，从婴儿时代开始便需要有某种刺激。应该根据婴儿的发育，给予适当的刺激，积极地养育特别容易陷入溺爱之中的第一个婴儿。

成长备忘录
宝宝的生长发育

宝宝在一天天地长大，但是宝宝的体格发育、运动机能发育、语言能力发育、认知能力发育、思维能力发育、视觉能力发育、听觉能力发育的情况到底应该发育到什么程度，才是最健康的状态呢？

体格发育

年龄/性别		体重（千克）	身高（厘米）	头围（厘米）	胸围（厘米）	发育特点
1月	男	3.6～5.0	52.1～57.0	35.4～40.2	33.7～40.2	宝宝开始有规律地吃奶，因此生长速度非常快，随着宝宝进入第四周，宝宝的运动能力有了很大的发展。宝宝现在非常可爱，圆鼓鼓的小脸，粉嫩的皮肤
	女	3.4～4.5	51.2～55.8	34.7～39.5	32.9～40.1	
2月	男	4.3～6.0	55.5～60.7	37.0～42.2	36.2～43.4	两个月的宝宝日常生活开始规律化，也形成了固定的吃奶时间。作为家长的你，要定时给宝宝做抚触和被动操，经常抱宝宝到户外活动
	女	4.0～5.4	54.4～59.2	36.2～41.0	35.1～42.3	
3月	男	5.0～6.9	58.5～63.7	38.2～43.4	37.4～45.0	3个月的宝宝日常生活更有规律，做操基本可以很好配合
	女	4.7～6.2	57.1～59.5	37.4～42.0	36.5～42.7	
4月	男	5.7～7.6	61.0～66.4	39.6～44.4	38.3～46.3	4个月的宝宝，头围和胸围大致相等，比出生时长高10厘米以上，体重为出生时的2倍左右。俯卧时宝宝上身可以完全抬起，与床垂直；腿能抬高踢去衣被及吊起的玩具
	女	5.3～6.9	59.4～64.5	38.5～46.3	37.3～44.9	

（续表）

年龄/性别		体重（千克）	身高（厘米）	头围（厘米）	胸围（厘米）	发育特点
5月	男	6.3 ~ 8.2	62.3 ~ 68.6	40.4 ~ 45.2	39.2 ~ 46.8	5个月的宝宝，在饮食方面，妈妈可以开始为断奶做准备了
	女	5.8 ~ 7.5	61.5 ~ 66.7	39.4 ~ 44.2	38.1 ~ 45.7	
6月	男	6.9 ~ 8.8	65.1 ~ 70.5	41.3 ~ 46.5	39.7 ~ 48.1	在喂养方面，宝宝差不多已经开始长乳牙了，可以添加肉泥、猪肝泥等辅食
	女	6.3 ~ 8.1	63.3 ~ 68.6	40.4 ~ 45.2	38.9 ~ 46.9	
7月	男	7.4 ~ 9.3	66.7 ~ 72.1	42.0~47.0	40.7~49.1	宝宝头部的生长速度减慢，腿部和躯干生长速度加快，行动姿势也会发生很大变化。随着肌肉张力的改善，宝宝的姿势变得更加直立
	女	6.8 ~ 8.6	64.8 ~ 70.2	40.7~46.0	39.7~47.7	
8月	男	7.8 ~ 9.8	68.3 ~ 73.6	42.4 ~ 47.6	40.7 ~ 49.1	宝宝在8个月后逐渐向儿童期过渡，此时的营养非常重要，否则会影响成年身高。8个月的宝宝一般能爬行了
	女	7.2 ~ 9.1	66.4 ~ 71.8	41.2 ~ 46.3	39.7 ~ 47.7	
9月	男	8.2 ~ 10.2	69.7 ~ 75.0	43.0~48.0	41.6~49.6	9个月宝宝头部的生长速度减慢，腿部和躯干生长速度加快，行动姿势也会发生很大变化
	女	7.6 ~ 9.5	67.7 ~ 73.2	42.1~46.9	40.4~48.4	
10月	男	8.6 ~ 10.6	71.0 ~ 76.3	43.8 ~ 49.0	41.6 ~ 49.6	不要强迫宝宝吃不喜欢的食物，逐渐将辅食变为主食。此时，婴儿的身体动作变得越来越敏捷，能很快地将身体转向发出声音的地方，并可以爬着走
	女	7.9 ~ 9.9	69.0 ~ 74.5	42.1 ~ 46.9	40.4 ~ 48.4	
11月	男	8.9 ~ 11.0	76.2 ~ 77.6	43.7~48.9	42.2~50.2	此阶段宝宝的辅食开始变成主食，应该保证宝宝摄入充足的动物蛋白，辅食要少放盐、糖
	女	8.2 ~ 10.3	70.3 ~ 75.8	42.6~47.8	41.1~49.1	
12月	男	9.1 ~ 11.3	73.4 ~ 78.8	43.7 ~ 48.9	42.2 ~ 50.2	1岁宝宝刚刚断奶或者没有完全断奶，度过了婴儿期，进入了幼儿期。幼儿无论在体格和神经发育上还是在心理和智能发育上，都出现了新的发展
	女	8.5 ~ 10.6	71.5 ~ 77.1	42.6 ~ 47.8	41.1 ~ 49.1	

运动机能的发育

月龄	运动机能发育的表现
1个月	俯卧时能将下巴抬起一会儿，将头转向一侧；醒来时，显得非常活跃，会慢慢地转动头部，伸胳膊，蹬腿，能蠕动身体。宝宝出生后6周内，手总捏成拳头
2个月	俯卧时能把头稍稍抬起，直着抱的时候头已经能短暂竖起，仰卧时身体会随意运动，已经会吮吸手指。宝宝张开手的时间多了，会表现出有意识的运动，代替了抓握反射
3个月	此时直着抱婴儿，他的头已能居中稳定，能随意转动。俯卧时能抬头，能靠手脚运动转动身体。仰卧时可举起手脚。手可张开，会随意抓握或放在胸前，开始意识到自己的手
4个月	婴儿的头部已经能够稳定居中，并且能够灵活转动，俯卧的时候能够用手撑起头和胸部，已经会翻身，能够比较灵活地变动姿势；扶着他能坐稳。婴儿会用手抓碰到的东西，而且能扶着奶瓶自己吃奶
5个月	婴儿靠着能够坐稳，俯卧时在前臂的支持下能将胸抬起。手和眼逐渐协调，伸手抓东西会慢慢准确，能拍、摇、敲玩具，可以同时拿两个东西
6个月	宝宝会用手支着坐起来，靠着能坐稳，扶着他的腋下能站会跳跃。婴儿已经可以用两只手交换玩具，抓住玩具会自动摇敲。如果有一块布蒙在他脸上，他会熟练地把布拿掉
7个月	婴儿已经能长时间地靠着坐，不用家长扶着也不会摇晃、前倾。会自己坐起来，躺下去。抓取物品更准确，会用拇指和其他手指捏取小东西
8个月	爬行能力越来越进步，从匍匐前行到四肢能撑起躯干灵活爬行；会朝自己看中的目标爬去并摇晃它。活动范围扩大至整个房间。能把东西递给你，但还没有学会怎样松手
9个月	婴儿可以在父母的帮助下站立片刻，能够用拇指、食指抓取小东西，两手握着物品玩耍，喜欢把手中的物件放入盒内或从盒里取出
10个月	身体动作变得越来越敏捷。能很快地将身体转向有声音的地方，并可爬着走。坐着时不会失去平衡，能左右摇摆和转身，扶着家具站稳。穿衣时会主动地伸手，穿鞋袜时会伸脚
11个月	手指动作更加灵活；能扶着东西站起来，寻找可以玩的东西。能单独站立片刻
12个月	宝宝扶着一只手能往前走一小段距离，不要别人帮助能从站立的位置坐下，能坐着转身。可以用拇指尖与食指尖抓起很小的物体。宝宝可以把物体从一只手放到另一只手，两只手可以同时各拿一件物品。用匙吃东西时仍然需要帮助

语言能力的发育

月龄	语言理解能力的发育	语言表达能力的发育	语言发育的规律
1~2个月的宝宝	对声音以惊奇的表情做出反应，能注意讲话人的脸，听到父母的说话声表现出愉快，对大的响声做出惊吓和注视反应，引逗时能微笑	会轻轻发声，会发"咕咕""咯咯""啊啊""喔喔"的音，并能发出尖叫声	从哭声、吸吮、吞咽动作中演变而发出一些声音，特别是他们在吃饱、睡足处于舒适状态时发出的声音，呈自然反射性发声，大多是元音，有辅音与唇音出现，偶然出现双元音
3~4个月的宝宝	对不同声音能做出不同的反应，头能转向发声的方向，能追声	会使用两个不同的元音，能"咿咿呀呀"地反复发声	发声发音的数量和频率增多，辅音增加，出现了舌尖音和唇齿音
5~6个月的宝宝	听到叫自己的名字时能做出一定反应，会以不同的声音表达不同的感受，对大人的讲话以发声作为回答	能发出辅音与元音的组合，如"ba""ma""pa"，可模仿发出连续的单音节及唇音	发音数量继续增加，并出现了辅音的重复，已能模仿出单音节的发声
7~8个月的宝宝	能安静地注意听人讲话或注视物体，听到"妈妈"的词语时能把头转向妈妈，听到"再见"时会摆摆手，已显现出初步的言语理解能力	模仿言语，学会调节与控制发音，会发出多种有节奏的重复同一音节的声音，如说"ma-ma-ma""ba-ba-ba"等重复音节，能有意识地"对话"	发音中辅音发展快，无规则的发音达到高潮
9~10个月的宝宝	对"坐""走""吃""喝"等词语能理解并做出反应，出现交流手势。懂得自己的名字，叫他的名字时有反应，听到熟悉的人称时能转头到处寻找	常无意识地发出一连串重复的连续音节，如"da-da-da""ba-ba-ba""ma-ma-ma"等言语，而且还常常带着一定的声调，模仿语言增多	模仿发音频率达到高峰，并出现模仿语言，模仿说出"爸爸""妈妈"，但无所指，有时说出令人难懂的发音
11~12个月的宝宝	逐步理解常用物品的名称，会伸手表达"要"的意思，向他说"把某物给我"时能理解，会用点头、摇头表示行与不行	能有意识地叫"妈妈""爸爸"，模仿发音越来越多，尽管发音不清楚，但能准确地说出几个单字	模仿双音节言语继续发展，能说出个别有意义的一个词和一连串重复的字

认知能力的发育

认知能力指的是宝宝获得知识和利用知识的能力。宝宝的认知能力是在训练中得到强化和巩固的，关键是要多接触周围事物，多活动，这样在不知不觉中，宝宝就变得聪明多了。

月龄	认知能力发育的表现
1个月	宝宝没有意识到自己出生后就已经是一个独立的人了，尤其是和母亲，他认为还像十月怀胎时那样是一体的。他希望得到所有需要的东西，你会发现宝宝有时候警觉而主动，有时观察但被动，有时易被激怒。实际上宝宝一天有6种要循环几次的知觉状态。即：深睡眠、浅睡眠、嗜睡、平静而警觉、活动而警觉、哭泣
2个月	追踪红色玩具。当你吻他或者其他人挠他痒痒时，他会对你们微笑。他还会记住哪些玩具是喜欢的，哪些玩具踢一踢就能发出声音。6周左右的时候，宝宝能发出生平的第一个元音"喔"或"啊"，而且跟大人们交谈时会更加兴奋
3个月	宝宝会和熟悉的所有人玩，包括父母、兄弟姐妹等，甚至会对任何人微笑。他还会时不时地来点小幽默，而且还会试着学你说话，并乐在其中
4个月	能看着一个球从桌子这头滚到那头。能够立刻发现白纸上的一粒红色扣子或小丸。听胎教时听过的音乐会微笑入睡。对爸爸妈妈及照料自己的人很亲热
5个月	听到物体的名称时会找到目标。听到东西掉在地上的声音会看地面去找
6个月	对周围事物的兴趣已经很浓厚，抱到户外时经常天上地下看个不停
7个月	正在玩的玩具被人拿走会尖叫乱动表示反抗，能够试图寻找刚刚隐藏的东西，能够取出部分暴露、部分覆盖着的奶瓶，会用手指或用眼看3种大人说的物品所在的方向
8个月	听到大人说一个身体部位会做出相应的表示，如听到"眼"就挤眼等，能找到藏住大半的玩具，能听指令把物品给两个熟悉的人
9个月	会发出嘎嘎的笑声，会模仿动物叫声；对外界声音表示关心(注意或转头向声源)，开始理解"不行"等否定性命令，对"抱抱"等熟悉的语句也能做出相应的反应
10个月	能认识4处身体部位，并能细化手部的名称，如大拇指等。宝宝知道"我"的意思，会运用"我"字。宝宝能正确区分大小、多少、高低、长短
11个月	能按大人的吩咐找出3张图片，喜欢模仿大人和自己的玩具娃娃玩"过家家"
12个月	具备了由意识支配行动的本领，能找回椅子后面的玩具，能设法抓取自己够不到的玩具

思维能力的发育

时间段	思维能力发育的表现
3个月	3个半月大的婴儿已具有思维，婴儿从很小的时候就可以通过观察，来判断事物的可能性和不可能性。而且婴儿存在意识，如婴儿看到了某种物体并在脑中留有印象，物体从眼前消失了，但物体的影像依然保留在他们的意识当中
4个月	宝宝已经有了初步的思维能力，当他想要表达自己的某种需要时，会考虑采用一种方法或手段。如当宝宝想拿床边放着的食物而够不着时，会用哭来寻求成人的帮助
5个月	宝宝表现出强烈的模仿愿望和兴趣，宝宝听见大人嘴里常说"爸爸、妈妈"，虽然他并不理解这是什么意思，他也会模仿着发出"ba-ba，ma-ma"的音
6个月	宝宝记忆力进一步发展，对于经常照顾自己的人，隔一周不见面，仍然会认识
7个月	宝宝的记忆力有了明显的进步，能够记住父母经常反复说的话或做的动作，注意力比前几个月持续的时间更长了，尤其是对于自己感兴趣的东西的注意力会更集中。如果给他一个新鲜的玩具，宝宝会自己拿着这个玩具很专注地玩上一小会儿。宝宝会通过一些小的探索和尝试来发现一些问题。如在家长的指导下尝试着想出盖上盖子的办法
8个月	当从宝宝处拿走东西时，会遭到强烈的反抗；在宝宝面前出示两件物品，宝宝会对不想要的物品做出推开的表示；被责骂时宝宝会哭；此时的宝宝感觉能力有了进一步发展，但由于言语和思维发展还处于较低的水平，主要还是依靠感知觉来认识事物
9个月	喜欢和大人玩游戏，听大人对他的言语、行动表示称赞和喝彩。有时，宝宝会对物体的不同形状构造发生兴趣而对物体进行仔细观察。注意力有所提高，可集中注意15～20秒；能记住自己的名字，听到有人叫自己的名字会回头
10个月	宝宝能记住和分辨大部分亲人，并且知道他们的称呼。这时候的宝宝还能模仿看到的简单动作，模仿听到的简单声音。宝宝的思维也有了一定的发展，认识能力有所提高。能用手指出自己的身体部位，对于常见的图片，能按名称找出相应的图片来
11个月	宝宝认识的事物更多了，明白家中电器的作用，认识家中的挂钟、冰箱、热水器，有的宝宝还会打响嘴，说简单的话更加流利。会察言观色，知道逗妈妈开心
12个月	宝宝会记得不在眼前的物体，而且能够准确认识物体所在的方向。宝宝学会搭2～3块积木，学会翻图画书的书页。宝宝对图画书上面的彩色图画很感兴趣。喜欢用笔在书上、墙壁上和衣服上乱涂乱画。宝宝会用手指和东西戳洞，更具探索性和好奇心

视觉能力的发育

时间段	视觉能力发育的表现
1个月	此时的宝宝的注视距离为15～25厘米，太远或太近虽然能看到但看不清楚，当宝宝看到熟悉的或者自己喜欢的人或者物时就会表现出兴奋，眼睛也会发亮
2个月	宝宝的眼睛很喜欢追随移动的物体，喜欢把头转向灯光和有亮光的窗户，喜欢看鲜艳的颜色。有些斜视的宝宝，满2个月时一般都能自行矫正过来
3个月	宝宝仰卧，当物体刚越过脚时，他便会立刻注意去看；宝宝的眼能跟随并注视物体，让宝宝仰卧，头偏向一侧，当玩具从一侧进入宝宝视线时，会引起宝宝注意
4个月	开始对颜色产生了分辨能力，对黄色、红色最为敏感，见到这两种颜色的玩具很快能产生反应，对其他颜色的反应要慢一些
5个月	宝宝观察周围环境的兴趣进一步提高，只要双手能够摸到的物体，都会伸手去够；只要是眼睛能够看到的地方，都会仔细看。能两眼集中注视一些小的东西
6个月	宝宝已经能够分辨人物的细微差别了，能清辨分辨爸爸和妈妈、生人和熟人。视野在逐渐扩大，可辨认比以前更多的颜色，包括红、黄、蓝、绿等7种颜色。不过，宝宝仍然比较偏爱红色。宝宝已经能够辨认一些玩具和日用品了，如奶瓶、小勺、玩具狗等
7个月	宝宝的视力已经接近成人了，视神经也充分发育了，视觉范围越来越广了，视线能随移动的物体上下左右地移动，能追随落下的物体，并能辨别物体大小、形状及移动的速度，能看到小物体，能开始区别物体简单的形状的不同。开始害怕边缘和高处
8个月	视觉的清晰度和深度已经基本上和大人一样了。他的视力已经足以辨认房间另一边的人和物体了。这时宝宝眼睛的颜色很可能也基本固定了
9个月	宝宝懂得常见人及物的名称，会用眼注视所说的人或物，能准确地观察大人们的行为
10个月	将宝宝带到动物园或给一本动物画书，宝宝能够准确地找出对应的动物，能够观察出各种动物的特点，如小白兔的耳朵长，大象的鼻子长等等
11个月	宝宝见到爸爸和妈妈时，能主动称呼"爸爸"和"妈妈"，能发现并找到大人所说的东西，当妈妈问"灯在哪里"时，宝宝会用目光找或用手指示，以表明他认识灯
12个月	宝宝对于自己感兴趣却不能碰触到的事物会产生极大的兴趣，会总是观察，会在大人到来时带着大人去看

听觉能力的发育

时间段	听觉能力发育的表现
2个月	宝宝最早能分清的，是妈妈的声音，正在哭闹的宝宝一听到妈妈的声音，可能暂时止哭，显出专心的神态，如果妈妈声音一停，便又哭闹起来。有的宝宝听到风琴声、唱片音乐就会止哭静听，宝宝还不能辨别复杂的声音，但是宝宝听到噪声会皱眉、烦躁；优美舒缓的音乐会使宝宝安静，还会把头转向音乐方向
3个月	宝宝的听觉能力也逐步提高。在听到声音后，头能转向声音发出的方向，并表现出极大的兴趣。当成人与他说话时，他会发出声音来表示应答。宝宝能够静静地听音乐，并能区分音色，更喜欢优美抒情的音乐，能够区分男声和女声
4个月	已具有一定的辨别方向的能力，听到声音后，头能顺着响声转动180度
5个月	已经能够集中注意力倾听音乐，并且对柔和的音乐声表现出愉悦的情绪，会随着音乐的旋律摇晃身体，虽然不能与旋律完全吻合，但已经有节奏感了
6个月	能分辨出自己的声音，还能变换声调。宝宝的听觉与反应也具有了连贯性，宝宝听到一个声音在他的左耳上方出现时，在将头转向左侧的同时就抬起头
7个月	宝宝已经能够听懂一些音节，能够对"不"有反应，当听到"不"或"不动"的声音时，能暂时停一下手里的活动，稍后会继续做自己的事。宝宝能够听懂自己的名字，当妈妈叫宝宝名字时，宝宝会有反应，这是宝宝能分辨自己名字的表现
8个月	宝宝在发音能力上，能够发出类似"妈妈"的音，但是此时仍旧是毫无意识地叫。宝宝听到自己熟悉的音乐时，能够跟着哼唱，并肯定其发音与音乐有关
9个月	喜欢双手拿东西敲打出声，能听懂日常指令。有的宝宝对陌生人及其声音害怕
10个月	此时宝宝可以分辨父母及家里其他人的脚步声和说话声了。当门外有脚步声响起时，可以和宝宝一起玩个"猜猜他是谁"的游戏
11个月	在听了一段音乐之后，能够模仿其中的一些；在听了动物的叫声以后，也可以模仿动物的叫声
12个月	虽然还不会说几句话，但是却能听懂许多话的意思。婴儿就是靠听妈妈爸爸和周围人的说话，靠观察父母说话时的口型，靠妈妈日常和婴儿说话来学习语言的

宝宝的饮食营养

满月后的宝宝，是胎儿与新生儿的继续。这个阶段的宝宝机体非常脆弱，消化系统还没有完善，但生长发育却特别快，因此这个阶段的营养非常重要。胎儿和婴幼儿时期的营养与健康状况关系到成人慢性病的发生发展。因此，需要爸爸妈妈的科学喂养和合理膳食的指导，使其顺利成功地过渡到进食成人食物阶段。

母乳喂养的艺术

继续母乳喂养

刚满月的宝宝胃口非常大，食欲也很好，生长发育非常快。

满月后的宝宝会逐渐形成吃奶的规律，这使得妈妈的哺乳工作更加得心应手，这个时候每天哺喂即可。此时的宝宝更加惹人喜爱了，宝宝喜欢吃完奶后继续躺在妈妈的怀里撒娇。

不过，需要注意的是，在宝宝吃奶的时候，千万不能让宝宝边吃边玩，这样很容易养成宝宝吃奶没有规律的习惯。

母乳喂养的妈妈要防止营养过剩

有的妈妈在生完宝宝后，最难受的事情就是坚持每天都在被动地大鱼大肉、汤汤水水的进补。不吃吧，真觉得对不住从早到完忙碌的婆婆和妈妈；吃吧，又真觉得实在不应该这样狂吃海补，更何况就这么个吃法，奶也没见得多好。

要知道，过量摄取营养容易使大量分泌的奶水淤滞于乳腺导管中，导致乳房发生胀痛。另外，过量摄取营养会使产妇的身体肥胖起来，不仅使外形难以恢复，影响心理健康，还会导致体内糖和脂肪代谢失调，增大糖尿病、冠心病等疾病的发生率。另外，过量摄取营养也容易使宝宝吸收过量，引起宝宝的肥胖。

■1.及时、适量、科学地补养；哺乳期不可偏食。并且，不要分娩后马上开始进食猪蹄汤、鲫鱼汤等高蛋白、高脂肪的饮食。分娩后第一周食物宜清淡，应以低蛋白、低脂肪的流质为主。

2.第一周过后，可适当增加营养，可根据个人口味、平时习惯，适当多吃一些促进乳汁分泌的食物，如鲫鱼、猪蹄及其汤汁，还可适当多吃黄豆、丝瓜、核桃仁、芝麻之类的食物。

过早用奶瓶，当心宝宝乳头错觉

乳头错觉是指婴儿在出生后早期，由于过早使用奶瓶而出现了不肯吃母乳的现象。吸吮乳头和吸吮奶嘴需要两种截然不同的技巧，奶瓶的奶嘴较长，婴儿吸吮起来省力、痛快。宝宝一旦习惯了这种奶头，再吸妈妈的奶头时，会觉得很难含住，也很费劲，就不愿再去吃母乳，从而导致母乳喂养失败。

尽量避免使用各种奶嘴及奶瓶。妈妈可以把母乳挤出，用滴管或勺子喂哺宝宝。此时尽量不要用奶瓶，以避免宝宝产生乳头错觉，将来继续吸吮母乳。

如果宝宝已经产生了乳头错觉，不愿再吸吮母乳时，一定要先停喂配方奶。一开始，宝宝可能吃上两口母乳后就会拒绝，并哭闹起来，等着妈妈用奶瓶给他喂配方奶。这时，妈妈一定要坚持不给宝宝喂配方奶。也许宝宝就吃一点点，但吃得少不要紧，可以多给宝宝喂上几次。只要妈妈坚持下去，宝宝一定会重新适应吃母乳。

育儿心得

育儿小讲堂　宝宝一吃就拉怎么办

人们都说，小孩是直肠子，一吃就拉。这个月龄段的宝宝会出现这种情况。刚给宝宝换上尿布，抱起来吃奶，没吃几口，就听到拉屎的声音。这时不要急于换尿布，否则会打断宝宝吃奶，导致吃奶不成顿，还容易加重溢奶，增加了护理的负担。所以，妈妈应该任其去拉，等到宝宝吃完奶拍嗝后再换。

需要注意的是，不马上更换尿布，宝宝容易发生尿布疹，可以在给宝宝洗净臀部后，涂抹一些鞣酸软膏，防止红臀。

喂奶的分量与间隔

根据统计，70％的哺乳妈妈最困扰的是不知道小孩是否吃饱了。因此很多忧虑的妈妈，忍不住在哺乳后又冲泡牛奶给宝宝吃，似乎唯有亲眼看见奶瓶的奶被灌下婴儿口中才安心。到底如何分辨宝宝是否吃饱了？

喂奶的分量与间隔

月份	母乳分量 （每24个小时）	喂食次数 （每24个小时）	吸食时长 （分钟，每边乳房）
出生	570~630ml	10~12	7~10
1~2	630~830ml	7~8	10~15
2~3	740~860ml	6~8	10~15
3~4	740~1060ml	5~7	10~15
4~5	740~1140ml	5~7	10~15
5~6	800~1000ml	4~6	10~15
6~7	800~1000ml	4~6	10~15

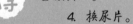

当宝宝喝奶没喝饱却困了的时候，妈妈可以：

1. 变换喂奶方式，使宝宝睡不安稳。
2. 轻轻揉擦宝宝的脚底。
3. 用冷毛巾敷在宝宝额头上。
4. 换尿片。
5. 给宝宝洗个澡。

母乳因为容易消化，可百分之百地为婴儿肠胃吸收，所以喂食间隔较短。哺乳时，要注意婴儿口腔姿势是否正确（舌头须贴在下颚），有时婴儿困了，舌头就会跑到乳头旁边（应在乳头下方），虽然有吸奶的动作，但其并不在吃奶。遇到这种情形，分辨的方法是注意有否吞咽声，若有乳汁流入喉咙的声音，那就无妨，不然要想办法唤醒宝宝。

有些宝宝的舌头会调皮地跑到乳头上方，这时会发出啧啧的吸食声，妈妈要尽早纠正；有些宝宝会将乳头当成奶嘴，这时宝宝的舌头会在乳头尖端，妈妈也要尽快纠正，不然婴儿不但无法吃饱，还会造成妈妈乳头酸痛，而乳房因为没有正确的吸吮刺激，也无法产生足够的奶水。

另一种辨识法是根据宝宝的大便来观察。吃进去的一定会拉出来，如果宝宝每天使用8~10片尿片，并有正常的大便，体重、身高也持续地正常增加，即可确定宝宝确实吃饱了。通常宝宝在第6个星期和第3个月时，会经历快速成长期，吃奶量会突增，因此妈妈要有准备，在此之前，多喝水、多吃营养的食物、多休息，使宝宝有足够的奶水。喝母乳的小孩，在6个月前，可以不吃任何副食品，只要吃母乳，就可聪明、健康、茁壮。

如果妈妈喝了酒怎么办

如果妈妈偶尔喝了一点酒，那这段时间尽量不要给宝宝喂奶，饮酒至少2小时后再给宝宝哺乳。如果酒后不到2小时给宝宝哺乳，宝宝可能吃得不多。这是因为他们不喜欢带有酒的味道的乳汁，宝宝也有可能会有"醉"的感觉，睡眠会变得短而频繁。同时，不必担心这两个小时内分泌的乳汁会含有酒精而排空乳房，舍弃这些乳汁，因为乳汁中酒精的浓度和妈妈血液中的酒精浓度是相同的。

所以，没有必要把乳房中的乳汁排空，只能是等血液中的酒精代谢掉，乳汁中的酒精也减少了后再给宝宝哺乳。

各种解决胀奶的办法

妈妈在分娩后往往会出现胀奶的问题，这是因为产后催乳素的分泌使乳腺细胞分泌乳汁，乳腺组织膨胀造成的。胀奶时，乳房比较硬挺，有胀痛和压痛，甚至还有发热的感觉，表面看起来光滑、充盈，乳晕也变得坚挺而疼痛，不但妈妈有胀奶的疼痛感，宝宝也很难含住乳头。开奶越晚，胀奶的问题就会越严重。

很多办法都能很好解决这个问题。

● 热敷

热敷可促进乳腺周围组织的循环，也可以将乳腺中的乳块散开，解决阻塞乳腺管的问题，要注意毛巾的温度不要过高以免烫伤皮肤，同时要避开乳头和乳晕。

● 吸奶器的使用

胀奶主要是乳汁分泌不通畅或者分泌过多，又没有宝宝的吸吮所致。如果这时宝宝含不住乳头，可以借助吸奶器将乳汁吸出，给宝宝喂奶，也解决了妈妈胀奶的痛苦。

● 按摩乳房

按摩乳房最好是在热敷完乳房后进行，这时乳房的组织循环较好，按摩也能起到更好的效果。按摩乳房的方法很多，可以用双手托住一侧乳房，并从乳房底部交替按摩至乳头，将乳汁挤出在容器中。等到乳房变得柔软了，再给宝宝喂奶，宝宝就能很好地含住乳头了。

早产儿的母乳喂养

母乳是婴儿，尤其是早产儿最理想的食品，因为它能充分满足早产儿的营养需要，有利于早产儿的消化吸收，提高早产儿的免疫能力。过去早产儿母乳喂养率低，主要原因是与妈妈分离时间长，妈妈对哺乳缺乏信心，且对早产儿的妈妈的乳汁特性认识不足。妈妈应充满信心，喂好早产儿。

■ 过去人们常常用热敷来对付这种情况，但我们在了解了胀奶的原理以后，发现热敷其实会使胀奶更加严重。你可以冷敷或用冰袋（在皮肤与冰袋之间垫一层布，以免冻伤），直到肿胀减轻，奶水流出。冷疗法也能缓解乳房的发热和疼痛。

在家的时候，你可以通过站在温水中淋浴、泡澡，或在喂奶前温敷乳房10分钟，来防止胀奶。这样做能引发你的泌乳反射。

■ 喂奶本身就是个自我放松的循环，你喂得越多，起镇定作用的激素分泌得就越多，喂奶也就更顺利。

怎样才能增加乳汁的分泌量

暂时哺乳危机是怎么回事

暂时哺乳危机，又叫暂时性母乳供应不足，多在宝宝出生后的3个月里发生。大多数妈妈都可能出现这种情况：原本分泌旺盛的乳汁突然没有了，乳房不再发胀，身体也检查不出异常。

引起暂时哺乳危机的原因很多，比如说身体疲劳，环境的突然改变而尚未适应，或者月经恢复了，又或者宝宝的生长速度突然加快等。妈妈一定要相信这是一种暂时现象，只要保持心情愉快，树立信心，保证足够的休息，同时多吃一些促进乳汁分泌的食物，坚持每次两侧乳房都要让宝宝吸吮10分钟以上，哺乳危机很快就会过去。

其间，一定要坚持不加配方奶粉或其他辅食，一般来说，一周左右，危机很快就会过去。

增加哺乳次数

切记母乳哺养的3个重要部位：乳房、婴儿和大脑。要增加自己的乳汁分泌，需要婴儿多吮吸乳房，增加对乳腺的刺激。同时，母亲的大脑会自觉做出反应，把哺乳放在第一位，准备好了开始哺乳。至少每两个小时就要给宝宝喂一次奶。如果宝宝白天睡觉时，一次超过两小时，需要将其唤醒喂奶，晚上也要至少一次唤醒宝宝来吃奶。

只要母亲们给宝宝喂奶，宝宝就会吮吸，宝宝总能吃够自己所需要的量。但是，也有特殊情况出现，如有些宝宝嗜睡或过于乖性儿，如果母亲们不主动喂哺，他们常常不能吃到足量的奶水。如果您有这样的宝宝，就一定要注意增加宝宝的哺乳次数。

对哺乳充满信心

母乳哺养是一项需要信心的工作，要坚信你能很好地哺乳。假如你能用母乳有效地喂哺宝宝，你的乳房也会分泌更多的奶水。很少有母亲奶水不足，不能哺乳的情况。也许你会感觉生活压力太大，不能更好地用母乳喂哺宝宝，这种想法是不对的。

纵观历史，无论在战争、饥荒或个人受挫折和灾难的情况下，妈妈总能成功地养育她的儿女。可请专业人士帮忙联系本地婴儿保健组织的负责人或专业顾问，询问他们有关增加产乳量的小窍门，这是妈妈必须做的。顾问能帮你更好地了解到宝宝的喂哺情况，以便母亲们能更有效地哺乳。

延长哺乳时间

不必限制宝宝在每一侧乳房的吃奶时间。每次都让宝宝吃尽一侧的乳房后再去吃另一侧。这样可保证宝宝能吃上由于乳汁喷射刺激产生的高脂的后乳，从而填饱肚子。

假如妈妈太快地把宝宝从一侧乳头挪向另一侧，宝宝只能吃到两侧乳房中的前乳，这样可能会吃饱，但是没有吃好，因为宝宝并未从后乳中获取到维持生长所需的足够的热量。

● 尝试交替式哺乳

通常，宝宝在一侧乳房吸食15分钟左右，然后转向另一侧乳房，完成哺乳过程。这种方法并不适合一些吮吸较慢或容易在哺乳过程中入睡的宝宝。

采用交替式哺乳时，你应注意观察宝宝。让宝宝先在一侧乳房吮吸，直至吮吸、吞咽的强度减缓。在宝宝吃饱了开始寻求舒适的吮吸时，把他换到另一侧乳房，鼓励他继续吮吸，直到停止。然后，再把宝宝换回第一侧乳房，最后，在第二个乳房停止哺乳。通过两侧乳房的转换，不时地唤醒宝宝，刺激他长时间地吮吸、吞咽，可迫使他吃到更多浓稠、高热量的后奶。

这种方法尤其适合那些嗜睡的婴儿，他们常常还未吃够维持生长所必需的"成长奶"就会沉沉睡去。

另外一种刺激婴儿积极吃奶的办法是在给宝宝换乳房哺乳时，帮助宝宝打嗝（这种方法也被称作打嗝换位技巧）。

● 尝试两次哺乳法

宝宝吃完奶后，可以抱他一下，不要让他立即入睡。把宝宝向上抱起持续10~15分钟，让宝宝打嗝。这样可帮助宝宝再吃一些奶。此时，用两侧的乳房把宝宝再喂一遍。两次哺乳法与交替式哺乳一样，都能刺激乳房产生更多的乳汁，增加母乳中热量的含量。

■ 哺乳时，母婴之间肌肤相触可以使嗜睡的宝宝能更好地吃奶，同时，使母亲的乳汁分泌增多。做妈妈的也可脱去一些衣服，尽量与宝宝肌肤相触。如果怕宝宝着凉，可在宝宝背上盖条毯子。

对于那些吸吮能力较弱或者在喂奶的时候哭闹的宝宝，吃奶的时候经常是吃几口就睡着了，妈妈应该把奶头动几下，刺激宝宝的嘴唇，让其继续吃奶。一定要注意，必须让宝宝一次吃饱，否则宝宝等不到下次吃奶的时间就会饿了，又会哭闹。而等哭累了，要吃奶的时候就又会吃几口睡着了，长此下去就会形成不良的生活习惯，不但影响了宝宝的生长发育，还会影响妈妈的生活。如果母乳充足，2～3个月的宝宝平均每天体重会增加30克左右，身高每月会增加2厘米左右。吃奶吃得比较多的宝宝，喂奶时间间隔会变长。

睡眠哺乳

这是最为有效的刺激乳汁分泌的方法之一。和宝宝一同躺在床上哺乳，不仅使母婴双方都感觉舒适，而且可延长哺乳时间，增加哺乳次数。同时，还刺激了母亲泌乳激素的提高。睡眠时，泌乳激素与生长激素都在增加。生长激素会影响乳汁分泌，而且两种激素互相促进。奶制品工业运用了牛生长激素来增加牛奶产量。科学研究中，人类生长激素也被用来促进早产婴儿母亲的乳汁分泌。

●集中精神

没有什么比喂哺你的宝宝更重要的事！也许你有大量的工作，感觉没有足够的时间来照顾自己的宝宝。为了使妈妈产生更多的奶水，必须把喂哺工作和保重身体摆在第一位。把其他工作给别人去做吧，除了给宝宝哺乳以外，新妈妈完全可以信任宝宝的爸爸所做的一切家务事。

假如你总做一些极具竞争性的活动，总处于紧张、压力下，身上的催乳激素便不能达到分泌的最佳水平。

同时，要注意保持充足的休息，这样才能给宝宝更多的奶水，你应该保持精力充沛。要好好地放松自己，充分休息，适当做一些运动，可泡一下温泉、散散步、每天小睡几次等。无论用什么方法放松，都是为了更好地养育宝宝。适当的放松可以减少产生压力的激素分泌，从而增加产奶激素的分泌。你根本不必做什么家务，这些家务都不会帮你很好地分泌乳汁。宝宝入睡了，你也跟着休息，不要在这段时间里去做其他的事情，其实跟着宝宝睡觉就是一件头等重要的大事。

●不要使用奶瓶和橡皮奶头

你必须全部用母乳来喂哺你的宝宝。用配方乳品喂养会影响母亲奶水的供给，同时还破坏了宝宝的需求平衡。即使有医生建议确实需要给宝宝补充增加乳品配方，也应尽量避免使用人造的橡皮奶嘴。喂哺时与宝宝身体的肌肤接触，可以提高妈妈的乳汁分泌水平。有时，不是你奶水不够，而是宝宝没有吃够。奶水分泌反应会把乳腺分泌的奶水挤压到奶水输送管和奶窦里，这都是宝宝能吮吸到奶水的地方。在喂哺之前，尽量想象宝宝在很舒服地吮吸奶水，同时想象你的乳房正提供着优质的奶水来满足宝宝，这样便可以大大提高哺乳效率。

哺乳期的妈妈要做好乳房的护理

母乳哺养期间，妈妈不但要做好自我心理护理及乳房护理，也要具备喂养、护理宝宝的基本知识和技能，使自己和宝宝共同度过和谐幸福的哺乳期。

乳房酸痛的解决办法

乳房酸痛是很多妈妈都会遇到的问题，它会影响妈妈哺养的情绪，从而影响乳汁的分泌和宝宝的进食。乳房酸痛通常是乳房过度充盈即乳房内血液、体液和乳汁的积聚造成的，这是由于不适当或不经常哺乳所致，通常在24～48小时内进行有效护理会有助于减轻症状。

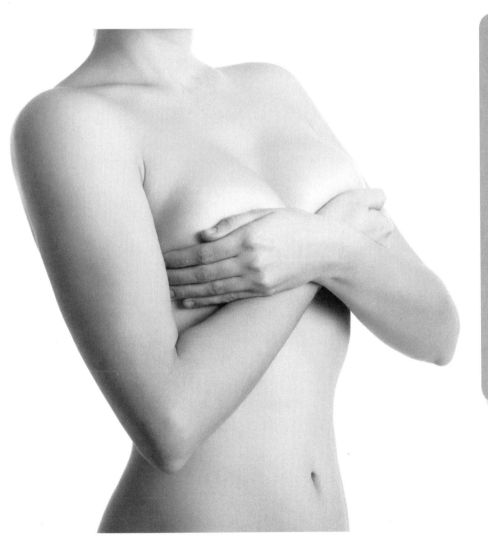

育儿心得

改变哺乳的姿势可以减轻宝宝吸吮时由于不正确的姿势对乳房产生的压力所引起的乳房疼痛。

在哺乳前，用湿毛巾湿敷乳房3～5分钟，随后柔和地按摩、拍打和抖动乳房，用手或吸奶器挤出足够奶汁使乳晕变软，以便宝宝正确地吸吮乳头和大部分乳晕。

比较频繁地哺乳，及时将乳汁排出，也是减缓酸痛的办法。

哺乳后，应戴支持胸罩，改善乳房循环，减轻乳房酸痛。

■ 哺乳的妈妈不仅要注意乳汁的分泌，而且要做好充分的乳房护理。

怎样预防和消除乳房肿块

各种原因使乳汁无法分泌而积存在乳房中，就有形成乳核进而变成乳房肿块的可能性，如果肿块中的乳汁又不幸被感染，则可能形成乳房脓肿，乳腺管阻塞就是乳房肿块的一个常见原因。很多细心的妈妈还会发现乳头上的白色凝集物，这也是乳房内乳汁积存的表现，此时乳房内还没有形成肿块，应积极预防。

哺乳妈妈要注意预防和应对乳腺炎

如果妈妈觉得有些累，觉得有点像是感冒了，那就要警惕是否得了乳腺炎。如果部分或全部乳房剧烈疼痛、红肿、发烫，甚至体温已经升高了，患乳腺炎的可能性就更大了，这时应该去看医生。

育儿心得

1. 每次喂奶前，用手将乳头上的白色凝集物去掉，以免阻塞乳腺管，影响宝宝的吸吮和乳汁的排空。

2. 预防乳房肿块的关键是防止乳汁的积存。喂奶时要两个乳房喂得均匀，不要偏爱某一侧，即使宝宝没有把两个乳房的奶都吃光，也要及时用吸奶器将乳汁吸出，减少乳汁的沉积。

3. 要时刻关心自己的身体，如果出现了乳房肿块，当然是肿块越小治疗越快。一般来说，医生会根据乳房肿块的大小、深度和位置来决定治疗方案。如果已经感染，则需要考虑是否使用手术治疗。无论怎样，都需要将乳房内的乳汁排干净。

育儿心得

1. 如果已经确诊为乳腺炎，则应积极配合医生的治疗。

2. 休息可以令哺乳更加舒服，排空乳汁可以防止乳汁在体内滞留而导致发炎；发热、疼痛时使用止痛药物是安全的，不会影响哺乳。

3. 必要时需要使用抗生素治疗，尤其是出现了发热、乳腺炎频繁发作时。

4. 妈妈的饮食宜清淡，如持续地发热则会引起水分过快消耗，需要及时增加摄入水分。

育儿小讲堂

患有乳腺炎的妈妈，不要因此而停止哺乳，停止哺乳使乳汁淤积，就是为细菌的生长提供了环境，造成乳房感染的加重，甚至形成脓肿，可能需要手术排脓。只有当脓液混入乳汁时才是停止母乳喂养的指征，但这时仍然需要借助吸奶器排空乳房。

小心妈妈的热奶

哺乳期妈妈的情绪易受到外界压力的影响，在愤怒、焦虑、紧张、疲劳时，内分泌系统也会受到影响，致使分泌的乳汁质量会产生变化，这时哺乳会有害宝宝健康，这时妈妈分泌的乳汁一般称之为"热奶"。

哺乳妈妈的乳汁是由其血气转化而成的。喜怒哀乐，都与血气化生有关。哺乳妈妈如果气血运行不正常，分泌的乳汁就会受到影响，这样会直接影响到新生儿的健康成长。所以，哺乳妈妈除了身体健康外，还要修身养性，让自己性情温和。因为哺乳妈妈的性情好坏会对宝宝产生很大影响，甚至影响其性格和智力的发展。由此可见情绪波动对乳汁质和量的影响有多大。

另外，处于哺乳期的妈妈在愤怒、焦虑、紧张、疲劳时，宝宝喝了妈妈的奶心跳也会随着加快，变得烦躁不安，甚至夜睡不宁、喜哭闹，并伴有消化功能紊乱等症状。妈妈经常性地生气发怒，体内就分泌出有害物质。有毒乳汁被宝宝吸入，会影响宝宝心、肝、脾、肾等重要脏器的功能，使宝宝的消化功能减退、生长发育迟滞、抗病能力下降。还会使宝宝中毒而长疖疮，甚至发生各种病变。

因此，哺乳期的妈妈尽量不要发怒生气。一旦发怒生气，切勿在生气后给宝宝喂奶，以免不利于宝宝健康。如要哺乳，最少要过半天或一天，还要挤出一部分乳汁后再哺乳。

你的宝宝吃奶时有这些毛病吗

在妈妈学习喂养的时候，应注意并纠正下面这些毛病。

● 缠住乳头不放

在喂养时，如果宝宝的头不是直面乳房，或宝宝的身体离开了你的身体，宝宝就会拽着你的乳头，导致乳头疼痛，乳头爆裂，以及乳汁释放不足。

纠正方法：把宝宝环抱在胸前，保证宝宝的头和身体在一条直线上，嘴在乳房的高度。可以用枕头把宝宝抬高。

● 拽乳头

宝宝在吮吸时来回地转头，他的齿龈就会产生使乳头疼痛的压力。在宝宝等待乳汁流出等得不耐烦，或者肚子痛时，就会这样做。

纠正方法：用支撑乳房向前的那只手来稳定宝宝的下颚，只要把拇指和食指放在宝宝的颚角就可以了。

● 紧紧咬住乳头

有时宝宝会把嘴唇向里翻，紧紧地包住乳头，这是一件会使乳头刺痛和乳汁释放不足的麻烦事。

纠正方法：翻下嘴唇，温柔地翻开宝宝的嘴，重新开始，注意宝宝靠近乳房时嘴一定要张开。

● 宝宝拼命地想咬住乳头

有些宝宝的嘴不能含住足够多的乳房，可能是因为宝宝的嘴太小，妈妈的乳头太大，或是乳房充血。遇到这种情况宝宝会沮丧地哭起来，或者一脸疑惑地在乳房前来回转头，拼命地去吮吸。

纠正方法：在乳晕处握住乳房，拇指放在上方，其他的手指放在下方，用手指挤压，同时向后推向胸部。这样拉长又压缩乳晕，能让宝宝更容易地咬住乳头。

如何判断宝宝是否吃饱了

新生儿时期，宝宝不会说话，无法用语言表达自己的想法。而新妈妈又经验不足，所以我们常常看到：一些宝宝因进食过多而导致消化不良、腹胀、腹泻，甚至造成宝宝消化系统的功能紊乱；也有一些宝宝因吃奶过少导致营养不良，影响生长发育。

怎样才能知道宝宝是不是吃饱了呢？这里介绍几种判断方法。

观察乳房及宝宝吃奶情况

如果乳房胀满，表面静脉显露，用手按时，很容易将乳汁挤出，宝宝吃奶时能听到咕噜咕噜的咽奶声，表示奶量充足；反之，宝宝吸奶时要花很大力气，或吃完后还含着乳头不放，或猛吸一阵便吐出乳头而哭闹，则表明母乳不足。

观察睡眠情况

正常的宝宝吃饱后会有一种满足感，能安静入睡2~4个小时。如果吃完奶后他仍哭闹不安，或睡不到一两个小时又醒来哭闹，说明没吃饱。但有时也有吃饱了仍不肯睡觉，或睡得不甜的情况，这则未必是没吃饱了。

体重测试

新生儿时期，宝宝每天体重增加30克。爸爸妈妈可以每周给宝宝称一次，如体重增加在200克以上，说明宝宝吃足了。不过，宝宝出生3~4天后会出现生理性体重下降，一般在7~10天后恢复到出生时的体重，这一阶段称体重宝宝没长是不足为奇的。

观察大便

大便的颜色和形状可反映宝宝的饥饱程度。母乳喂养的宝宝纸尿裤上经常有少量大便，如大便呈金黄色似软膏状，每天2~4次，表示能吃饱；如大便呈绿色，量少，并含有大量黏液，说明宝宝没吃饱。

■宝宝出生后前6个月，妈妈要坚持母乳喂养宝宝，既可以增强宝宝的免疫力，还能增进母子间的感情。

观察小便

母乳喂养不添加任何其他辅食的宝宝，一天如有6次以上小便，而且尿呈无色或淡黄色，说明奶量充足。如果母亲给宝宝饮水或其他饮料，就另当别论了。

吃母乳的宝宝生长缓慢的应对

母乳喂养的宝宝如果生长缓慢，体重和身高不如同月龄的宝宝，就要找一下原因，看看是否能改善宝宝的身体状况。

检查一下妈妈自己的情况	宝宝长期吃母乳，所以宝宝生长缓慢时妈妈就应该先从自身找原因，是否因为疾病，还是家务或工作忙而影响母乳的分泌，针对具体情况改善自己的状况
增加营养	如果宝宝生长缓慢，还有可能就是妈妈的营养不够，所以宝宝吃母乳之后也会因为缺乏营养而减慢生长的速度。妈妈可以多吃一些有营养，易分泌乳汁的食物，如鸡、鱼、肉蛋和一些汤类，如猪蹄汤、鸡汤、鱼汤等。但膳食要合理，不能一味地补充蛋白质丰富的食物，也要多吃一些维生素丰富的蔬菜和水果，这样营养才能均衡
时刻关注宝宝的情况	注意宝宝精神是否良好，环境是否安静，睡眠是否充足，衣物的冷暖是否恰当等，这些因素会影响宝宝对母乳的摄取和吸收。平时哺喂时也要尽量与宝宝交流，用微笑的眼神看着宝宝，这会让宝宝喜欢吃母乳，并胃口大开

育儿小讲堂　　母乳喂养与宝宝的体重增长

宝宝的发育应该根据多方面因素，包括地域、遗传等，进行综合测评。如果宝宝机敏活泼、皮肤滋润光鲜、肌肉紧凑结实、情感智力发育良好，那么就算体重有些偏差，他也是一个正常的宝宝。

另外，一般情况下纯母乳喂养的宝宝要比奶粉喂养的宝宝"苗条"一些，因为奶粉含有的脂肪是母乳的2～3倍，而且奶粉喂养的宝宝普遍添加辅食较早，所以纯母乳喂养的宝宝与奶粉喂养的宝宝相比体重增长要慢一点。

调整饮食，提高母乳质量

乳汁的多少与乳母的饮食密切相关，而乳汁质量的高低，亦受乳母营养好坏的左右。要使乳汁分泌增多，产后1～2天内，应多进汤水、清淡的流质或半流质或软的饭菜，如面条、鲫鱼汤等。不要进不易消化的高蛋白饮食。发奶食物应在产后48小时后食用，食用过早，容易发生乳汁淤积而引发急性乳腺炎。

食量充足，食物多样，营养丰富

要提高乳汁的质量，应合理调配乳母的饮食。要选用营养价值高又容易消化的食物。

母乳是由母体营养转化而成，所以喂奶的妈妈应该食量充足，母乳才能营养丰富。食物中蛋白质应该多一些，除此之外食物中还应有足够的热量和水，较多的钙、铁和各种维生素。乳母不应挑食，否则影响母乳质量。为防止乳汁过稀，乳母在哺乳期间要尽量避免大量喝水，以免乳汁含水量过高。乳母可在医生指导下服用维生素和微量元素制剂。

为了保证乳汁的质量，新妈妈进餐的次数要比平时更多，营养物质的浓度要比平时更大，进食的种类也要更为全面。一般而言，新妈妈在进食的数量上可与孕晚期相同，甚至稍多。对于热量、碘、各种维生素等的需求甚至还要高于孕晚期。

为了能给宝宝供应足够的乳汁，新妈妈除维持均衡饮食外，还需摄取更多高蛋白质食物，以获得更多的乳汁。

新妈妈需要多喝一些汤类和粥类等食品，如鲫鱼汤、猪脚花生汤、桂圆粥等，既可以改善乳汁质量又容易消化吸收。

多进食些牛奶、豆制品、鸡蛋以保证优质蛋白质和钙的充足是改善乳汁质量的方法之一。

多吃一些动物性食品，以摄取更多的矿物质。

每天要保证进食一定量的主食，以保证能量的充足供应。

芝麻、花生、山药、黄花菜等具有催乳及改善乳汁质量的作用，新妈妈都可以有针对性地多吃一些。

因此，哺乳的妈妈即使乳汁清淡仍要继续哺乳，同时一定要增加营养，注意饮食，多吃蛋白质丰富的食物，提高乳汁的质量，从而保证婴儿生长发育的需要。

心情舒畅，喂奶顺利

此外，妈妈应该力求保持轻松、愉快的情绪。家庭成员尤其是爸爸要多为她创造宽松的环境，促进乳房泌乳和排乳。

避免疲劳

有的妈妈月子期一过，得不到充分的休息，有的还需昼夜照料宝宝，这就会影响泌乳质量。所以丈夫和家人要多为乳母分担宝宝的护理工作，使乳母有较多时间休息。但休息不等于卧床，乳母也应做适度活动，才有助于身体恢复，也有助于泌乳。

一个很严肃的话题：哺乳期用药

"是药三分毒"这句老话说出了药物的真正含义。由于哺乳期用药可通过乳汁进入婴儿体内，对婴儿产生影响，因此哺乳期选药时要慎重。由于近年来国内外倡导母乳喂养，哺乳期妇女用药对婴儿危害的问题颇受关注。

对于哺乳期间的妈妈来说，用每一种药物都要十分慎重，因为宝宝实在是太小了，一些对于一个成人来说算不上什么的小剂量药物对宝宝们而言可能就已经是超大剂量的了，而造成的严重后果也是不堪设想的。

哺乳期药物可经乳汁排泄，大多数药物以被动转运方式进入乳汁。药物经母乳进入新生儿的数量主要取决于药物分布到母乳中的数量，几乎能进入乳母血液循环的药物均可进入乳汁，但新生儿从母乳中摄入的药量一般不超过乳母摄入药量的1％～2％。

哺乳期用药的基本原则是：

（1）尽量少用药。乳母用药应具有明确的治疗指征，不要轻易用药。如需要大剂量、长时间用药，且对宝宝产生不良影响时，须暂停哺乳。

（2）用药种类。在不影响乳母治疗效果的情况下，选用进入乳汁最少的药物。

（3）用药时间。乳母用药宜选在哺乳刚结束后，且与下次哺乳间要相隔4 小时以上。

所以，哺乳期的妈妈们一定不要自作主张地吃药，用药前务必咨询医生，最好是儿科医生或者产科医生。哺乳期允许应用的药物，也应掌握适应证，要适时适量地应用。

从乳汁中排泄并足以影响乳婴的药物

禁用药物	慎用药物
甲氨蝶呤　长春碱　环磷酰胺 卡铂　顺铂　氟尿嘧啶 氟司唑喃　克拉霉素　噻洛芬酸 氟卡尼　曲唑酮　氟马西尼 抗抑郁症药　四环类　硝硫氰胺类 阿普唑仑　培哚普利　苯二氮卓 西拉普利　莫索尼定　喹那普利 达那唑　非洛地平尼　卡地平 甲吲洛尔　波吲洛尔　尼索地平 长春西丁　尼莫地平　去氢萘脂类 环孢素　莫西富利　普美黄体酮 去氧黄体酮　噻氯匹定　阿佐塞米 奥美拉唑　伊曲康唑　特比萘芬 罗沙　前列醇　莫匹罗星软膏	胺碘酮　依那普利 赖诺普利　倍他洛 尔酮康唑　阿糖腺苷 莫维普利　干扰素 曲马朵　依诺昔酮 琥珀酸舒马　普坦 美西律　恩卡尼 氨力农　酮巴林 普罗帕酮　多沙唑嗪 吲达帕胺　阿昔莫司 丁咯地尔　吲哚青绿 氯雷他定　西替利嗪 右美沙芬　倍他米松 左布诺洛尔　布库洛尔

新妈妈，你的乳汁中有敏感成分吗

　　或许新妈妈自己也想不到，连母乳中也会出现让宝宝不适的敏感成分吧？无论你是否有这个烦恼，都应该掌握一定的方法，学会找出自己乳汁中的敏感成分。

五类常见的可疑食物

乳制品 	乳制品中潜在的过敏蛋白会进入母乳，造成宝宝肠痉挛
含咖啡因的食物 	软饮料、巧克力、咖啡、茶和某些感冒药中都含有咖啡因。有些宝宝容易对咖啡因过敏，往往是因为妈妈过量食用了这类食物或药品导致的
谷类和坚果 	这类食物里，最容易引起过敏的是小麦、玉米和坚果
辛辣食物 	在吃了辛辣或味重的食物之后，妈妈的乳汁会有一股不同于正常乳汁的味道，某些宝宝吃母乳后会产生胃部不适，以至于拒绝吃奶，还有的宝贝可能出现肠痉挛
容易胀气的食物 	西蓝花、洋葱、青椒、菜花、卷心菜等，如果妈妈生吃这些蔬菜，可能会引起宝宝胀气，不过做熟以后吃就没有问题了

一个个地排除可疑食物

　　妈妈可以从牛奶开始，一个接一个地在自己的食谱中去掉可疑的食物，如果有必要，也可一次排除全部可疑食物，这样坚持10～14天，因为要从妈妈体内完全排除某种食物需要10～14天，妈妈要耐心等待。

　　在排除可疑食物的期间，妈妈应密切观察宝宝的症状是否减轻或消除。如果没有改善，可以试着去掉另外一些可疑食物，直至宝宝症状消除。

验证可疑食物排除的结果

　　如果宝宝的不良症状减轻或消除，可以再吃一次这些可疑食物来验证。如果宝宝在24小时内又出现了这些症状，至少2个月内妈妈都不要再吃这些食物了，等宝宝长大一些后，妈妈可以再试一下。

　　即使妈妈已经认定了某种食物是罪魁祸首，但其实大多数宝宝也只是暂时对它过敏而已，不妨多试几次，以免宝宝错过了营养丰富的母乳。

如何有效退奶

在怀孕过程中，有一项很重要的事情，必须由夫妻二人达成共识，那就是"哺乳方式"的确定。因为哺乳和怀孕生产一样是全家人都必须参与的，如此夫妻二人都能得到良好的支持与回馈。

不论最后的决定是哺乳母乳或是不喂母乳，乳房自怀孕开始，便有一连串为哺喂母乳所做的准备，所以妈妈以母乳哺育子女，是天经地义最自然不过的事了。

但是并不是所有的妈妈都那么幸运地可以喂母乳，也并不是所有的婴儿都那么幸运地可以吃母乳，例如妈妈有身心方面的疾病，无法哺喂母乳；或是婴儿有身体的残缺或疾病，无法吃母乳，经过医生的判断后，妈妈便必须退奶了。

退奶需药物、饮食、乳房护理三方配合。

药物退奶法

为了使妈妈能在产后顺利退奶，可以尽早在产后打退奶针，或口服退奶药，但退奶药必须持续服用一段时间才有效（通常是10天，请依医嘱服用），退奶针若是没有在产后24个小时内给予的话，就最好改服退奶药了。

口服退奶药期间，要特别注意安全，起床、下床等改变姿势时，动作要和缓，不要太过猛烈，最好是有家人在旁，以预防眩晕或直立性的低血压。若是打退奶针，则要注意，因为退奶针是油溶性的，打入深部肌肉后，仍需充分的按摩，甚至热敷，可免除注射部位的肿痛，也能促进注射后肌肉对药物的吸收。

上述退奶药物是常用的退奶方法，也都需要医生的处方才能使用。但一旦使用了退奶药物后，并不意味着便万事OK了，若不能配合其他的措施，很有可能仍然无法成功地抑制乳汁的分泌。所以务必要配合下列措施。

饮食退奶法

饮食方面，只要能维持妈妈本身的需要即可，不要提供过多的蛋白质及液体，以免乳房因得到充分的营养及液体而继续制造乳汁。

乳房的护理

要尽量避免刺激乳房，产后尽快穿起胸罩，以支持及约束乳房，也不要常常去压或按摩热敷乳房，以免乳房受刺激而开始制造乳汁。若感觉乳房沉重或有胀、痛的感觉，可在乳房处或腋下给予冰敷，可以纾解乳房的不适，抑制乳房继续制造乳汁。

退奶并非一蹴可就。已经哺喂母乳的妈妈也需要退奶，为了让这些妈妈在哺喂母乳一段时间后能顺利地退奶，希望妈妈能有一个正确的观念，那就是"退奶"这件事，无法一蹴而就，必须细水长流，因为乳房的泌乳机制一旦被建立起来，要终止就必须逐渐地完成。

在退奶完成的1个星期前开始，将哺乳次数减少，配合饮食逐渐减少蛋白质及汤类食物，使乳汁的制造及分泌慢慢减少，到完全不喂母乳时，大约2~3天，此时若有乳房胀、硬、痛的情形，可及时哺喂1次，或热敷按摩乳房，并将部分乳汁挤出，重要的是，在喂完或挤完后，即刻开始冰敷乳房，可减轻乳房的不舒服，减少泌乳。

冰敷可以用冰毛巾或冰袋轮流执行，乳房制造、分泌乳汁的机能，就可以慢慢被抑制下来了。民间有用麦芽煮水饮用，或煮韭菜食用来退奶，临床上有些妈妈采用后感觉效果不错，如果有兴趣，也可以尝试。

在退奶的过程中，妈妈常会因乳房痛得不舒服，而受到莫大的挫折，此时需要家人给予适时的协助、安慰与鼓励，不论是帮忙拿一下冰毛巾或陪伴在旁，都可以让妈妈觉得不是她一人在孤军奋战。

人工喂养的步骤和方法

配奶前准备及奶粉配制

选用直式奶瓶，橡皮乳头孔大小须适宜，一般以奶瓶倒置乳汁能一滴一滴地连续滴出为宜。先清洁双手，取出已经消毒好的备用奶瓶。参考奶粉包装上的用量说明，按新生儿体重，将适量的温水加入奶瓶中。用奶粉专用的计量勺取适量奶粉，放入奶瓶中摇匀。先测定一下温度再开始喂，可将配好的奶滴几滴到手腕内侧，若感觉不烫也不太凉，便可以给新生儿食用。

喂养中的正确操作方法

喂奶姿势应和母乳喂养一样，采取坐姿为宜，体位舒适，肌肉放松。抚摸宝宝，将宝宝轻柔地抱起置半坐位。喂奶时，先用奶嘴轻触宝宝嘴唇，刺激宝宝吸吮反射，然后将奶嘴小心放入宝宝口中，注意使用奶瓶时，一定要保持一定倾斜度，让奶瓶里的奶始终充满奶嘴，防止宝宝吸入空气。另外，新妈妈要望着宝宝的眼睛，轻柔地和宝宝说话、微笑，这些都有助于增进宝宝和妈妈之间的感情。

喂养后的正确操作方法

喂完奶后，马上将瓶中的剩余奶倒出，将奶瓶、奶嘴分开清洗干净，放入水中煮沸25分钟左右（或选用消毒锅消毒奶瓶），取出备用。注意，新妈妈应抱直宝宝，或将宝宝放在肩膀上，用手轻轻地拍拍宝宝背部，使之打嗝，将吸入胃中的空气排出，以防溢奶。

人工喂养的宝宝要控制食量

3个月以后，人工喂养的宝宝每次的食用量为180毫升，这一用量是在将喂奶次数由6次改为5次的基础上计算出来的。若每天喂宝宝6次奶，每次奶量则不要超过150毫升。这个月的宝宝每天的食用量不得超过1000毫升，超过1000毫升，则对宝宝的健康不利。

食量过大宝宝常见以下异常表现：

厌食奶。宝宝厌食奶并不是突然发生的，而是前一两周里奶吃得过多所致。

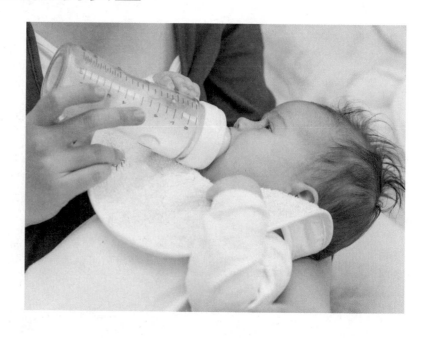

过胖。过胖不仅使人体脂肪组织增加，而且可加重心脏负担。由于脂肪组织增加，宝宝动作会变得迟缓，站立也会较晚。

因此，宝宝每天食牛奶的量不应超过1000毫升。但也有食量小的宝宝，每次喂150毫升的牛奶，总要剩下40～50毫升。只要宝宝精神饱满、精神愉快，总是露出笑脸、腿脚乱蹬，发育上就没有任何问题。

人工喂养的不足之处

营养成分不均衡	人工喂养的宝宝一般采用配方奶粉、米汤、蛋羹等食物取代母乳。尽管配方奶含有的营养成分丰富，但缺少母乳中特有的抗体和其他成分
人工喂养的食物容易被污染	母乳是根据宝宝的需要而随时分泌的，乳汁中有很多活性的物质随时会被宝宝吸收，有利于宝宝的生长发育，而替代母乳的食物，在生产、运输、销售等过程中容易被污染，会对宝宝的健康带来不利的影响
缺乏感情上的交流	乳母在母乳喂养的过程中，每天都与宝宝有肌肤、目光、声音上的交流，这便增强了母子之间的感情，而人工喂养更趋向于程序化，缺少情感交流
人工喂养必须准备一些奶具	如奶瓶、奶嘴、奶刷等，每次喂完宝宝都需要清洗，比较麻烦，而且奶具在存放的过程中有可能被污染
人工喂养的宝宝容易营养不良	有关调查显示，婴儿营养不良的数量呈上升趋势。而大部分营养不良的婴儿，都是由不科学的人工喂养造成的。人工喂养宝宝的父母，往往缺少科学营养搭配的知识，在喂养宝宝时，不能及时、合理地添加辅食，造成宝宝锌、钙、铁等微量元素的缺乏。缺锌的宝宝不爱吃饭，头发枯黄；缺钙的宝宝容易患佝偻病，易受惊吓、爱哭闹；缺铁的宝宝容易患贫血。营养不良的宝宝往往形体消瘦，吃再好的奶粉也不长肉
人工喂养的宝宝抵抗力低、易生病	母乳喂养的宝宝一般不容易得病，这是因为母乳中含有很多活性物质和有利于成长的抗体。而配方奶粉虽然按照宝宝的营养需要，添加了一定量的营养素，但是无法复制母乳中的活性物质，无法增强宝宝抵抗疾病的能力。所以人工喂养的宝宝抵抗力就相对较低，也易生病
人工喂养的宝宝容易肥胖或瘦弱	母乳量是根据宝宝每天的需要而分泌的，也就是说宝宝吃得越多，母乳就会分泌得越多。在这种情况下，宝宝不会因为吃得过多或过少而造成过胖或过瘦。而人工喂养的妈妈就容易掌握不好奶量而使宝宝肥胖，有的妈妈选择人工喂养的食物营养不全面，宝宝就会因吃不饱或营养单一而变得瘦弱

婴儿辅食的添加

及时合理为宝宝添加辅食

　　宝宝吃完奶后意犹未尽，对餐桌上的饭菜感兴趣，能抱坐稳，开始流涎，推舌反应消失等，通常这个情况发生在6月龄左右。这时，妈妈可以考虑添加辅食了。

　　过早添加辅食可能发生食物过敏，增加腹泻等其他疾病的风险，越来越多的证据表明，满6月龄左右才是添加辅食的最佳时间。

　　需要提醒的是，如果母乳量充足，妈妈在宝宝满6个月后按时添加辅食，依然可以继续母乳喂养，不必因此改喝配方奶粉。

怎样给宝宝添加辅食

　　《中国居民膳食指南》婴幼儿及学龄前儿童膳食指南部分指出，从6月龄开始，需要逐渐给婴儿补充一些非乳类食物，包括果汁、菜汁等液体食物，米粉、果泥、菜泥等泥糊状食物以及软饭、烂面、切成小块的水果、蔬菜等固体食物，这一类食物被称为辅助食品，简称为"辅食"。

　　添加辅食的顺序为：

> 添加谷类食物（如婴儿营养米粉）
> ⬇
> 添加蔬菜汁（蔬菜泥）和水果汁（水果泥）
> ⬇
> 动物性食物（如蛋羹、鱼、禽、畜肉泥/松等），添加的顺序为：蛋黄泥、鱼泥（剔净骨和刺）、全蛋（如蒸蛋羹）、肉末

　　辅食添加的原则是：每次添加一种新食物，由少到多、由稀到稠循序渐进；逐渐增加辅食种类，由泥糊状食物逐渐过渡到固体食物。

苹果汁（4个月）　　　　7毫米苹果丁（1～2岁）

苹果泥（4～6个月）　　　　5毫米苹果丁（10～12个月）

苹果末（7～9个月）

■ 不管给宝宝食用何种蔬菜，都要注意既要新鲜，又要多样。开始时要少量，从一匙开始，逐渐增多，同时注意观察宝宝身体是否适应，如出现呕吐和腹泻的情况，要立即停止食用，找出原因。

　　在各种蔬菜中，胡萝卜是小儿最理想的食物，胡萝卜营养丰富，是合成人体内维生素A的主要来源。要知道，人体如缺了维生素A，眼睛发育会出现障碍，易患夜盲症并伴有皮肤粗糙等病变。除了上述食品外，给宝宝喝一些蜂蜜是很必要的，尤其是便秘的小儿，不能吃泻药，给宝宝食用适量的蜂蜜可起到促消化、润肠、通便的作用。

辅食添加的作用

辅食添加具有两方面的作用：一是添加的营养素可弥补单纯奶制品的不足，促进宝宝健康成长；二是训练宝宝的胃肠道、咀嚼等生理功能。其中，第一条非常重要。所以，最早添加的辅食应该与宝宝生长到4～6个月营养素需求有关。比如：应添加富含铁的辅食。

所以，满4个月后应给宝宝添加富含铁的米粉及蔬菜泥等。这些食物不仅容易消化，还具有比较好的味道和形状。米粉只是基础，其中可以添加菜泥、肉泥、肉汤等，但是注意不要添加过多的调味品。

至于锻炼宝宝的咀嚼能力，那一定要等到宝宝的磨牙长出后。否则，咀嚼很难完成。

辅食添加的时间

辅食开始添加时间应为4～6月间，应该最早从满4个月（也就是第5个月）开始。即使母乳非常充足，满6个月也要开始添加辅食。辅食添加过早容易造成过敏、排便异常等问题。希望家长相信自己母乳的营养足够宝宝享用至少4～6个月。

注意：4～6个月为辅食添加适应阶段。言外之意，不要过于强求宝宝必须进食量。鼓励宝宝对饮食产生兴趣，千万不要强迫宝宝，以免造成宝宝的心理负担。

辅食添加的顺序

添加辅食的原则应该是循序渐进。辅食添加量要循序渐进地增多。增加的指标是宝宝的接受情况，而不是家长的主观意图。

1. 满4个月后，最好的起始辅食应该是婴儿营养米粉（即纯米粉）。婴儿营养米粉是最佳的第一辅食，其中已强化了钙、铁、锌等多种营养素，其他辅食所含营养成分都不全面。这样宝宝就可获得比较均衡的营养素，而且胃肠负担也不会过重。建议选用雀巢、嘉宝、亨氏品牌的婴儿营养米粉。

米粉最好白天喂奶前添加，上下午各一次，每次两勺干粉（奶粉罐内的小勺），用温水和成糊状，喂奶前用小勺喂给婴儿。每次米粉喂完后，立即用母乳喂养或配方奶奶瓶喂饱宝宝。家长必须记住，每次进食都要让宝宝吃饱，使宝宝不形成少量多餐的习惯。在宝宝吃辅食后，再给宝宝提供奶，直到宝宝不喝为止。当然如果宝宝吃辅食后，不再喝奶，就说明宝宝已经吃饱。宝宝耐受这个量后，可逐渐增加米粉。

2. 宝宝6个月后，米粉内可加入一些蔬菜泥。（大约宝宝能够耐受米粉2～3周后，可以加上少许菜泥。）

3. 7～8个月后可开始加蛋黄、肉泥。鱼汤应该再晚些，以防过敏。

4. 宝宝大约10个月时可以进行两顿完全辅食喂养。

6 ～ 12个月的辅食添加

第一阶段 （6月龄）	吞咽型 辅食	6月龄时开始添加稀泥糊状食物（如米糊、菜泥、果泥、蛋黄泥、鱼肉泥等），首先尝试米糊，再逐渐加煮熟的新鲜蔬果泥、蛋黄泥和鱼肉泥
第二阶段 （7~8月龄）	蠕嚼型 辅食	由泥糊状食物逐渐过渡到可咀嚼的软固体食物，质地为稍厚泥糊，加动物内脏、豆腐、牛肉泥、米粥和烂面
第三阶段 （9~12月龄）	细嚼型 辅食	质地为碎末，加碎菜、瘦肉末、馒头和面片

蔬菜的简单做法

菜泥
4~6个月
用搅拌机磨碎后放入粥里煮熟

菜碎
7~9个月
除去硬茎，将花冠部分用热水煮熟后切碎

5毫米的碎块
10~12个月
切除硬茎，将花冠部分用热水煮熟后切成5毫米大小的碎块

7毫米的碎块
1~2岁
切除硬茎，将花冠部分用热水煮熟后切成7毫米大小的块

小块
2~3个月
切除硬茎，将花冠部分用热水煮熟后切成小块

婴儿营养（含辅食添加）的常见问题

Q 婴儿第一辅食不再是鸡蛋黄？

A 富含铁的鸡蛋黄是最佳选择，其实是过去的说法。现在比较易于宝宝吸收，且富含铁的辅食应该是婴儿营养米粉。由于鸡蛋黄中除了含铁外，还含有一些大分子蛋白质，会导致宝宝吸收消化上出现问题，比如便秘等。再者，蛋黄的味道平平，形状干涩，容易引起宝宝反感。宝宝不爱吃鸡蛋黄是完全可以理解的一件事情。与鸡蛋黄相比，水果或蔬菜泥的味道和形状都容易被宝宝接受。婴儿营养米粉所含营养成分比蛋黄高，而可能出现过敏、便秘等不良反应的机会却比蛋黄小得多。即使这样，我们也建议宝宝满4～6个月再添加辅食。

Q 是否添加米汤和粥？

A 米汤和粥的营养非常有限，最好添加婴儿营养米粉。米汤会影响婴儿吃奶。

Q 如何添加果水/汁/泥、菜水/汁/泥？

A 果汁含有很好的营养，但是喝惯果汁的宝宝很难接受白水，这样不利于口腔的清洁。建议宝宝满4个月后添加果泥。将果汁换为果泥，鼓励宝宝喝白水。诱导宝宝喝水，可没有"饥渴疗法"。利用一切机会给宝宝喝白水就可以了。（鲜榨的苹果水有些浓，应该加些水才好。鲜榨的胡萝卜水没有什么营养。因为胡萝卜素需要通过油质作为媒介才可吸收。建议：将胡萝卜切成大块，在热油中适当煸炒，再放入蒸锅内蒸成泥状。作为辅食的一部分喂给宝宝。）

果泥在两餐之间添加，最好不要与辅食混合。选择的水果味道不要太重，以免造成宝宝对味觉的依赖，出现厌奶的情况。4个月的宝宝可以吃果泥。

菜水的营养价值甚微，主要是蔬菜的色素，可不添加。同样添加辅食后可考虑添加菜泥。

■ 添加辅食三步骤

第一步： 从米粉开始

先从米粉开始添加，因为米类的蛋白较不容易导致过敏，如果喝了米粉之后适应良好，就可以尝试麦粉，接着再换成稀饭。辅食添加以一次一样为原则。

第二步： 两餐之间给予宝宝一天平均要喝6次奶，但是开始添加辅食后，喝奶的次数就要随之减少。最好在两次喂奶之间或宝宝饥饿时哺喂辅食。

第三步： 注意宝宝排便宝宝吃辅食后，要特别注意他排便的状况。如果宝宝不适应某种食物，可能会皮肤过敏，或便秘、腹泻，那食物就必须暂停食用。

■ 在宝宝的辅食中，水果的口感好，宝宝乐于接受，蔬菜则常被推向一边。实际上水果和蔬菜各有所长，如果全面衡量，蔬菜还要优于水果，其中所含的许多营养素是宝宝发育的不可缺少之物。蔬菜还有促进食物中蛋白质吸收的独特优势，所以这两类食物都不可偏废。

有无必要补充铁、锌、维生素D等药物？

婴儿营养米粉是最佳的第一辅食，其中已强化了钙、铁、锌等多种营养素。所以，不一定非要补充铁、锌等药物。

宝宝如果每日配方奶摄入量多于500毫升，就没有必要添加维生素D了。只要选择的配方奶是真正的婴儿配方奶粉，就不必补充其他营养添加剂（钙、锌、铁等等），当然也不需补充维生素D。

宝宝何时可以添加盐？

从理论上来讲，应该是1岁以后。即使那时，也应极少量添加。

宝宝对辅食不感兴趣，可能不是宝宝的问题，主要是大人的错误所致。比如：早期开始添加果汁；大人吃饭时给宝宝尝一些成人食品；给宝宝频繁吃保健品或不必要的药物（钙剂、蛋白粉、牛初乳等等）。这样会诱导宝宝的味觉过早发育，造成宝宝出现对配方奶或常规辅食（米粉等）不感兴趣。建议家长还是从平常喂养和生活中做起，不要过早给宝宝添加盐等调味品。盐摄入过早、过多都会诱发宝宝成人期出现高血压等疾病。

辅食的添加会加重肠绞痛吗？

宝宝是否存在肠绞痛，与添加辅食没有关系。辅食的添加不会加重肠绞痛。

有湿疹（过敏）的宝宝辅食添加须注意什么？

1岁之内的宝宝，特别是目前已有湿疹的宝宝不应添加牛奶或鸡蛋蛋白、带壳的海鲜、大豆、花生等容易引发宝宝过敏的食物。

湿疹的宝宝要晚些（至少8个月）开始尝试蛋黄。如果蛋黄不耐受，就要坚决停掉。黄豆浆不能给1岁以内的宝宝喝，这样可能会加重过敏。宝宝的辅食不要太快地增加品种，这样有助于湿疹的控制。

宝宝从吃母乳顺利过渡到吃辅食过程中的问题应对

巧妙纠正宝宝挑食

实际上，宝宝在这时候对食物表现出来的挑挑拣拣，是一种无意识、无目的的行为，在一定程度上包含着游戏的成分。

在宝宝表现出不喜欢某种食物时，不少爸爸妈妈会一味迁就，不让宝宝受一点委屈，而忽略了对宝宝的劝说和引导。而在看到宝宝喜欢吃某种食物时，爸爸妈妈就心领神会、迫不及待地专程去采买，只顾着让宝宝多吃一点，而忽略了对宝宝饮食习惯的培养。久而久之，爸爸妈妈的行为会强化宝宝的行为，在一定程度上让宝宝养成了吃饭挑食的坏习惯。因此，爸爸妈妈的行为和宝宝的挑食关系很大。

如何让宝宝不挑食？在宝宝吃饭时，要避开容易引起宝宝注意力的事情，避免让宝宝边进食边做其他事情，创造一个良好的进食环境。爸爸妈妈要多用语言赞美宝宝不愿吃的食物，并带头尝试，故意表现出很好吃的样子。宝宝对吃饭有兴趣后，妈妈应该经常变换口味，能有效避免宝宝对某种食物的厌烦。

如何给宝宝加点心

点心是宝宝正餐的营养补充。吃点心可以增加生活的乐趣，多种多样的点心不但可以丰富宝宝的感知，还可以调节宝宝的胖瘦。

关键问题是要安排好吃点心的时间，选择适宜做点心的食品，把握好点心的量才行。点心的选择要根据宝宝的营养状况而定。如对一个较胖的宝宝每日的奶量、正餐量进行计算后，新摄入量一定会比原来的摄入量少一些，那么在两次正餐之间的点心就是必不可少的。否则，宝宝可能会有饥饿感，还会因此而哭闹并影响情绪。不能不给他吃，又不能让他摄入过多的热量。

显然，奶油蛋糕、巧克力、面包不是恰当的选择，而选择水果、酸奶就较为合适了。而对一个食量小、体重增长不良的宝宝，用点心作为正餐的营养补充就显得格外重要。

■ 辅食可以有各种蔬菜、鱼、蛋、肉类，可以吃猪肉和鸡肉，肉制品必须做成肉末，至少也要剁得像肉馅那样。

强化食品的科学选择

所有添加糖或人工甜味的食物，宝宝都要避免吃。"糖"是指再制、过度加工过的糖类，不含维生素、矿物质或蛋白质，它会导致肥胖，影响宝宝健康。同时，糖会使宝宝的胃口受到影响，妨碍吃其他食物。玉米糖浆、葡萄糖、蔗糖也属于糖，经常被用于加工食物，妈妈要避免选择标示中有此类添加物的食物。

强化食品的科学选择

强化食品就是将一种或几种营养累加到食物中去，补充其不足或补充加工制造过程中营养素的损失，使之能改善或提高食物的营养价值及生物利用率。选用强化食品时有3个注意事项：

1.强化食品载体的选择。应以每日基本定量摄入的主食或主要辅助食品为首选载体，如乳类、代乳品及其他各类制品（米粉）等。简单地说，就是选择宝宝每天都吃的东西为强化食品的载体。

2.强化剂的选择。要补充当时、当地摄入的食物中缺乏的营养素的不足。因为各地营养素缺乏是不均衡的，爸爸妈妈在选用时一定要了解所处环境的情况。

3.强化剂的剂量。强化剂的剂量必须合适，应根据我国营养学会推荐的各营养素的每日供给量及平均每日摄入不足的部分为强化量。缺什么补什么，缺多少补多少。

宝宝进食后总爱打嗝如何是好

宝宝常因啼哭或吃奶过急引起打嗝，轻的打嗝几分钟即消失，重的打嗝不止，以致脸色发青，影响睡眠。宝宝打嗝有解法：

1. 当宝宝打嗝时，先将宝宝抱起来，轻轻地拍拍背部，喂一些温开水。

2. 如宝宝是受寒引起打嗝，可让他喝些热开水，在胸腹部盖些被子，冬季在衣服外放置一个热水袋保温。若发作时间长，经以上方法又未收到效果，可在开水中放一些陈皮，待水温后饮用，有一定效果。

3. 由于饮食不当引起，打嗝时可闻到酸臭味，可轻轻按摩腹部，同时用焦山楂12克、冰糖10克加水煎汤服用。

4. 将宝宝抱起，用食指轻弹宝宝的嘴角，直到宝宝发出哭声，打嗝会自然消失。

5. 将宝宝抱起，抓足底使其啼哭，引起神经反射，膈肌会终止突然收缩，停止打嗝。

6. 可用玩具引逗或播放轻音乐以转移宝宝的注意力，降低打嗝的频率。

婴儿食品的保存、加热与喂食

将婴儿食品买来之后就是保存、料理和喂食了，这也是宝宝食用辅食的一个重要环节。瓶装的婴儿食品要存放在阴凉干燥的地方，并且在室温的状态下喂食。不能给宝宝食用过热的食物，许多父母由于自己喜欢热腾腾的晚餐，所以常常将宝宝的食物过度加热，这样做是不正确的，温热的食物比较适合宝宝食用。

如果需要将冷冻过的食物加热，可以将罐头类的食物放在热水中加热，千万不要使用微波炉加热，因为那会使食物产生一些温度过高的超热点，会烫伤宝宝。家里应该有宝宝专用的餐具，可以用这些餐具来喂食宝宝，而不要直接从瓶罐里舀出来放进宝宝的口中，这样既不卫生也很浪费，如果想要再多舀一些放进宝宝的喂食盘里，那么就要使用另一把干净的汤匙。

也不能再将吃剩的食品放进冰箱里保存，因为宝宝唾液中可能暗藏着细菌，而吃剩的食物正好是细菌滋生的温床，将这样的食物再放回冰箱也不安全了。

正确的做法是用勺子从瓶中舀取食物再放入喂食盘里，此外，将剩下的婴儿食品放入冰箱以前，一定要记得先盖紧瓶盖。

■ 未处理食材的保存时间：萝卜和胡萝卜1~2周，茄子和油菜3天，黄瓜3~5天，卷心菜7~10天，番茄4天，南瓜5天，黄豆芽3天，西蓝花4~5天。

如何让宝宝从吃母乳到适应吃辅食

从吃母乳到吃辅食，对于宝宝来说并不简单，它代表了宝宝迈向独立的重要里程。如果宝宝喝母乳的意愿依然很强烈，那么不需要强迫他太快进入吃辅食这个阶段，因为哺乳期最好能够持续一整年，在这段时间里可以渐渐地让宝宝习惯用奶瓶进食，至于奶瓶中所装的是母乳还是配方奶粉，则依宝宝的需求而定。

习惯喝母乳的宝宝，在刚开始以奶瓶进食的时候可能会觉得很不适应，因此，可以挑选一只奶嘴形状和妈妈的乳头较为接近的奶瓶，让他适应一段时间，然后再为他改换一般正常的奶嘴。

事实上，如果有可能，在前几次让宝宝以奶瓶进食的时候，妈妈最好不要陪在宝宝身旁，因为宝宝只要一看见妈妈，就会发现自己吸吮的不是妈妈的乳房，就会觉得困惑，可能就会哭闹，导致不吸吮奶瓶了。

为了帮助宝宝很快地适应这种改变，可以在他刚开始使用奶瓶的时候，在奶瓶中装进挤出的母乳，这种相同的味道在某种程度上会给宝宝一些安慰。渐渐地，可以用调制的配方奶粉来替代母乳。宝宝进入4个月时，就可以试着让宝宝喝些苹果汁。最好在此之前，先咨询儿科医生的意见。

添加辅食也要进行母乳喂养

虽然可以为宝宝添加辅食了，但母乳仍然是现阶段宝宝的最佳食品，妈妈不要急于用辅食完全代替母乳。因为上个月不爱吃辅食的宝宝，这个月也不可能变得特别喜欢，但大多数母乳喂养儿到了6个月左右，都能接受辅食了。

有些宝宝就是不爱吃辅食，妈妈为了让他吃辅食坚决不喂他母乳，就这样饿着宝宝，让宝宝没有别的办法，只能在饿得受不了的时候才吃辅食。妈妈这样做是不对的，不但会影响宝宝对辅食的兴趣，还会影响宝宝的生长发育，使宝宝变得极易烦躁，不能让育儿变成惩罚。

> ■ 不管宝宝是否爱吃辅食，都不要因为辅食的添加而影响母乳的喂养。

让宝宝轻松度过厌奶期

随着宝宝月龄的增加，有些妈妈发现自己的宝宝出现了厌奶的现象，很多妈妈都不知道该怎么办。别担心，如果宝宝不是因为生病厌食，那他可能是进入了厌奶期。只要用对方法，就能让宝宝轻轻松松地度过厌奶期。

那究竟是什么原因和哪些时间段会导致宝宝出现这一现象呢？

生理因素和心理因素的影响

生理因素	当宝宝厌奶时，首先要观察一下，是不是身体不舒服所导致的。如果还伴有呕吐、便秘、腹胀、腹泻、发烧等症状，应该立刻就医治疗
心理因素	由于从出生开始，宝宝每天喝的都是同一种食物，经过几个月的时间后，很可能就会产生厌恶喝奶的情况，这也是宝宝在发出一种提示，该给他吃些不同的东西了。这时妈妈就要给宝宝添加一些辅食，使其逐渐恢复食欲，如果宝宝活动力佳、精神也好，只是食欲稍差，爸妈并不用太担心

4~6个月易发生厌奶

当宝宝4～6个月大时，随着宝宝活动范围的扩大，他的好奇心也与日俱增，因为脖子的肌肉张力较好，宝宝开始对身边的每件事物都感到新奇，当然这也会分散他吃东西的注意力，此时很容易出现常见的厌奶。

处于厌奶期的宝宝，舌头碰到东西往外吐的反应也会消失，如果此时没有适当添加辅食，只用小汤匙喂食以训练宝宝的口腔协调功能，宝宝日后很可能会养成偏食的习惯，或是爱吃流食而不吃固体食物，出现明显的厌食，会营养不均衡。

进行母乳喂养的妈妈，当宝宝出现厌奶时，千万不要因此停止哺乳，只要同时提供流质的辅食，母乳喂养还可以继续。

轻松度过厌奶期的方法

不能用强迫手段。 很多家长都担心宝宝厌奶会影响身体发育，于是采用强迫的方式，这种做法反而会让宝宝对吃产生恐惧。其实只要宝宝身高、体重等发展状况都没有很明显的变化的话，并不需要强迫他喝奶，这个时期家长应该思考，如何帮助宝宝接受辅食，而不是强迫他喝奶。

改变喂食方式。 当宝宝出现厌奶的征兆时，爸妈可以改善喂食方式，采取较为随性的方式，不需要按表作业。以少量多餐为原则，宝宝什么时候想吃就什么时候喂。可以通过游戏消耗宝宝的体力，当大人和宝宝一起玩耍的时候，会消耗宝宝大量的体力，饿的时候进食的状况也会得到改善。

营造安静的用餐环境。 进食的环境尽量柔和、安静，因为此阶段的宝宝开始对外界感到好奇，用餐时若有人在旁逗弄他，或出现很多能吸引他注意力的玩具、声音，宝宝会觉得这些事情比吃饭更有趣，自然就不想吃了。

奶嘴孔大小要适当。 有时候宝宝喝奶少，可能是因为奶瓶上奶嘴的孔太小，使宝宝吸吮需要费更大的力气，因此喝的量才减少。在喂奶之前先将奶瓶倒过来，检查一下奶瓶上奶嘴的孔，是否能顺利流出，通常最佳的速度是1秒1滴，滴不出来或滴得太快，都要进行调整。

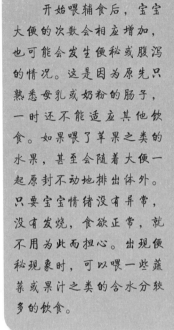

喂辅食时，要随时观察大便状况

开始喂辅食后，宝宝大便的次数会相应增加，也可能会发生便秘或腹泻的情况。这是因为原先只熟悉母乳或奶粉的肠子，一时还不能适应其他饮食。如果喂了苹果之类的水果，甚至会随着大便一起原封不动地排出体外。只要宝宝情绪没有异常，没有发烧，食欲正常，就不用为此而担心。出现便秘现象时，可以喂一些蔬菜或果汁之类的含水分较多的饮食。

■ 到宝宝厌奶的阶段，父母应该思考，如何帮助宝宝接受辅食，而不是强迫他喝奶。

什么时候断奶好

宝宝习惯吃母乳以后，到了该断奶时又有了新问题。不少母亲不忍心让宝宝受罪，奶断了一次又一次，到宝宝满周岁时仍断不了。所以，一部分人就干脆让宝宝多吃一阵子再说。

事实上，母乳在宝宝半岁以内是最好的天然食品。但到1岁以后如果宝宝仍不断奶，母乳就会不够吃，严重时还会出现营养不良。所以，应果断、适时地断奶。

随着月龄的增加，宝宝对各种营养的需求量逐渐增多，母乳也不能完全满足宝宝的需要了。如果长期吃母乳而不及时断奶，宝宝会对其他食物不感兴趣。会出现营养不良、食欲减退、体重增长缓慢等状况，重者会出现营养缺乏性贫血。

因此，不要太早给宝宝吃断奶食品。一是由于断奶食品必然会包括含较多糖类的食物，这极容易导致肥胖儿的产生；二是目前大多数父母都没有专门给婴儿做断奶食品，多是用稀粥或面条加入一些菜汤给婴儿吃，而菜汤中含有的盐分对婴儿极不合适，容易加重婴儿肝脏、肾脏的负担，引起婴儿血压升高。

断奶的准备

母亲奶水不足而又不肯吃奶的婴儿可提前喂断奶食品，因为婴儿需要一些有营养的食品。

在给婴儿喂断奶食品的时候，应先从练习用勺子开始，因为断奶的过程其实就是使婴儿从习惯吮吸液体到习惯吃固体食物。固体食物婴儿只能用勺而不能用奶嘴来吃。所以。断奶前的准备应从练习婴儿用勺子进食开始。

连续1周或者10天试着用勺给婴儿喂一些果汁、菜汤或其他清汤。如果宝宝能顺利地吃下，就可逐渐实行断奶。

育儿小讲堂 舌苔的变化与宝宝的饮食有哪些关联

发育正常的宝宝，舌体颜色呈淡红，质软且活动自如，舌面上通常会有一层薄薄的舌苔，正常的时候干湿适中。但是，如果宝宝患病，舌苔在质和色上就会发生变化，父母要尽早发现，在治疗的同时合理地给宝宝调理饮食。

◆舌苔色白、厚、腻。多由寒湿引起，应吃一些除湿健脾胃、散寒的食品，少吃一些易导致腹胀以及食欲减退的食品，如过于甜腻的食品。

◆舌苔黄腻。主要由肠胃食物积滞所致，多是由发热、消化功能不好、感染引起，宝宝常有口干舌燥、大便干结等上火症状。父母可以给宝宝适当补充一些清热开胃的食物，如绿豆粥、梨、山楂等。

◆舌苔薄，色白。多见于风寒感冒初期，父母应给宝宝多选择性质偏温的饮食，如软食、汤面类。副食可选用胡萝卜、红糖等。选择果汁时也要少吃凉性的水果，如梨等。

宝宝完全断奶的时间

　　为了宝宝的生长发育和母亲健康的需要，婴儿8～12个月时完全断奶是比较合适的。

　　通常婴儿到了1岁大左右时就应断奶。但也要根据实际情况而定。若宝宝正在生病，把奶换成其他食物，就容易造成宝宝消化不良，使病情加重，故应在宝宝病愈后再断奶。若是母亲体质不错，而且奶水也一直很充足，辅食添加得比较晚，则可以稍晚些再断奶。

　　另外，还要注意季节，冬、夏季天气时冷时热，婴儿的消化力弱，抵抗力差。突然改变饮食习惯容易导致宝宝生病，所以，断奶时间应选在春、秋季。

宝宝断奶的方式

　　从开始断奶至完全断奶须经过一段时间的适应过程，也就是一顿一顿地用辅助饮食代替母乳，逐渐实行断奶。有些母亲平时不做好给宝宝断奶的准备，不逐渐改变宝宝的饮食结构，而是用在乳头上抹黄连水、辣椒汁、清凉油等办法，突然不给宝宝吃奶，企图借此来戒断宝宝吃奶的习惯，致使婴儿因突然改变饮食而适应不了，产生恐惧、悲伤、焦虑、愤怒等不良情绪，连续多天又哭又闹、精神不振、不愿吃饭、体弱消瘦，会影响其发育，甚至发生疾病。这种断奶方式显然是不正确的。

　　正确的断奶方式是：从6个月起开始添加些辅食。如米汤等，逐渐过渡到吃蛋黄、烂面条、菜泥、豆腐等；宝宝长牙以后，可吃点饼干、烂饭或面片等，减少哺乳1～2次，使胃肠消化功能逐渐与辅食相适应；10个月后，可以用米面类食物代主食，奶类、代乳品为辅食。这样，断奶时宝宝就适应了。开始断奶时，一定要耐心喂婴幼儿其他食物，或让宝宝离开母亲1～2天。

■ 断奶期间，妈妈可以在家里自制一些果汁给宝宝做为加餐，既可以为宝宝补充营养，也不会影响宝宝的辅食添加。

母乳、牛奶虽好，但是随着婴儿身体的生长发育，婴儿对各种营养素的需求均显著增加，单纯的乳类饮食已经很难满足婴儿对营养的需求，因此，需要在婴儿发育的一定时期内做好断奶的准备。

断奶的方法

断奶是婴儿成长过程中的必经之路，断奶会遇到许许多多的困难，但只要方法正确，必然会成功的。

一般情况下，断奶准备应该从婴幼儿出生后6个月开始，到1周岁时结束。当然断奶的快慢和持续视婴幼儿的具体情况不同而有所差异，进行起来也会有一定的困难，有的婴儿可以顺利地转为一日三餐的正常饮食，而有的则需多方努力，因此，母亲们不必与别人家小孩相比，往往是越比越着急，越急越失败。

断奶要分3个阶段进行，即断奶初期、断奶中期和断奶后期，只要遵循一定的规律，按照一定的顺序添加辅食，循序渐进，就一定能够顺利地完成婴儿断奶，而不影响婴儿的正常生长发育。

什么时候停止喂母乳

有人将"断奶"理解为，当婴儿开始吃鸡蛋或米粥以后，就应中断母乳或牛奶的喂养。这种理解是错误的。通过观察婴儿断奶的过程，可以发现有各种不同的类型。有的婴儿记住了母乳或牛奶以外的其他食物的味道以后，就渐渐不吃母乳或牛奶了。这样就在不知不觉中过渡到了吃代乳食品。

另外一种类型的婴儿始终不想离开母乳或牛奶，这样的婴儿一般夜里也要醒2～3次，醒来以后父母不给奶喝就哭个不停，就是在白天睡前也要吃母乳。如果硬性地加以阻止，婴儿就会吮吸手指或咬毛巾。

还有的婴儿在1周岁以后仍要求喂母乳，可在1岁半左右时，出人意料地一下子就从喝母乳过渡到吃米面食品了。如果母乳很充足，而且宝宝也愿意吃母乳以外的其他食物，那么就没有必要强行给宝宝断奶。

如果宝宝只喝母乳而不吃其他食物，若是母乳缺铁(母乳中铁含量较低)，就有可能导致宝宝贫血。因此要及时给宝宝补充铁质。完全停喂母乳，而将每天2次的米粥改为3次，这从营养的角度来讲对婴儿是不利的。婴儿必须吃下与母乳等量的米粥，可是6～7个月的婴儿是怎么吃也吃不下那么多米粥的。因此，在母乳同前一个月一样充足，且婴儿本身并不讨厌吃母乳以外的其他食物的情况下，停止喂母乳不仅没有任何好处，反而会剥夺宝宝吃母乳时的快乐。

有的小孩断了几次也断不了奶，原因是断奶的方法不对。如有的母亲是采用突然断奶的方法，她们在奶头上涂上一些可怕的颜色，或涂上一些黄连水，使宝宝害怕或是感到味苦，这些断奶措施不好，因为这样做易造成婴儿胃肠不适而致病。

正确的断奶方法是：采用逐渐添加辅助食物量来慢慢替换母乳；当婴儿在8个月后，就可以把辅助食物量和次数慢慢增多，吃奶的次数慢慢减少，等宝宝差不多习惯了，就可以完全不吃奶了，这样在不知不觉中就把奶断了。

■在怎么也断不了母乳的情况下，是否要采取强制性的措施停止喂母乳？这就要看喂母乳是否影响婴儿吃代乳食品，如果婴儿虽然断不了母乳，但并不少吃代乳食品，喂他母乳也没关系。

爱的呵护

宝宝的日常照料

宝宝睡倒觉的烦恼

两个月的宝宝睡眠较一个月的宝宝要短些，一般在18小时左右。白天宝宝一般睡3～4次，每觉睡1.5～2小时左右，夜晚睡10～12小时。白天觉醒后可持续活动1.5～2小时。

有的2个多月的宝宝，喜欢白天睡晚上玩，所以总是白天睡得多，一到晚上就根本不想睡了，不折腾到半夜是不会睡觉的。这种情况，在低月龄的宝宝中很常见，俗称"睡倒觉"。

那么，宝宝睡眠时间颠倒该怎么办呢？

其实，睡眠时间颠倒的解决方法并不复杂，困难的是日复一日地坚持下去。

首先要为宝宝制订生活作息表，并切实执行下去。1岁以内的宝宝除了洗澡、吃东西、玩耍之外就是睡觉了。一天平均睡眠的时间为15小时。爸爸妈妈困扰的应该是宝宝夜间的啼哭，这时就要找出造成啼哭的原因。

白天尽量让宝宝玩耍，减少午睡的时间或不要让宝宝太晚睡午觉。

让宝宝独睡好还是和父母睡好

一般出生后前3个月的宝宝绝不能和妈妈睡在一个被窝里，因为宝宝太小，不会翻身，如果妈妈累了，睡得很沉，可能发生宝宝被乳房压迫或被子盖得太严而窒息的悲剧。一般8个月以后的宝宝就不会发生诸如此类的事情了。

宝宝和妈妈睡在一起，和妈妈接触过于密切，妈妈呼出的气息会直接吹到宝宝的脸上，对宝宝的健康不利。如果妈妈感冒，会很容易传染给宝宝。

另外，妈妈搂着宝宝睡觉，会造成宝宝对妈妈的依赖，尤其是对母乳的依赖，养成含着乳头睡觉的坏习惯，这样有发生呛奶窒息的危险，并会影响宝宝的牙齿发育。

那么，是不是就应该和宝宝分开睡呢？

其实也不尽然。从宝宝的角度来说，他是非常喜欢和妈妈一起睡的。妈妈的怀抱就是他的港湾，蜷缩在妈妈身旁，小宝宝会倍感舒适、温馨、甜蜜，醒来摸不到妈妈，他会感觉惊慌而大哭。

有人做过调查，和父母分开睡的宝宝长大后发生性格偏移的概率较和父母一起睡的宝宝要高得多。有的家长让宝宝自己睡，小床离大床很远，宝宝夜间踢开被子都不知道，结果造成宝宝总是感冒。

所以，家长要根据自家的情况，可以和宝宝同睡一床，但最好不要睡一个被窝；也可以让宝宝独睡一床，但要注意小床要有护栏，而且最好把小床放在大床一边，以方便妈妈夜间对宝宝的护理和哺乳。

哄宝宝睡觉的技巧

如何"对付"不容易入睡的宝宝，是许多妈妈都会遇到的难题。

以下教妈妈几个哄宝宝乖乖睡觉的小技巧。

区别白天和黑夜

一定要学会让宝宝区分白天和黑夜。用光和声音来促进宝宝生物钟的形成，通过光亮和黑暗的对比让宝宝学会分辨白天和黑夜。在早晨宝宝该起床的时候，把宝宝放在光线明亮的地方，用妈妈温暖的怀抱或轻柔的音乐来唤醒宝宝。慢慢地，宝宝就会养成按时入睡、按时起床的好习惯了。

洗澡帮助睡眠

很多宝宝都喜欢洗完澡后就睡觉。妈妈在每晚差不多的时间，感觉宝宝有点困了，就可以开始给宝宝洗热水澡，洗完后，给宝宝喝些水或者奶，把他放在小床上，然后关掉房间的灯，宝宝很快就能入睡。

照顾宝宝的小动作

注意观察一下宝宝喜欢的小动作，比如，宝宝喜欢摸着妈妈的脸才能睡着，或者宝宝喜欢含着自己的手指才能睡着……摸清宝宝睡觉的小动作后，先顺从宝宝的习惯，慢慢地宝宝就容易入睡了。因为这些小动作让宝宝感到安全，妈妈千万不要过多干预。

限制玩耍时间

要想宝宝更容易入睡，睡觉前一定不要让宝宝玩得太疯，不然，宝宝在晚上也会想着玩，不想睡觉。即使费力气哄宝宝睡着了，也会睡得不安稳踏实。妈妈可以和宝宝玩比较安静的游戏，比如一起念念儿歌、听听舒缓的音乐，感觉宝宝有些困的时候，就赶快哄宝宝睡觉，这样宝宝入睡才会比较快。

父母关于宝宝睡觉的错误看法

想睡就睡：有的父母觉得，宝宝想睡的时候就应该让他睡。其实不然，睡觉的时间要有固定安排，不能随时加上一小觉。要知道，哪怕你给宝宝多加了5分钟的一个小觉，晚上也有可能为此付出要陪他玩到凌晨的代价。爸爸妈妈累一些倒还能承受，耽误了宝宝的生长发育，爸爸妈妈心理上可是承受不了的。所以除了固定的睡眠时间外，尽量不要让宝宝睡多余的觉。

嘘，不要吵醒宝宝：不能按时起床和不能按时睡一样不应该被容忍。经常将规律打破，会让宝宝形成一种错误的规律。如果不能每天按时让宝宝起床，就有可能要面对自己每天不能按时上床睡觉的境遇。同样，对宝宝的健康也是不利的。

宝宝睡了好休闲：有的父母每天就盼着宝宝早点上床睡觉，希望他睡着以后自己可以放松放松，做做自己想做的事。这也是个坏习惯。当宝宝把你用来哄他睡觉的借口——一看穿，每天都坚持着不睡，非常想知道你每天在他睡后都悄悄搞什么小动作，是不是很没有必要呢？所有的坏习惯都不是无端形成的，其中一定存在观念的问题，希望父母及时调整观念，正确对待宝宝的睡觉问题。

育儿心得

育儿小讲堂　从宝宝的睡眠中了解宝宝健康

身体健康的宝宝在睡眠时比较安静，呼吸均匀而没有声响，有时小脸蛋上还会出现一些有趣的表情。

宝宝在睡眠中会出现一些异常现象，往往是一些疾病最直接的外在提示，因此，父母应学会在宝宝睡觉时观察他的健康情况。

1.有些宝宝在刚入睡或即将醒时会满头大汗。虽然宝宝夜间出汗是正常的，但如果大汗淋漓，并伴有其他不适的话，就要注意观察，加强护理了，必要时还要去医院检查治疗。比如宝宝入睡后大汗淋漓，睡眠不安，再伴有四方头、出牙晚、囟门关闭太迟的现象时，可能是患了佝偻病。

2.如果宝宝夜间睡觉前烦躁，入睡后全身干涩，同时面颊发红，呼吸急促，脉搏加快（正常脉搏是110次/分钟），便预示宝宝可能要发烧了。

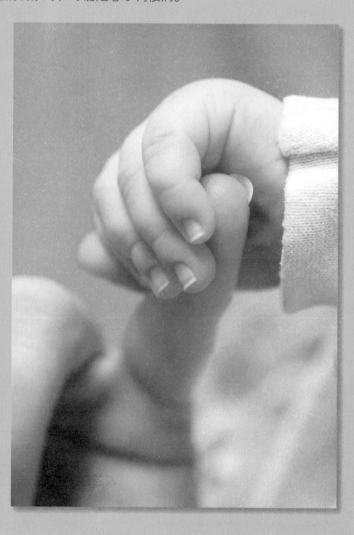

3.若宝宝睡觉时哭闹，时常摇头、抓耳，有时还发烧，这可能是患了外耳道炎、湿疹或是中耳炎。

4.如果宝宝睡觉时四肢抖动，则是白天过度疲劳所引起的，不过，睡觉时听到较大响声而抖动则是正常反应；相反，要是毫无反应，而且平日爱睡觉，则当心可能是耳聋。

5.若在熟睡时，尤其是仰卧睡时，鼾声较大，张嘴呼吸，而且出现面容呆笨，鼻梁宽平，则可能是扁桃体肥大影响呼吸所引起的。

6.如果宝宝睡觉后不断地咀嚼、磨牙，可能是有蛔虫，或白天吃得太多，消化不良。

7.若睡觉后用手挠屁股，且肛门周围有白线头样的小虫在爬动，则是蛲虫病。

8.如果宝宝睡着后手指或脚趾抽动且肿胀，要仔细检查一下，看是否被头发或其他纤维缠住了。

总之，父母应当在宝宝睡觉时多观察其是否有异常变化，以免延误病情。

如何在家中了解宝宝的健康

称体重

方法： ①在晨起空腹，将尿排出后或于平时进食2小时后进行，并除去包裹宝宝的衣被的重量。②1岁前的宝宝最好选用盘式杠杆秤，准确读数至10克，也可用老式提秤。

意义： 定期测体重能监测营养状况，及时发现宝宝是否存在营养过剩性肥胖或营养不良。

量身高

方法： 0~3岁宝宝要仰卧桌面上，将一本书固定在宝宝头部紧贴头顶与桌面垂直，并用笔作直线标志。另一人轻轻按住宝宝的双腿膝部，使双下肢伸直，用书抵住宝宝脚板并与桌面垂直，用笔标记，测量两线之间的长度，即为宝宝身长。

意义： 了解宝宝骨骼生长发育情况，结合体重了解宝宝的营养状况，如果宝宝身高低于或高于正常值较多时，应引起家长注意，请医生检查有无骨骼发育及内分泌功能异常。

测头围

方法： 用软尺通过眉弓上缘和枕部最高的部位绕后头一周。

意义： 头围大小与脑的发育密切相关，出生后前半年头围增加8~10厘米，后半年增加2~4厘米，第2年增加2厘米。新生儿头围为33.5~41厘米，平均约为34厘米。6个月为44厘米，1岁时为46厘米，2岁时为48厘米。2岁前测量非常有价值，大脑发育不全常呈小头畸形。头围过大，应怀疑脑积水或佝偻病。

量体温

观察婴儿体温，是了解婴儿健康状况的一个方面。为婴儿测体温时，家长要注意安全。

测量体温一般有3种方法，肛测、口腔测和腋下测。由于婴儿多动，且为无意识动作，故测量肛门和口腔的温度容易发生意外，一般采用腋下测量体温，这既方便、卫生，又安全。

婴儿正常体温在36~37℃，超过37℃为发热，37~38℃为低热，38~39℃中热，39℃以上是高热。对于发热的宝宝，应每2~4小时测量一次体温，在服退热药后或物理降温30分钟后，应再测体温，观察婴儿的热度变化。此外还应注意，婴儿在哭闹后，或刚喝过热水后，或活动后不能马上测体温，如若测体温会发现体温上升；而吃冷饮或洗澡后也不要马上测体温，应在20分钟后再测体温。若腋窝有汗，应擦干腋窝再测体温。

育儿心得

宝宝在测体温前，家长要将体温计的水银柱甩到35℃以下，然后解开婴儿的衣服，将体温计的水银端放置于婴儿的腋窝深处，并使婴儿屈臂夹紧体温计，5分钟后取出体温计，查看体温计的读数。

应该注意，婴儿在测体温时，家长要一直守候其旁，如婴儿自己不能夹紧腋窝，家长应从旁边助一臂之力，帮助婴儿夹紧至5分钟测毕。在测体温时，注意体温计应紧贴婴儿腋窝皮肤，切不可夹在内衣的外面，影响测温的结果。

观大便

宝宝的营养状况和消化吸收怎样，从宝宝的粪便就可观察和预测到。可以说，宝宝的粪便是观测宝宝健康状况的一个很好的凭据。

吃不同的食物，会排不同的粪便。一般来讲，吃母乳的宝宝的粪便呈鸡蛋黄色，有轻微酸味，每天排便3~8次，比吃配方奶的宝宝排便次数要多。

吃配方奶的宝宝的粪便和吃母乳的宝宝的粪便相比，水分少，呈黏土状，且多为深黄色或绿色，每天排便2~4次，偶尔粪便中会混有白色粒状物，这是奶粉没有被完全吸收而形成的，不必担心。

母乳和配方奶混合吃的宝宝，因母乳和奶粉的比率不同，粪便的稀稠、颜色和气味也有所不同。母乳吃得多的宝宝，粪便接近黄色且较稀；而奶粉吃得多的宝宝，粪便中会混有粒状物，每天排便4~5次。

懂得了这些，你就要注意观察宝宝每次排出的大便，发现宝宝粪便有异常，就要随时调理和治疗。

观精神状态

宝宝天真无邪，什么都会写在脸上，一旦生病会表现出精神状态与平时不同。妈妈要在平日多留意观察宝宝的精神状态，如果宝宝生病了，从他精神状态的变化上，你就能察觉到，能尽早地给予宝宝治疗。

宝宝在生病早期精神状态变化的提示：

- 精神差，感觉宝宝总在迷迷糊糊地睡。
- 醒来时，宝宝没有了往日的神气劲。
- 醒着时，两眼无神，表情呆滞。
- 对外界的反应差而慢。
- 吃奶没劲，吃奶量比平时少。
- 比平时爱哭，又难哄，显得烦躁不安。
- 小哭不闹，比平时安静得多。

每个宝宝都有自己的一些日常表现，即使妈妈没有把握学会观察以上的一些提示，只要感觉到宝宝与平时的表现不一样了，也要提高警惕，宝宝可能生病了。

■ 鸡蛋富含丰富的卵磷脂，可以促进宝宝的大脑发育，蛤蜊含有大量的锌，可以增强宝宝的食欲，所以宝宝常吃蛤蜊蒸蛋，可以更聪明哦！

观脸色

中医在诊断疾病时很讲究望诊，这"望"就是观察病人的健康状态，其中脸色是重要的观察内容。那宝宝不健康的脸色有哪些呢？又提示什么问题呢？请看下面的内容。

从宝宝脸色看健康

脸色表现	反映的健康病变
脸色通红	这是脸部血管扩张的缘故。通常可见于宝宝发热或过热时
脸色苍白	这是脸部血管收缩的表现。提示宝宝有较严重的缺氧，如果宝宝同时还有四肢发冷，更要提高警惕。有时宝宝在寒冷的日子，也会有脸色发白的表现
脸色黄染	新生宝宝在生理性黄疸时期会出现面部及身体皮肤的黄染，看上去脸色发黄，这是一时的，会逐渐消退。如果宝宝生理性黄疸不消退，脸色发黄越来越厉害，或减退些又加重，还出现眼睛巩膜（眼白处）的黄染，提示有病理性黄疸或有肝胆系统的疾病
脸色萎黄	这种脸色的发黄程度轻，往往是宝宝体虚或病后的一种表现，宝宝贫血也会出现脸色发黄，腹泻以后、营养不良等情况下，宝宝的脸色也会出现萎黄
脸色青紫	在缺氧的早期，宝宝的脸色会表现出青紫，同时会伴有口唇的青紫。如果这种脸色从宝宝生下来就常有，要高度怀疑宝宝是否有先天性心脏病的可能。如果是突然出现的，要留意宝宝是否有窒息或呼吸道感染，如肺炎的可能。有时宝宝在寒冷的情况下也会有脸色发青发紫的表现，但不会很明显
更能说明问题的是宝宝脸色突然出现变化时，或明显发生改变时	

给宝宝建立起有规律的生活时间表

为宝宝建立生活时间表，这样会让宝宝每天在同一时间想做同一件事情，慢慢形成习惯。

6～12个月的生活作息表

时间	作息安排
6：30～7：00	起床，大、小便
7：00～7：30	洗手，洗脸
7：30～8：00	早饭
8：00～9：00	户内外活动，喝水，大、小便
9：00～10：30	睡眠
10：30～11：00	起床，小便，洗手
11：00～11：30	午饭
13：00～13：30	户内外活动，喝水，大、小便
13：30～15：00	睡眠
15：00～15：30	起床，小便，洗手，午点
15：30～17：00	户内外活动
17：00～17：30	小便，洗手，做吃饭前准备
17：30～18：00	晚饭
18：00～19：30	户内外活动
19：30～20：00	晚点，洗漱，小便，准备睡觉
20：00～次日晨	睡眠

对早产宝宝的照顾

早产儿在医学上是指出生时孕龄少于37个星期的婴儿。一般人容易犯的错误就是将所有低体重新生儿都当做早产儿。当然也有许多低体重儿同时也是早产儿。但必须弄清楚的就是，低体重儿不一定是早产儿，体重足的也不一定不是早产。

早产儿和低体重儿，他们所需的照顾不同，可能发生的问题也不一样。

早产儿的发生率

早产儿的发生率，随地区、社会环境和人们的生活形态、经济状况的不同而有所差别。

每一个早产儿的出生，都可能引发他的家属对早产儿的许多疑问。首先怀疑的，就是他的智商是不是较一般人低，其次就是他是不是很难带，再下来就是各种后遗症了。

早产儿的智力会受到影响吗

在医院方面，往往为了"防范纠纷"，在婴儿住进加护病房的时候，除了病危通知之外，很喜欢给被隔离在病房外的家属来一张已印好的说明。说明上面尽是些颅内出血、败血症、坏死性肠炎等所谓后遗症。负责跟家属沟通的驻院医师往往因为太忙，忽略了沟通，对那张说明书上面所列的后遗症，并不加以解释。一些早产儿家属，就因为看了这些"后遗症"之后立刻决定放弃治疗，白白错过了治疗的机会。

事实上，早产儿的智力，一点也不会因为早出生而有所影响。不错，早产儿有较多的机会发生颅内出血、细菌感染和一些其他的后遗症。但我们必须清楚，医护人员和家属，都只有决定治疗的权利而没有决定不治疗的权利，尤其是在"后遗症"还未发生的时候。

早产儿的体质差吗

在早产儿出生后住在加护病房的时候，也许我们可以这么说，但经过治疗和照顾，到回家的那一天，他们的体质一点也不差。

长久以来，人们对早产儿还有着一种非常错误的观念。那就是认为早产儿智力低、体质差和难带。也有一些人认为宝宝是私人财产，做父母的有接受与不接受治疗的权利。我们曾经看到过不少早产儿，因父母放弃治疗而死亡，也曾看到放弃了之后又后悔，再要求治疗的例子。而事实上，早产儿出生，国家就有法律保障他的生存权。拒绝治疗是一种违法的行为，不应在一个法治社会里发生。因为家贫，付不起费用，放弃治疗早产儿，表面上看是"其情可悯"，其实那是愚蠢至极的行为。把婴儿送掉，给别人领养，虽然并不是值得鼓励的，但这些无奈的父母比起那些坚持抱回家去任由"自然死亡"的，要好得多。在什么情况之下我们才可以放弃治疗？值得争议的地方仍然很多，也恐怕永远都没有一个一定的结论。拿早产儿来说，大概只有严重的颅内出血和严重的先天畸形，已无可能再救活的才可以放弃。事实上我们所能放弃的，也只有延长生命的维生系统，而不是所有的治疗。许多早产儿的家属拿孕龄、体重、经济能力或性别来决定放弃，是不人道的遗弃行为。

早产儿在出生之后，必定有相当长的时间，需要在加护中心接受治疗和照顾。新生儿加护中心必须装置心跳、脉搏和呼吸血液气体变化等多种监视设备。其他如呼吸治疗、检验室的配合和人员的配置等，对于爸爸妈妈来说，确实是一笔昂贵的投资。

早产宝宝的肠胃特点与哺养应注意的问题

因早产儿的胃肠发育未成熟，消化吸收能力受到限制，所以妈妈出院后在喂食方面须特别注意：

1. 奶量：刚出院回家后的两三天内，维持在医院时的进食量即可，因为宝宝对环境变化较敏感，易有肠胃不适、消化不完全的现象，待过两天稳定后再逐渐增加量。

2. 少量多餐：少量多餐可减少宝宝出现胃胀的情况，且可避免呕吐及呛入肺内，避免因胃胀而压迫肺部的呼吸，并有充分的时间使食物消化、吸收。但为了顾及早产宝宝的营养，每天喂食的总量不变，只是增加喂食的次数，这样才不会影响宝宝摄取的营养总量。

3. 缓慢喂食：宝宝呼吸与喂食时的吸吮及吞咽动作是不能同时进行的，为了吸吮或吞咽必须得屏住呼吸。可是呼吸对早产宝宝来说又是迫切需要的，所以当宝宝吃奶憋住呼吸时，就容易将口中的奶水呛入气管及肺内，造成严重的呼吸道阻塞或吸入性肺炎。

由于吸吮本身很耗费力气，连续的吸吮及吞咽动作对早产宝宝来说非常困难。所以，喂食时一定要有耐心慢慢地喂，每隔 1～2分钟停顿一下，将奶瓶嘴或乳头移出口中，使宝宝能喘口气，待呼吸平稳些再继续喂食。当宝宝稍长大些，心肺功能逐步发育完善后，这些情况就会有所改善。

4. 注意腹胀及大便情况：早产宝宝容易发生消化及吸收功能不良，所以，要常用手摸捏宝宝的肚子，如果是松松软软的就属正常；如果是硬实的（在宝宝未用力时），就要格外小心，最好请医生检查。

腹泻也代表胃肠功能不佳，比较衰弱的早产宝宝很容易因几次腹泻而脱水甚至危及生命。当早产宝宝有腹泻时，应暂时减少喂食量，以减少胃肠的负担。腹泻次数多的，要去医院就诊。

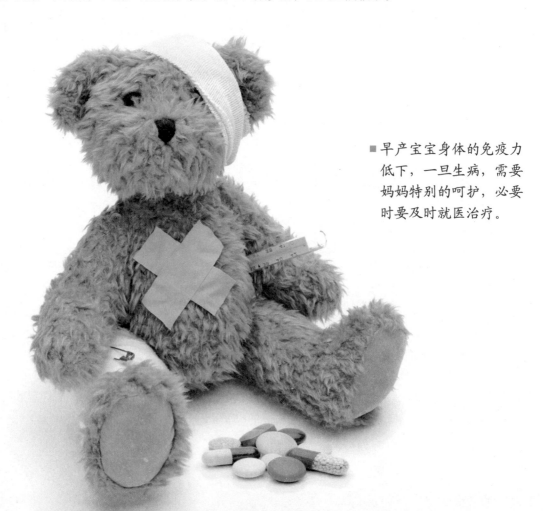

■早产宝宝身体的免疫力低下，一旦生病，需要妈妈特别的呵护，必要时要及时就医治疗。

宝宝的身体护理

眼的护理

早上宝宝起床之后，用浸湿的软布给宝宝擦脸，眼睛周围的眼屎和眼泪都要擦干净。

眼睛周围的皮肤都很敏感，妈妈在擦时一定要掌握好力度，以免伤及皮肤。

有眼屎时。当眼屎太多时，如果不及时清理，可能会导致眼部疾病。如果宝宝的眼屎长时间增多，他可能已经受到了眼疾的侵袭，最好把宝宝带到医院接受专业医生的检查。

异物进入时。相信很多人都有过眼睛进入异物的经历，很难受。如果这件事发生在宝宝身上，他一定会大哭不止，但不要急着哄他，流泪可以让眼睛里的异物随之流出。如果你有绝对的把握，也可以用干净的软布擦出异物，但因为此举有一定的危险性，妈妈应该慎用。

耳的护理

耳朵的结构很复杂，而耳朵周围又容易脏，特别是耳道内会积聚很多脏物，所以需要经常清洁。

妈妈给宝宝洗澡后或擦脸之后，可以顺便用湿毛巾或软布为宝宝轻轻擦拭耳朵。宝宝的耳沟是最容易集聚脏物的地方，也最难清洁，对付耳沟时可以使用棉棒慢慢擦拭。如果你觉得棉棒不方便，可以在手指套上布，这样灵活的手指就可以更好地清洁宝宝的耳朵了。

好动是宝宝的天性，如果在清洁耳朵的时候他动个不停，就必须找到能让他安静下来的方法。

（1）**睡觉时。**宝宝睡觉的时候再不老实，也比醒着时安静许多，这时妈妈就可以放心地给宝宝清理耳朵了。

（2）**看电视时。**如果宝宝对某个电视节目很感兴趣，而他又能聚精会神地观看，那就是给他清洁的大好时机。

（3）**玩玩具时。**让宝宝仰躺着，让他把玩具拿在手里，利用玩具转移开宝宝的注意力，就可以很安全地清洗耳朵了。

■ 玩具能吸引宝宝的注意力，但要注意卫生，及时给玩具消毒。

■ 香油是护理宝宝身体的好帮手。香油是芝麻制成的，芝麻有清热的作用，制成油后又有滋润、滑肠、散结、护肤的作用。它可以防止红臀以及皮肤褶皱处被淹，冬天作为润肤品可有效防止宝宝皮肤皲裂。再加上清热、解毒、散结的作用，可以用来消除磕碰和蚊虫叮咬造成的肿块。至于除头垢，是利用了香油本身的润滑作用，干结的头垢被润滑后较容易去掉。

口的护理

在长牙之前，妈妈不必为宝宝的口腔问题而烦恼，一岁以前的宝宝唾液分泌量很大，可以帮助宝宝清洁口腔。但宝宝长牙之后，就应该对牙齿进行护理，以免引发蛀牙。

宝宝长牙之后，喂他吃过辅食就应该用软布擦拭牙齿，减少蛀牙的发生。

宝宝吃东西时总会弄得满脸都是，如果不及时处理，嘴边的皮肤就会因此而变得粗糙。所以，宝宝的嘴边不管粘上任何东西都要及时擦掉。

有时宝宝喝过牛奶之后，会在舌头上留下厚厚的一层，妈妈不用太过担心，就算不擦干净也不会影响宝宝的健康。

鼻的护理

只要在擦脸的时候顺带着把鼻子周围擦干净即可。鼻黏膜内有许多毛细血管，妈妈护理时要特别当心，不要过分刺激鼻内黏膜，如果担心鼻涕堵塞鼻孔，可用棉棒清理。

（1）宝宝的鼻孔很小，很容易发生堵塞，如果宝宝只习惯用鼻呼吸，那他的鼻子堵塞了可是件很危险的事情。所以，当宝宝的鼻孔里充满鼻涕时，妈妈应该立即擦拭干净，以降低发生危险的概率。

（2）当宝宝的鼻孔有鼻屎时，可以先将他的头部轻轻按住，使用棉棒将能看到的脏物清除。如果把棉棒伸进宝宝鼻孔的时候他乱动，妈妈容易失手戳伤鼻内侧，所以，当宝宝不愿意清理鼻孔时不要勉强。

（3）棉棒塞进鼻孔不要太长，以半个棉球为标准。如果你担心鼻子深处的脏物危害宝宝健康，可以用柔软的纸巾刺激鼻孔，也许宝宝一个喷嚏就能将脏东西打出来。

（4）如果是由于脏物变硬而引起的鼻塞，可以用热水浸泡后的毛巾焐暖鼻子，呼吸就变得通畅起来，此时再用吸鼻器吸出脏物就容易许多。

需要提醒的是，如果宝宝因为鼻塞而感觉呼吸困难，妈妈又没有十足的把握能把鼻内的脏东西清理干净时，千万不要勉强。

臀部的护理

● 小屁屁的清洗

小屁屁脏了。 如果宝宝排便之后没有及时清理，那就应该让宝宝坐到盛有温水的盆中，妈妈把小屁屁洗净后再用柔软的毛巾擦干。在清洗时，别忘了把屁股的皱褶处洗净。

男孩的生殖器。 在清洗的时候，别忘了把生殖器也清洗干净。在清洗了宝宝的阴茎和睾丸之后，偶尔也要把包皮剥开，把龟头清洗干净。

女孩的生殖器。 在清洗时将女孩生殖器的合拢处展开，将阴唇、尿道和肛门周围清洗干净。有时在大腿的缝隙处也有脏物，妈妈在清洗时要注意了。

● 换尿布时

给宝宝换尿布时，可以先用浸湿的脱脂棉花将小屁屁周围擦拭干净，男孩和女孩的生殖器也顺便擦擦。女孩的生殖器在擦拭时，方向应该由前往后。

擦拭屁股之后如果不把小屁屁晾干就包上尿布，湿漉漉的感觉会让宝宝倍感不适。

所以，一定要先将屁股晾干，然后再换尿布。

可是，当妈妈要给宝宝换尿布时，并不是所有的宝宝都能乖乖地躺在那儿，如果遇到不老实的宝宝，换尿布时可采取以下几个方法：

1. 按摩脚。 如果宝宝的脚总是不停地动来动去，让你不能好好地换尿布，此时握住他的双脚，从大腿到脚尖轻轻地按摩。给宝宝按摩脚时，他会觉得很舒服，小家伙会很享受地不再乱动，你也可以趁机换尿布了。

2. 玩具攻略。 给宝宝一个他喜欢的玩具，在他一边玩玩具的同时换尿布就容易了许多。

3. 照镜子。 许多宝宝都喜欢镜子，有的宝宝甚至能对着镜子里面的小人"咿咿呀呀"地聊天。换

■ 宝宝的指甲应及时修
　剪，以免宝宝抓伤自
　己和照顾他的人。

尿布时，让宝宝拿着一面小镜子，让他一边与镜子交流，一边换好尿布也是一件趣事。

指甲的修剪

　　婴儿的指甲长得特别快，1~2个月大的婴儿指甲以每天0.1毫米的速度生长，婴儿指甲过长，若不及时修剪，不仅容易藏污纳垢，也可能会因抓破皮肤而引起感染，因此，应选择合适的指甲剪，间隔1周左右替婴儿剪1次指甲。

　　1. 选择合适的指甲剪。给婴儿用的指甲剪应是钝头的、前部呈弧形的小剪刀或指甲剪。

　　2. 帮婴儿剪指甲时，让婴儿背对着你坐在你的大腿上，剪指甲时一定要抓住婴儿的小手，避免婴儿因晃动手指而被剪刀弄伤。

　　3. 母亲用一手的拇指和食指牢固地握住婴儿的手指，另一手持剪刀从甲缘的一端沿着指甲的自然弯曲轻轻地转动剪刀，将指甲剪下，切不可使剪刀紧贴到指甲尖处，以防剪到指甲下的嫩肉，而剪伤婴儿的手指。

　　4. 剪好后检查一下指甲缘处有无方角或尖刺，若有应修剪成圆弧形。

　　5. 最好在婴儿不乱动的时候剪，可选择在喂奶过程中或是等婴儿熟睡时。

　　6. 如果指甲下方有污垢，不可用锉刀尖或其他锐利的东西清洗，应在剪完指甲后用水洗干净，以防感染。

　　7. 如果不慎误伤了婴儿手指，应尽快用消毒纱布或棉球压迫伤口，直到流血停止为止，再涂抹一些碘酒消毒或消炎软膏。

创造健康的家庭环境

为宝宝创造良好的居住环境

● 朝向

新生儿的房间最好选朝南的，这种房间阳光充足。当新生儿太小不能抱到室外晒太阳时，在朝南的房间中打开玻璃窗，让阳光照射进来就可以了。日照好的房间比较暖和，容易达到新生儿居室的温度要求。

● 室温

保持室温在20～24℃之间。在这样的温度条件下，宝宝不会因寒冷而过多耗能，也不会因室温过高导致脱水热，造成宝宝体温居高不下，出现惊厥等。为维持室温，夏季应注意房间通风，但不要让穿堂风直吹宝宝。室温过高时，可用电扇吹墙壁、湿布拖地、开空调等来调节。夏季室外温度高达37～38℃甚至更高时，爸爸妈妈可以开空调把室温控制在28～30℃。用空调不要24小时连续开机，一般在白天可以间断开几次，夜晚开窗通风即可。

● 光照

室内的光线最好能调节，当宝宝睡眠时，光线应适当地调暗一些。对新生儿来说，过大的声音对他无异于恶性刺激。

● 安全

现在很多家庭小两口奋斗几年才有了自己的家，千方百计地把它装修得富有现代气息，但别忘了新家中很多地方会造成环境污染，起码一年半载后，新居中没"味"了，对宝宝才可谓安全。家中有人吸烟，烟雾中的各种有毒元素对新生儿都会造成伤害。新生儿居室中还不宜铺地毯。地毯内藏的灰尘和螨虫，不但会致病，还会致敏，成为宝宝哮喘的根源。

不要让婴儿看电视

宝宝有了听觉和视觉后，有的家长会抱着他看电视，这样对宝宝的视力不好。因为宝宝对电视机，尤其是彩电发出的X射线比成人敏感得多，经常受这种射线的影响，会引起宝宝食欲缺乏，甚至影响其智力的发育。

另外，宝宝眼睛的调节功能还很弱，与电视屏幕间隔的安全

距离也与成人不一样。再说，宝宝思维单一，会凝视屏幕目不转睛，很容易造成近视、远视、视力减退和斜视。

别让宝宝跟狗太亲近

爸爸妈妈带着宝宝到户外活动的时候，千万别让宝宝逗狗玩，因为这也是宝宝意外受伤的常见情况，而且可能给宝宝造成难以想象的伤害。

造成狗咬伤宝宝的原因，一是狗的生性和接受训练的问题，二是宝宝的行为问题。当宝宝在户外遇到狗的时候，爸爸妈妈应该注意：

1. 决不要靠近你不熟悉的狗，哪怕它的主人就在旁边。在未得到狗主人同意的情况下，决不要抚摸狗，更不要和狗玩耍。

2. 狗到宝宝跟前的时候千万不要试图逃跑，平静地站着，可能它只是想嗅嗅宝宝的气味而已。

3. 遇见一条陌生的狗，千万不要和它相互盯着眼睛看，因为对狗来说，它会认为你是在向它挑衅。

4. 不要打扰正在睡觉、吃东西或正在照顾小狗的狗。

宝宝的卧室不宜放花草

1. 婴幼儿对花草（特别是某些花粉）过敏者的比例大大高过成年人。诸如广玉兰、绣球、万年青、迎春花等花草的茎、叶、花都可能诱发宝宝的皮肤过敏；而仙人掌、仙人球、虎刺梅等浑身长满尖刺，极易刺伤婴幼儿娇嫩的皮肤。

2. 某些花草的茎、叶、花都含有毒素，例如万年青的枝叶含有某种毒性，入口后直接刺激口腔黏膜，严重的还会使喉部黏膜充血、水肿，导致吞咽甚至呼吸困难。又如水仙花的球茎很像水果，误食后即可发生呕吐、腹痛、腹泻等急性胃炎症状。

3. 许多花草，特别是名花异草，都会散发出浓郁奇香。而让宝宝长时间地待在浓香的环境中，有可能减退宝宝的嗅觉敏感度并降低食欲。

4. 一般来说，花草在夜间吸入氧气同时呼出二氧化碳，因此室内氧气便可能不足。

■ 如有条件的话，尽可能将新生儿的卧室安排在朝南的房间，在房间四周的墙壁上，张贴一些色彩鲜艳的图画，并注意保持卧室的舒适、清洁。

强壮的体质是这样炼成的

1周岁以内的婴儿运动量非常小，单靠自行运动，根本达不到强健身体的目的。此时，父母可通过按摩的方式助宝贝进行被动运动，以促进肌肉及筋骨的发育。这对增强体质很有效。

婴儿操促发育

满3个月的宝宝，颈部已经坚挺，肌肉的力量有了相当的长进；做一些稍微大幅度的运动也高兴。

倾斜抱起运动

直立抱起婴儿，然后左右两侧轮换着倾斜45度。

侧身抱起运动

让婴儿侧身躺着，平行抱起，先向左下倾斜，再换成对侧倾斜，两侧都要运动。

坐姿运动

可以先看新生儿体操的部分。先做几次拉起运动之后，再做几秒钟的坐姿操。如果支撑着背部，可以独自坐立几分钟了。

站立跳跃运动

站在床上或者膝盖上让婴儿跳跃，这是婴儿非常喜欢的运动，有些婴儿会嘎嘎地发出笑声。

训练宝宝做爬行操

宝宝在宝宝期就有爬行的先天条件反射。所以，适当地进行爬行运动训练，对宝宝的发育和成长具有积极作用，而且可以增强宝宝四肢的运动能力，对宝宝日后的大动作能力和精细动作能力训练都有很好的辅助作用。

爸爸妈妈们只要用手掌轻轻抵住宝宝的足底，宝宝就会试图向前爬行，尽管开始时爬不了几厘米，但宝宝确实努力了。爬行训练的时间控制在每次1～2分钟，每天1～2次较为适宜，注意不要在宝宝吃饱或饥饿的时候进行。经过爬行训练，宝宝颈部及背部的肌肉可以得到很好的锻炼，四肢也会越来越有力量，体质自然也会随之增强。

爬行操适合6～10个月的婴儿做。做这套操的目的，是锻炼宝宝肩、臂、背、胸、腿的肌肉，有利于他练习行走。爬行操的练习方法是：

1. 让宝宝躺着，然后举起他的双臂画半圆放下，做的次数跟月龄相同。

2. 让宝宝躺着，然后按着他的脚在床上滑动8次。

3. 握着宝宝的手，使他坐立，并提起1次。

4. 让宝宝躺着双手按着膝盖，直举双腿与躯干成90度角。

5. 让宝宝双膝爬行。

6. 宝宝俯卧，大人提起他双腿，使其背部后弯，做2～3次。

帮助婴幼儿做站立操

　　站立操可训练宝宝运动的协调性，增强他臂、腹、腿肌肉的力量。婴儿做操不要勉强，特别是出生2~3个月的婴儿，不要强拉他的腿，如果操做得不正确，反而有害。婴儿做体操，要按具体情况而定。如果婴儿常活动，就不一定要他做操了。如果穿着多，室温又低，也不一定要他做操。

　　1.让宝宝坐着，屈伸两臂约10次。

　　2.让宝宝坐着，快速交替屈伸两腿1次。

　　3.让宝宝趴着，提起宝宝两腿，使其两胳臂撑床，大人一手支其胸。

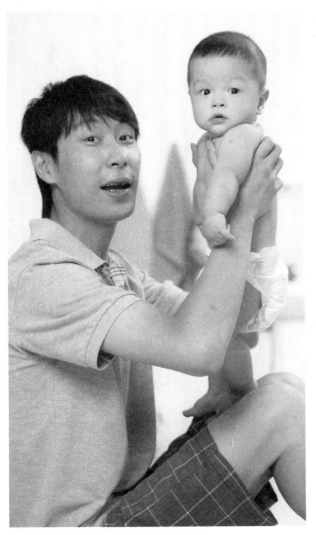

进行肌肉放松运动

　　到宝宝4~5个月时，宝宝的身体还处于蜷缩的状态，需要进行肌肉放松的运动。不过，这样的运动应该合理进行，不能过分。比如，握住宝宝的手腕画半圆状、将手臂举过头顶、将双脚左右交替屈伸等舒展四肢的运动。

　　宝宝已经能够充分支撑脖子了，俯伏时也能够抬起头部和胸部，因此，要让宝宝养成独自活动的习惯。要是宝宝一哭闹就抱起来，时间长了容易形成依赖。经常让宝宝处于俯伏状态，宝宝就会用手或手腕支撑着抬起头来，有的宝宝甚至能抬起上身。这样非常有利于颈部、后背、手臂等部位肌肉的发育，也有助于今后的爬行训练。

不要妨碍宝宝独自活动

　　虽然与妈妈相处很重要，但还是要训练宝宝独自活动。宝宝醒来后不哭不闹，看着自己的手和脚独自玩耍，此时可以进行这方面的训练。当宝宝独自活动的时候，妈妈尽量不要参与进去。由于宝宝已经能意识到周边的情况，因此，当他独自活动时，只要一见到妈妈就会哭闹着撒娇。事先拿走宝宝周围带有危险性的东西，放上能引起宝宝注意的东西，效果会很好。

育儿心得

用玩具促进宝宝的动作发展

玩具不仅可以增加宝宝的生活情趣，丰富知识，开拓能力，而且有助于培养宝宝健康的个性。玩具是宝宝的第一本教科书。

玩具造就宝宝的个性

父母针对宝宝的个性特点，有目的地选择玩具，对宝宝个性的健康发展会有积极作用。

1. 对于比较好动、坐立不安的宝宝，家长可以选择一些静态性的智力玩具，像积木和插塑玩具，让宝宝能较长时间地集中注意力，学会控制物体，进而控制自己的行动，使好动的个性有所修正。

2. 对于沉默寡言、性格孤僻的宝宝，家长可以选择动态玩具，如惯性玩具和声控玩具，让宝宝在追逐汽车、飞机、坦克的过程中，产生愉快和自信的感觉，逐渐形成活泼、开朗的个性。

3. 对于粗枝大叶、性情急躁的宝宝，家长可以选择些制作性玩具，如纸模玩具，让宝宝在制作过程中，认识事物之间的关系，养成学习的习惯。

4. 对于不合群、不愿和别人交往的宝宝，家长可以选择参与性玩具，如水上玩具，或让宝宝参加集体游戏，使宝宝逐渐了解自己和他人之间的关系。

父母应有计划地使用非专门玩具，如棒子、纽扣、橡皮泥、绳子等，让宝宝自由游戏，在游戏中引导宝宝掌握这些材料的特征和使用这些材料的基本技能。在此基础上，引导宝宝对手中的材料进行整体组合，并逐步过渡到有主题、有情节的组合，以发展宝宝的独创能力。有关实践已经证明，非专门玩具对宝宝健康个性的发展会产生意想不到的促进作用。

游戏结束后，父母要督促宝宝把玩具收拾整理好，以养成良好的行为习惯。在收拾整理玩具的过程中，同样要求宝宝用最快的速度和最合理的排列来完成管理任务。

■ 尊重儿童身心发展的规律，正确利用玩具的特有功能，就一定能引导好宝宝个性的健康发展。

不同年龄的宝宝宜选不同的玩具

宝宝的确是从游戏中学习，但是不一定非买昂贵的玩具才能学到东西。"新生宝宝不会玩玩具，没有必要买玩具。"你错了！其实，玩具对新生宝宝而言，并不在于玩，而是提供对视觉、听觉、触觉等刺激。

新生宝宝可以透过眼睛看玩具的颜色、形状，耳朵听玩具发出的声音，四肢触摸玩具的软硬，向大脑输送各种刺激，促进脑功能的发育。因此，为新生宝宝选择玩具是必需的。为新生宝宝选择安全玩具，最好是能看、能听又能吊挂，颜色要鲜艳，最好是以红、黄、蓝三种颜色为基本色调，能发出悦耳的声音，造型要精美、简单，触感柔软、温暖，体积较大，无棱角的。

当你的宝宝1～2岁时，家长会发觉宝宝所谓的"玩"玩具，其实就是把玩具从篮子或柜子里统统倒出来，扔得满地都是，这就算玩完了，而且还不负责归回原位。这令花了大钱买玩具的父母失望不已，宝宝不只是乱丢玩具而已，他还是个破坏高手，这只小熊没有眼睛，那只小狗没鼻子，钓鱼玩具组只剩鱼箱，鱼和钓竿已不知去向……这可是一点也不稀奇的。

父母还会发现，买了一架漂亮的玩具飞机给1岁的宝宝，宝宝感兴趣的却是装飞机的盒子，对不会动也没声音的飞机连看都不看一眼，唉呀呀！怎么会这样？

其实，宝宝没什么不对，因为宝宝就是这样玩的。因此，父母首先要根据宝宝的年龄选择适合的玩具给他，太早或太晚都是白费工夫。例如，一个三四个月大的宝宝，可能一条小手帕就让他玩得很高兴了，玩具电话可就没兴趣了；玩具钢琴对1岁的宝宝来说，是拿起来摔的好东西，可是拿给一个3岁的宝宝，他可以边弹边唱，虽然不成调，但是乐趣无穷。

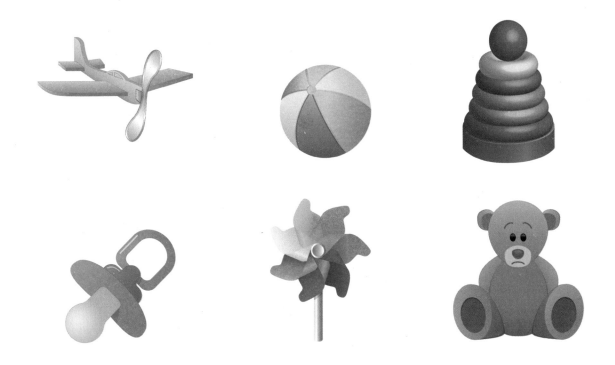

健康咨询室
让宝宝平安，妈妈安心

宝宝生病，父母担心，这是不可避免的事。宝宝生病的频繁程度和严重程度主要取决于宝宝对疾病的易感程度，而不是父母的照料水平。但有些基本工作是你可以做的，有助于降低宝宝的患病概率，生病时早日痊愈。

半岁以后爱生病

宝宝半岁以前不生病，半岁以后三天两头生病，不是发烧就是咳嗽，不是拉稀就是出疹子，这同宝宝的免疫系统发育有着密切的关系。

宝宝与生俱来的免疫力

免疫，顾名思义就是免除疾病。免疫系统实际上就是人体防止疾病侵袭的防御系统，这个系统的功能很重要，如果这个系统出了毛病，人在疾病面前就完全"解除武装"，那将是十分危险的。

人的免疫系统可分为两大类，一种是非特异性的，也就是说，对外来各种原微生物一概有效。另一种是特异性的，也就是说对付"敌人"是有区别的、有目标的。

非特异性系统主要包括皮肤、淋巴结及白细胞。特异系统又分体液免疫及细胞免疫，体液免疫就是指各种免疫球蛋白，又称抗体。

胎儿3个月时，即由母亲输入少量免疫球蛋白，4个月时大量输入，5个月时胎儿体内的免疫球蛋白甚至超过母体，7个月以后与母体达到平衡。

这些免疫球蛋白是母亲留给宝宝极其宝贵的"武器"与"财富"。新生儿正是靠它来与出生后接触到的各种"敌人"做斗争的。因为宝宝出生后，一旦脱离母体，就进入了一个细菌、病毒的"海洋"，没有这些"武器"，他就可能在"敌人"面前完全处于挨打的地位，很可能因为轻微感染而丧命。

不过，母亲给的免疫球蛋白，在宝宝出生后以每3～4周减少一半的速度被消耗掉，到宝宝10个月时，它就消耗完了。

通过母乳获得的免疫力

宝宝出生后，还有一条接受母亲"援助"的途径，那就是喂奶。母乳里含有一定量的免疫球蛋白及有细胞免疫活性的各种细胞，它能帮助宝宝消灭肠道里的致病菌，提倡母乳喂养的道理即在这里。

当然，靠母亲而来的抗体，终归还是权宜之计，出生后一段时间，宝宝自己已经开始"独自战斗"了。这期间，他开始"生产"自己的免疫球蛋白，这是一个逐渐成熟的过程。

仅以一种免疫球蛋白为例，免疫球蛋白G3～4个月时体内的含量只有成人的35％，1～3岁时达60％，4～6岁时62％，7～9岁时78％，10～12岁时86％，13岁时才达到成人的水平。也就是说半岁以前，宝宝的抵抗力只有成人的1/3。

因此，半岁以后爱生病的道理就在这里。

宝宝患病的早期信号

　　健康的宝宝和患病的宝宝在平日的表现是有差别的，宝宝患病初期都会有一些症状出现，一旦发现宝宝有异常情况，妈妈就要针对具体情况进行及时处理或者马上送宝宝到医院，以免贻误病情。宝宝患病初期一般会出现以下一些症状：

疾病症状	疾病的判断	妈妈的对策
大便干羊屎状	正常宝宝的大便呈软条状，每天定时排出。若大便干燥，难以排出，大便呈小球状，或2～3天一次干大便者，多是有内热	妈妈可多给宝宝菜泥、鲜梨汁、白萝卜水、鲜藕汁服用，以清热通便
食不好卧不安	如果宝宝饮食过量，或吃了生冷食物，或吃了不易消化的食物，都会引起宝宝腹胀，不舒服，往往还在睡眠中翻动、不安、咬牙	宝宝如果鼻梁两侧发青，妈妈要引起注意
鼻中青腹中痛	中医认为，宝宝过食生冷寒凉的食物后，可损伤脾胃的阳气，导致消化功能紊乱，寒湿内生，腹胀腹痛。而腹内寒湿痛可使面部发青	如果出现此种症状，父母要引起注意
舌苔白又厚，腹中积食多	正常时宝宝舌苔薄白清透，淡红色。若舌苔白而厚，呼出气有酸腐味，一般是腹内有湿浊内停，胃有宿食不化	此时妈妈应该给宝宝服用消食化滞的药物，如宝宝化食丹、宝宝百寿丹、消积丸等中药
手足心热常有病痛	正常宝宝手心脚心温和柔润，不凉不热。若宝宝手心脚心干热，往往是发病的征兆	妈妈要注意宝宝的精神状态和饮食调整
口鼻干又红，肺胃热相逢	若宝宝口鼻干燥发热，嘴唇鼻孔干红，鼻中有黄涕，都表明宝宝肺、胃中有燥热	妈妈要注意多给宝宝饮水、避风，以免发烧、咳嗽

■ 你对宝宝了解得越多，对他的帮助就越大。亲密育儿法确实能帮你探查病情和照料病儿。对宝宝啼哭的敏锐反应，长时间的喂奶和拥抱，都会让你更加了解自己的宝宝。你对宝宝健康时的状态了如指掌，因此一有病情征兆，就有直觉的警惕，"他有点不对头"或者"他的哭声跟平时不一样，我知道他肯定某个地方不舒服"。仅仅知道有地方不对头是不够的，还要知道哪里不对头。

如何增强宝宝的抵抗力

坚持母乳喂养，全面补充营养

母乳喂养，能增强宝宝抗病能力。在宝宝进行过渡性断奶的过程中，要注意选择营养丰富、荤素搭配、容易消化的食物，如肉、鱼、蛋、豆类和新鲜蔬菜等。开始应喂些烂饭、软饭，菜要切碎，鱼要去刺。饮食要定时，除一日三餐外，可适当加1～2次饼干、豆浆、牛奶、水果等。

锻炼身体

要让宝宝多接触阳光、新鲜空气和冷水。对于刚出生7～8个月的宝宝来说，让他多爬是最好的锻炼方法。而经常晒太阳可以预防佝偻病，经常接触冷水，可促进宝宝体温调节的反应性，增强机体适应天气变化的能力。

补充足够的水分

宝宝饮水不足常表现为烦躁不安、哭闹、皮肤干燥失去弹性，不但影响宝宝的生长发育，还能导致免疫功能降低，使宝宝易患感染性病症。以母乳喂养者为例，在宝宝7个月时，应加至每日饮水100毫升。

保证宝宝充足的睡眠

睡眠有利于宝宝的生长发育和智力开发，还能促使宝宝增进食欲，增强抵抗力。

及时参加计划免疫

免疫接种是帮助宝宝抵抗感染性病症的有效措施。家长必须按计划免疫要求与医务人员配合，不让宝宝错过每一次保证健康的机会。

充分发挥宝宝的自愈力

一定范围内的发热是机体抵抗疾病的生理性防御反应。发热时，机体代谢速度加快，免疫功能活跃，抗体生成增多。肝脏解毒功能增强，有利于身体对疾病的抵抗。

及早发现宝宝生病的蛛丝马迹

宝宝是一家的希望，活泼好动的宝宝让人疼爱。可是，稚嫩的宝宝也处于一生中最易得病、最易受伤的时候，我们的家长们可要好好地照看宝宝啊!如何照顾好宝宝是有大学问的。避免宝宝得病，避免宝宝受伤是必须做到的。当宝宝受伤时，及时观察宝宝的表现、做出正确的处理也可以使宝宝远离危险。

有一些疾病是常见的，而且这些常见病在发病前后，宝宝常常会有一些特殊的表现，父母如果提前观察到了某些症状或危险信号，就可以及时送宝宝去医院就诊，从而避免延误病情。

总之，宝宝若发病或病情加重，总有"蛛丝马迹"，父母只要注意观察就不难发现。掌握了第一手资料也便于在就诊时向医生陈述病情，方便医生能及早确诊，对症处理。

宝宝患病常见的信号

宝宝的异常表现	宜采取的应对措施
宝宝出生后48小时没有尿，通过喂葡萄糖水还没有尿	应该尽早到医院请医生诊断
宝宝黄疸半月后还没有消退	应检查宝宝大便的颜色、是否母乳喂养以及有没有胆道闭锁
宝宝经常鼻出血	应检查血液系统
宝宝的嘴唇出现青紫	应该检查是否患有先天性心脏病
宝宝出现面色发黄，不吃东西，疲乏无力	应做肝功能检查
宝宝多吃、多喝、多尿	应检查其血糖和尿糖
宝宝光吃不睡，有时腹胀，面色萎黄	可能会患有钩虫病或蛔虫病
宝宝突然大哭不止，或者哭一阵儿停一阵儿，再大哭	应检查是否患肠绞痛、胆道蛔虫、肠梗阻或者是肠扭转等急腹症
宝宝的下肢弯曲，用力拉直就哭或两脚离地高低不一	应检查是否患有先天性髋关节脱位
宝宝出现发热、鼻翼向外扇动，同时伴有嘴唇青紫	应检查是否患有肺炎以及支气管肺炎
宝宝有发热和抽筋表现	应检查是否患有急性感染
宝宝入睡后，不停地翻动手脚，用手抓屁股	有可能是蛲虫感染

宝宝生病的照顾和处理

宝宝越小，照顾起来越耗费心机，饮食、睡眠、疾病防治等每项都是棘手的问题，每样都要科学合理，也让爸爸妈妈时刻都提心吊胆。否则辛苦的不只是爸爸妈妈，连宝宝也会遭受很大的影响。

无须担心的症状

婴儿的身体发育尚未成熟，但他们都是活泼好动的。所以，即使出现一些异常，妈妈也需要保持冷静，细心地观察宝宝的状况。

出现的症状	处理的方法
出现发烧的现象	出现发烧的现象，但精神状态很好，也有很好的食欲，妈妈可以继续观察1~2天
发生抽筋	一般只需要照顾好宝宝的安全，多数情况宝宝会在数分钟后恢复到正常状态
出现发疹	首先要测量一下宝宝的体温，体温如果偏高，就不能带宝宝到室外活动。宝宝食欲缺乏时，只要体重增加也不会存在问题
有恶心、呕吐症状	在呕吐以后却显得若无其事，也不会出现问题
有呼吸困难或咳嗽现象	首先应该注意宝宝的衣服与被子的问题，咳嗽是不是因为嗓子的缘故
有便秘或泻下症状	如果几天后排出大便，然后变得活泼起来，食欲状况良好，没有其他异常变化，也属于正常现象
轻微地流血和不愿睡眠	要先找出出血根源，情况不严重也不会出现大碍。即使宝宝出现夜啼、失眠的情况，夜晚没有睡意，只要白天睡眠充足便不用过多担心

没有生病的状态

贪玩、活泼是所有宝宝的共同特征，宝宝全身情况良好，一般都不会轻易患疾病。

如果宝宝心情很好，喜欢说话与欢笑，轻微地逗弄，他都会用欢快的笑声回应。

宝宝脸色非常红润，眼睛炯炯有神，皮肤的色泽也很好，喜欢喝奶和吃各种食物。

宝宝十分调皮，总是爬来爬去，想主动与人玩耍；睡眠也显得十分有节奏，按时熟睡，清醒以后心情也十分舒畅。

这些都是宝宝活泼的正常表现，是健康宝宝的真实体现。

令人担心的症状

每天进行健康检查是为了不出现病变状况，碰到具体的情况，就应该对照左边表中的各项进行检查，如果症状严重，则需要立即就医诊治。

紧急情况

下列情况，都有可能威胁到宝宝的生命安全，一旦出现家长不要有丝毫的犹豫，应该火速送往医院进行治疗。

突然出现急速呕吐、腹泻、痉挛等症状，呼出的气息中有异样的气味，可能是因为中毒所致，需要立即治疗。

意识模糊，呼吸也没有太多反应，脸色呈青紫颜色，嘴唇、指甲都变为紫色。脉搏十分微弱，跳动过速或缓慢。这些都是紧急的征兆，需要立即送往医院。

呼吸急剧变化，每次呼吸锁骨上方与肋骨都会出现凹陷。并且瞳孔突然放大，呈现出黑眼球，目光游移，即使有光亮照射也不会收缩，或者收缩后立即回归到原来状况。发生类似情况，必须送往医院救治。

倘若因为骨折出血而发生水肿，也必须请医生检查诊治。

宝宝的症状	妈妈的处理
咳嗽情况严重，表情十分痛苦，又不能查出其他症状，有痉挛现象发生，并且1天多次重复出现，每次持续时间都在10分钟以上	父母应该带宝宝到医院进行检查
在发疹的时候，伴有高烧的情况，宝宝食欲不是很好，体重也有所减轻	父母应该谨慎处理，最好让医生仔细检查
宝宝腹部鼓起，连续3天以上没有排出大便	让医生给宝宝洗肠。倘若宝宝出现泻下，并且便中带有血色，应该请医生诊断
出现血流不止的情况时	需要立即送往医院治疗
宝宝无论是白天还是夜晚都不能安然入睡，心情十分烦躁，并且啼哭不止	应该带宝宝到医院诊治

育儿小讲堂　哪些情况须将宝宝立即送往医院

如果宝宝发生以下几种状况，应该引起爸爸妈妈的重视，送往医院治疗。
宝宝心情非常不好，不管妈妈怎样逗弄或搂抱，宝宝都一直用哭声回应。
宝宝脸色十分难看，呈现出青白颜色，眼睛变得浑浊，皮肤也没有了光泽。
动作十分迟缓，显得疲惫不堪，也没有丝毫的食欲，不再主动吃奶和玩耍。
无论妈妈是背着还是抱着或摇晃着，宝宝都不肯好好地睡觉，即使睡着也会马上醒来。

危险的征兆

　　一般都属于急性重症，父母应了解这些危险征兆的知识以便明确判断哪些为异常情况。由于宝宝身体瘦弱，抵抗能力有限，出现以下几类情况需要父母当机立断，刻不容缓地带宝宝到医院就诊，情况危急也可拨打"120"请求救护车的支援：

　　突然发生高烧，并且持续多日不退。

　　出现呼吸困难，蜷曲着腿痛苦地啼哭，或严重地咳嗽或发生急性哮喘。

　　因为出疹而突发高烧，出疹与水疱一般都存在于口腔中，并且会立即传遍全身。

　　出现10分钟以上的痉挛，症状没有丝毫消失。

　　出现多次恶心、呕吐，并且呕吐物中带有咖啡状的物质或血丝。嘴唇十分干裂，处于根本不能接受水分和食物状态，显示出脱水症状。

　　大量出血，并且难以止住，情况也十分危急。长久拼命地啼哭，宝宝根本不能达到睡眠状态时，也属于危险征兆。

■ 宝宝一般都是活泼好动的。若出现一些异常，妈妈需要保持冷静，细心地观察宝宝的状况。

别忘了带宝宝定期全面健康体检

　　婴幼儿期的宝宝处在一个快速的生长发育过程之中，他的生理、心理、体格、智力等诸多方面，每时每刻都在发生变化，其中一些细微变化家长是很难发现的。只有通过保健医生专业、敏锐的眼睛以及丰富的临床经验，才能判断出宝宝生长发育的水平是否属于正常。

　　因而，定期进行全面健康体检，能及早发现宝宝在生长发育过程中存在的隐蔽问题，并可及时采取合理、有效的干预措施，以保证宝宝的健康成长。

　　可以说，这与预防接种同等重要。通过定期体检，还可以弥补家长养育经验的不足，新手爸妈可以从保健医生那里获得喂养、教养及护理等方面的正确信息，以有效解决其在养育方面存在的问题。

　　宝宝多久须做一次全面体检呢？

　　1岁以内进行4次体检，1~3岁每半年或1年做1次全面的体格检查，3岁以后每年1次即可，并给予健康评价。在体检中，通过测评宝宝的体重、身高等了解宝宝喂养、患病以及智力发育的情况；同时，保健医生会根据宝宝的具体情况，给家长提供喂养以及护理等方面的正确指导。

宝宝1岁以内的体检项目

宝宝月龄	体检项目
6个月以内	生长发育评价，体格检查（体重、身高、坐高、头围、胸围、心肺等），神经反射，语言发育，运动发育，听力筛查，智力测评，喂养（喂养方式、奶量、断奶时间、辅食添加的情况以及其他相关的情况），早期智力发展及护理的指导等
7~12个月	生长发育评价，体格检查（体重、身高、坐高、头围、胸围、囟门、牙齿萌出时间和牙齿数、心肺等），神经反射，语言发育，运动发育，听力筛查，智力测评，喂养，早期智力发展及护理的指导，血红蛋白或血常规的测查，微量元素测查，血铅检测，气质测查，视力筛查，骨密度检测等

宝宝成长过程，爸爸妈妈要定期带孩子进行体检，可以随时了解孩子的成长情况。

心理加油站

宝宝成长最需要的心理营养

宝宝心理的发育和身体的发育一样需要"营养"。当然，心理发育所需要的"营养"不是蛋白质、维生素和矿物质，而是拥抱、赞扬和笑容。父母热烈的拥抱，是宝宝心理发育最佳的"营养"。宝宝虽然不会用语言与父母交流，但却能接受父母亲切的话语中传递爱的信息，并由此感到满足。因此，父母千万不要忽视与宝宝的"交谈"。

宝宝也需要父亲的"乳汁"

没有人会否定初生婴儿与母亲的那种血肉联系，但这决不意味着父爱被剥夺，也不意味着父职有理由可以暂时转嫁以至放弃。现代科学在探讨婴幼儿生存智慧与心理发展的过程中发现，从宝宝出生的第一天起，不仅母亲的"哺育"职能非常重要，父亲的"哺育"职能也同样重要。这包含着新生儿的"物质营养""情感营养"及"心理营养"。作为父亲，应当而且必须同新生儿的母亲共同商定哺育方案、实践细则及生活节律。就是说，从婴儿初生起，夫妻就要共同承担起哺育与教育孩子的任务；婴儿从来到这个世界起，就能进入不是单由母亲而是由父母共同构成的伦理氛围和情感环境——既有母亲的一半，又有父亲的一半完整构成的"自然界"。

这样的伦理气氛的构成，不只有助于宝宝个性品质的优良发育，而且有助于父、母、子理想的三角伦理结构的形成，并达到应有的美满与和谐。

从宝宝出生的第一天起，宝宝的父亲就应该参与"哺育"活动，不要从"哺育"宝宝的始端，就缺乏现代育儿意识，认定"这些事是女人的职责""我不该夺爱的特权"，或者是因为自身的懒惰，或者是为迎合传统舆论，而把哺育宝宝的应有责任几乎全部推给母亲。

用爱的语言和宝宝交流感情

小宝宝不会说话，还不具备理解能力，可是已经可以倾听，并且对妈妈的说话声尤其关注和喜欢。在充溢着爱的语言的讲述与倾听中，妈妈和宝宝实现了让人激动的感情共鸣：当宝宝在吃奶时听到妈妈的谈话，宝宝就会停止吸吮或改变吸吮速率，而别人的说话声宝宝却不理会；妈妈说"哦，宝宝是妈妈的，宝宝认识妈妈吗？"这样的话时，宝宝可能会微笑。

妈妈在对宝宝说话的时候最好慢慢移动面部，宝宝的头和眼球就会随着你而转动，这样既交流了感情又对宝宝的视觉进行了很有效的训练。

和宝宝进行情感交流最重要的是建立彼此间的"安全感"和"熟悉感"。

建立"安全感"和"熟悉感"要做到以下几点：

1. 宝宝哭泣的时候，父母要非常关注并能很快地出现在他面前，轻轻抱起他，并让他靠在自己的胸口。

2. 宝宝心情好时会安静地注视着父母，这时，父母要用充满爱的目光来回应他。

3. 宝宝遇到陌生人、吃没有吃过的东西、听到不了解的物体发出的声响和动静时，他想马上触摸到父母。父母应该尽快地让他感觉到你的存在，并用温柔话语和轻轻抚摸来安慰宝宝。

育儿心得

关注宝宝不同的声音，体察其感情需求

不会言语的宝宝会用声音来表达自己的情绪，需要父母细心体察并能积极满足他们的心理需求。新生婴儿消极情绪较多，当渴了、饿了、冷了、困了、尿布湿了，他都会用哭声来表示；当他感到周围没人觉得寂寞时，会发出不高兴的哼哼声；当他有病痛时，则会发出尖锐的哭叫声。细心的妈妈对于宝宝这样的表达方式应该特别关注，知道宝宝为何而哭后要及时有针对性地解决。为了宝宝能逐渐安静下来，还可以给他唱歌、念歌谣，这种很有效的感情交流方式，既能调动宝宝愉快的情绪反应，同时也可以促进他的发音。

■ 被爸爸妈妈倍加关注的宝宝比较安静、易笑，很容易形成良好的性格。

根据0~1岁宝宝的心理进行教养

娇嫩的婴儿最能惹父母的怜爱，你笑他也笑，你心情沉重，他就不高兴，稍大的时候，大人让干什么他就干什么，特别听指挥，母亲会觉得宝宝和自己的心灵相通，更加激起妈妈对宝宝浓浓的母爱。这时的婴儿没有形成"自我"的概念，分不清自己和妈妈(或他人)的区别。妈妈高兴，自己就高兴，妈妈不高兴，自己就不高兴，宝宝的情绪容易受周围成人的影响，听从大人的安排。

宝宝采取"自我享乐"行为准则，以满足本能需求，如饿了、尿布湿了就哭，不会顾及父母、别人的感受，不会控制自己的情绪、行为。

如果父母在教养宝宝时，能了解他的心理特点，有计划、有目的地进行，那将会事半功倍。

第一，父母可以通过哺乳，进行良好的行为训练，养成宝宝有规律的生活习惯。不要将喂奶与啼哭两种行为联系起来，即不能一哭就吃，以免日后不能建立规律的生活习惯。可以在喂奶前唱同样的歌或听同样的音乐，这样宝宝会形成条件反射，饿了时听到熟悉的声音就会安静下来。

第二，是有计划地锻炼和训练婴儿抬头、翻身、挺胸、站立、行走等。这对婴儿日后形成动作敏捷、行为快速的模式很有帮助。

第三，是早期智力开发。可按照婴儿的月龄，准备色彩鲜艳的玩具、图画，促进其感官的发展。此外，动听的乐曲、成人委婉生动的话语，均对婴儿心理发育有良好影响。

第四，母亲和家人应给予婴儿必要的爱抚、触摸和搂抱。美国心理学家发现，如果育婴室不用保育员，仅采用机械化手段喂奶，使婴儿不与人接触，结果婴儿的生理与心理的发育都受到影响。后来增加了保育员，规定了每天抱起婴儿的时间和次数，从而使婴儿解决了"皮肤饥饿"的困扰，睡眠、吃奶都较前有进步，患病率大大下降。

■ 培养婴儿健康的心理卫生，需要父母的精心呵护，需要一定的规律和秩序，只要父母能坚持，宝宝一定会以良好的状态作为回报。

爱的赠语

送给父母的育儿名言（三）

家庭教育并不只是对宝宝的教育，它也是父母的自我约束。

——肯尼迪

每个宝宝都需要不断的鼓励，就像植物需要水一样。

——德莱克斯

对于宝宝的成长而言，最重要的是教育而不是天赋。

——卡尔·威特

宝宝最喜欢爱他的人……也只有爱才能培养他。

——捷尔任斯基

如果你不首先培养活泼的儿童，你就绝不能教出聪明的人来。

——卢梭

你的宝宝能通过观察和模仿你而学会他最基本的情绪习惯。

——吉姆·泰勒

宝宝们更需要的是榜样，而不是批评。

——儒贝尔

每个宝宝都需要这样一个人，相信他，并且不放弃他。

——凯瑟琳·克西

即使是宝宝，也有一个人格，也是一个独立的人，这个前提必须明确。

——池田大作

当宝宝的表现让你厌弃时，你更应该关爱他。

——索尔特

如果他们尊重你、依赖你，他们就是在很小的时候也会同你合作。

——甘地夫人

为宝宝创造环境，让他们自己做出选择并有所成就，从中得到快乐。

——格罗尼克

PART 4

1~2岁宝宝的养育

　　在宝宝不满1岁时，重点在于获得生理能力：他学习爬行、站立，甚至也许能迈出几步。1~2岁宝宝开始学走路，他探索的范围更广了，探索的欲望更强了，妈妈们又不得不面对许多新的麻烦和难题，唉！都是成长惹的"祸"哟！

宝宝的生长发育

宝宝满周岁以后，体格发育的速度相对减慢了。1岁的宝宝度过了婴儿期，进入了幼儿期。幼儿无论在体格和神经发育上，还是在心理和智能发育上都出现了新的变化，大脑等神经系统不断发育与完善，动作迅速发展。宝宝走得越来越稳当，开始学习跑、跳等动作，不用扶就能蹲、能坐，能扶栏杆，上下台阶，踢球、滚球等。手的动作更加精细，会搭积木，会握笔，会开关门，能穿木珠，能用拇指和食指捏东西等。

生长发育

满周岁以后进入幼儿期，发育生长速度相对第一年有所减慢。

满周岁的宝宝体重约为出生时的3倍，即9千克左右；身长约为出生时的1倍半；头围约为46厘米；胸围和头围相当。

1.5～2岁，宝宝的体重增长很慢。个子却长得较快，身体越来越结实，也显得瘦一些。婴儿出生时身长与脑袋的比例为4：1，到2岁时则为5：1，且身体重心下降，平衡力增强。

满周岁时大部分的幼儿已经长出8颗乳牙。到1岁半至2岁时，上下已各长出8颗乳牙了。

2岁以内的出牙数目约为月龄减去4～6，但乳牙的萌出时间存在较大的差异。有的幼儿牙齿高高低低很不整齐，这属正常的生理现象，一般到2岁以后牙齿长出很多时自然会长得很整齐。此时幼儿的牙齿并不是很结实，还有点松动。

父母要注意保护好幼儿的牙齿，尽量让他用牙刷刷牙。婴儿出生时，前囟对边中点边线的长度约为1.5～2.0厘米，在1～1.5岁时闭合。前囟检查在儿科临床上很重要，可以衡量颅骨的发育，如果婴儿到1岁半时前囟还没有完全闭合，则可能是发生某些疾病的征兆，必须到医院进行检查。

动作发育

大动作能力

刚满周岁的幼儿可手膝并用爬行，在别人的帮助下可以行走了，但走得还不是很稳。到了15个月左右，就可以独自行走了，但只能走很短的一段距离，而且摇摇晃晃很不稳定，这是因为幼儿走的时候全身肌肉都很紧张，动作的协调性和准确性很差。这种情况到1岁半时即可消失，此时的幼儿开始会跑了。刚开始还不能在跑动中拐弯。可以爬台阶，1岁半时就能沿楼梯一层一层地往上爬。

2岁时，爬楼梯不必扶着栏杆也能上下自如。即使拐弯的地方也能快步奔跑了。幼儿的手指功能也逐渐健全起来，能够做许多精细的动作，如可以自己拿杯子喝水，可以拿勺子吃饭，用笔乱涂抹，可以垒2～3块方积木，可以模仿大人的动作，到2岁时还可以自己脱衣服。

宝宝1岁到1岁2个月时，走路不稳，摇摇晃晃；1岁3个月时可独立走稳，但碰到凹凸不平的道路仍易失去平衡而跌倒。1岁6个月时可跑步和倒退行走，能用脚尖走3～4步；2岁时，宝宝脚步已经很平稳，可以随心所欲到处走动，并可双足并跳，此时的宝宝会到处跳来跳去，活动量之大常叫大人们吃不消。

精细动作能力

1岁后的宝宝的手会越来越灵巧，会使用工具了。

宝宝1岁到1岁2个月时学会用汤勺，会乱涂画，能搭2块方积木。

1岁3个月时，能向前方抛球，能用4块积木搭火车。

1岁4个月时，能模仿画道道，能将圆形或方形木块放入圆形或方形穴内。

1岁6个月时，会从瓶中倒出小丸，会脱掉帽子和鞋。

1岁7个月时，会用蜡笔画线，会用手自己吃饭。

1岁8个月时，能把积木搭高6块，能找出方形和三角形。

1岁10个月时，会推门，会扭门把。

1岁11个月时，会用棍子取玩具。

2岁时，可叠放8~10块方积木，会一页一页翻书。

语言发育

语言发育的年龄大致相似，一般来说，满周岁的宝宝开始会说一些单词，如"爸爸""妈妈"等，但有的语言还不是很准确，这主要是由于口腔的构造发育不发达所致，父母不需着急，过一段时间自然会好起来。

1岁到1岁半这个阶段，儿童理解语言的能力大大增加，但说出的词语却不多；而到1岁半左右时，会突然开口，说话的积极性也高了很多，此时词语大量增加，对句子的掌握能力也迅速发展。

宝宝说话的能力和环境有很大关系，单调的环境对宝宝的语言发展不利，所以父母要随时和幼儿说眼前发生的事情，让他多听，在听的过程中，模仿成人的语音和语词。但宝宝的语言发育也有个体的差异，有的宝宝至2岁半以后才能讲两三个词一句的话。尽管如此，也不要逼着宝宝勉强学，如果其他各种功能都正常的话，可以经常柔和地跟宝宝多讲讲话。

■ 在这一年，宝宝学会走路，学会说话，这是智力得到开发的一年。宝宝的好奇、探索行为比较明显，出现一些自主的迹象，有明显的要求和自己动手的愿望，但不坚持。这一年教养的重点是培养良好的生活习惯和一些相应的能力，主要是在吃、睡、盥洗和大小便方面。

这一年，宝宝伴随着语言的发展，进入智能发展阶段。成人可以开始教宝宝看看、认认图书，可以通过讲故事、念儿歌以及结合宝宝身边的人和事发展其认知和语言能力，使宝宝的注意力、记忆力、观察力得到发展，并出现最初的想象和思维。

心理发育

1~1.5岁的宝宝

1. 喜欢探索新环境，发现新物品。

2. 喜欢模仿大人的语言和动作，能与他人做表情和语言交流，开始喜欢和小朋友一起玩，逐渐开始了社交功能。

3. 喜欢追逐打闹，喜欢玩水、玩积木，喜欢爬椅子和沙发。

4. 喜欢牵爸爸妈妈的手行走，想独立走路。喜欢拿东西给父母和熟人。

5. 喜欢用手指出自己的五官，喜欢翻书，喜欢自己端杯子喝水。

6. 不喜欢被勉强，开始学会说"不"了。

1.5~2岁的宝宝

1. 喜欢拆开物品，扳弄开关，喜欢将钉、栓塞入孔中。

2. 喜欢把周围玩具或物品摆来摆去，喜欢玩球，喜欢用线穿珠子。

3. 喜欢奔跑，做"藏猫猫"游戏，喜欢跳上跳下台阶。

4. 喜欢学唱简短儿歌。

5. 喜欢指认书中的图画和物品，喜欢用笔在纸上画记号。

感知能力发育

视觉	宝宝1岁6个月时能区分各种形状，宝宝2岁可区分横线和垂直线
听觉	宝宝13~16个月时，会寻找不同高度的声源，听懂自己的名字
味觉和嗅觉	宝宝1岁时的味觉和嗅觉发育基本达到成人水平
皮肤感觉	宝宝1岁时已具备很好的触觉、痛觉和温度觉。2岁时宝宝的深感觉发育开始成熟，能通过接触区分物体的软、硬、冷和热等属性

认知能力发育

这个年龄段宝宝的主要学习方式是模仿。1岁前他只知道摆弄玩具物品，现在他真正学会了拿梳子梳头，拿起电话"说话"，会转动玩具汽车的轮子向前或向后开车，还学会虚构游戏，给玩具娃娃梳头、喝水，并拿书给玩具娃娃读。

2岁宝宝喜欢捉迷藏，并通过捉迷藏懂得了"物质不灭"的道理，知道了尽管看不见某物体但肯定是在什么地方藏着。因此也明白妈妈离开一天总是要回来的，此后宝宝就比较容易和妈妈分开了。

情感发育

　　宝宝在这一年中，开始显现矛盾的情感状态，有时非常独立，怎么都不要你帮助；有时又强烈地黏着你，让你寸步难离。很难预测他什么时候转身就走，什么时候又回来寻求安慰；有几天成熟独立非常乖巧，过几天又态度恶劣得不可理喻。宝宝这种摇摆不定的情绪常会使爸爸妈妈感到茫然无措，其实这些反映了宝宝成长并离开你时的混合情绪，是绝对正常的过渡阶段，也有专家称这个时期为"第一青春期"。记住，在宝宝需要的时候，给他关注和保护是帮他恢复镇静的最佳方法。

■ 从1岁起，增长宝宝的知识，应从内到外，由近及远。先让宝宝认识室内的事物，然后让宝宝走出门去，认识社会和自然界的事物。花草树木、车辆、鱼鸟等，让儿童接触的事物越多，知识面也就越广。掌握这些基本的知识，是发展智力的必要条件。

社交能力发育

　　2岁前的宝宝已知道其他人的存在，但并不知道他们的想法和感觉，只认为周围的人都是以他为中心，因此自我意识很强，什么都是"我的"，不愿与别人分享。宝宝这种自我中心的世界观，使他很难与小伙伴们进行真正社交意义上的玩耍，他会和别的宝宝争抢玩具，很难和其他宝宝合作进行游戏。

　　对1~2岁的宝宝，"分享"成为一个毫无意义的词语，每个初学走路的宝宝都只认为自己是游戏的中心，当这些以自我为中心的"自私"宝宝在一起玩耍时，免不了会因为对玩具和注意力的竞争而打架和哭泣。妈妈们该怎么办呢？可以给宝宝们每个人足够的玩具，使他们少一些争抢，但仍免不了要随时准备调解。

　　因为这个阶段的宝宝很少了解别人的情感，他们相互间会发生身体上的攻击行为，不高兴时就会毫无目的地踢打，而且并不认为会伤害到对方。因此无论何时，宝宝与同伴们在一起时，都要留心，一旦发生身体攻击行为，就得快速把他们拉开，告诉他"不可以打人"，并重新指导小朋友友好地玩耍。

2岁宝宝认知、情感、社交发育的里程碑

认知发育	可以找到藏在2~3层下面的物品
	可以根据物品的形状和颜色进行分类
	开始虚拟的游戏
情感发育	1岁半时，和父母分离时的焦虑增加，以后逐渐减弱，2岁时基本消失
	表现出的独立性越来越强
	开始显露出挑衅行为
社交发育	在与人分开时逐渐意识到自己喜欢和小孩子交朋友
	模仿他人的行为，尤其是模仿父母和比他大一点的宝宝的行为
	逐渐喜欢和其他宝宝交朋友，但不能分享玩具

宝宝的饮食营养

1～2岁的宝宝营养素的需要量仍然很大，而消化吸收功能较婴儿期逐渐发育成熟，已经完全断奶，咀嚼和消化能力提高，已经进入固体食物阶段。因此，1～2岁的宝宝应逐渐吃固体食物了，如果家长还不敢给宝宝吃固体食物，不但会使幼儿乳牙萌出时间推迟，还会影响宝宝咀嚼和吞咽功能的发展，尤其是咀嚼和吞咽协调能力的发展，导致日后吃饭困难。

宝宝饮食要针对体质属性

所有的食物都具有五性，即温、热、寒、凉、平，这五性往往与人体的体质紧密联系在一起，偏嗜某一味（性）都会造成身体阴阳失衡、五脏失调，影响宝宝的身体健康，甚至还会引发各种疾病。

食物五性的作用以及对应的体质

五性	功能	适合体质	代表食物
寒	清苦热泻火、解暑降温，消除或减轻热症	最适合热性体质者或热症者食用	芹菜、菠菜、薏米、小米、西瓜、香蕉、梨、猕猴桃等
凉	暑、热、燥外邪导致的内火、虚热等"热"证	最适合热性体质	黄瓜、番茄、草莓、橘子、橙子、枇杷、小麦、大麦、绿豆、荞麦、鸭肉、鸭蛋、海带等
热	滋补身体，促进新陈代谢	最适合风寒感冒、发热、恶寒、流涕、头痛等症	辣椒、榴莲、炸花生、狗肉等
温	温阳补虚、御寒散寒，可促进新陈代谢	最适合寒性体质者或寒症者食用	南瓜、葱、姜、芒果、桃子、荔枝、樱桃、栗子、核桃、糯米、羊肉、藕粉等
平	健脾开胃、补益补虚	适合所有体质和病症者食用	菜花、山药、土豆、猪肉、牛奶、鸡蛋、甘蔗、苹果、木瓜、菠萝、葡萄、燕麦、松子、杏仁、糙米、玉米、米粉等

看看宝宝是什么体质

有的宝宝吃完西瓜后会出现胃痛、腹泻、手足冰冷等不适，这是因为西瓜性寒，体质虚寒的宝宝不宜多食。可见，弄清楚宝宝的体质类型，然后根据体质类型吃水果、蔬菜以及肉类，才能对身体起到真正的助益。

如果宝宝符合下面其中一种体质的大部分选项，例如容易烦躁、面色潮红、喜欢喝冷饮、大便气味重，说明宝宝是热性体质，在饮食方面就要找出相对应的食物。

宝宝的体质类型测量

体质类型	体质的表现
寒性体质	手足冰冷，容易感冒，抵抗力较差
	喜欢喝热饮或者吃热食，不喜欢吹冷气
	面色、唇色苍白，舌头颜色较淡，口淡无味
	小便量少、颜色较淡，肢体易疲倦，头晕，精神萎靡，四肢无力
虚性体质	体形瘦弱或虚胖，精力不足，精神困倦，四肢疲倦无力
	容易腰酸背痛、头晕目眩、食欲缺乏
	体虚盗汗、手心微热，晚上常流冷汗
	容易生病，并且康复较慢
热性体质	身体燥热，容易流汗，体温通常较高
	喜欢喝冷饮或者吃冰镇过的食物
	面色潮红，眼睛有红血丝，手足发热
	舌头颜色偏红，舌苔厚黄，易生口疮或嘴角炎，口中有异味
	容易烦躁不安，性子较急，易发怒、紧张、兴奋
	汗味较浓，大便气味重
实性体质	精力充沛，声音洪亮，肌肉强壮有力，活动量较大
	小便颜色发黄、量少且有便秘现象
	体力充沛而无汗，呼吸气重，容易腹胀
	舌苔较厚重，有时会有口干、口苦或口臭情况
	对气候的适应力较强，不喜欢穿厚重的衣服

如何根据体质进行食物搭配

在中医饮食养生理论中，素有"寒者热之、热者寒之、虚则补之、实则泻之"的说法，包括两种含义：第一，不同体质的宝宝应当选择相对应性味的食物；第二，不同性味的食物要互相搭配，才能改善食物的不足，提高宝宝对食物的吸收与消化。

不同体质宝宝的饮食经

体质虚寒的宝宝通常脾胃虚寒、怕冷不耐寒，因此饮食宜以温补为主，可以多吃羊肉、核桃、山药、韭菜、桂圆、榴莲、红枣、杏、荔枝、樱桃以及平性食物，少吃寒凉性的食物。

体质实热的宝宝脏腑易出现积热，因此需要吃寒凉的食物来帮助泻火清毒。像鸭肉、萝卜、薏米、海带、紫菜、绿豆、西瓜、梨、香蕉、柚子等食物都是不错的清火食物。

此外，不管是什么体质的宝宝都可以食用平性的食物，平性食物多为一般营养保健之品，尤其对一些"虚不受补"的宝宝是十分适合的，具有调节体质的作用。

不同属性食物的搭配经

虚寒体质的宝宝食用温热的食物，实热体质的宝宝食用寒凉的食物，这只是根据食物性味食用食物的方法之一，并非固定不变的，因为长期只吃一种性味的食物很容易使宝宝的体质发生变化。

为了防止这种情况发生，家长应当将寒热食物进行合理搭配。

鸭肉+山药 鸭肉虽然具有滋补作用，不过性味寒凉，宝宝若食易出现不消化现象，此时家长不妨用山药与鸭肉搭配。山药性平，能够健脾胃、益肾气，可补鸭肉之寒凉属性，消除鸭肉之油腻，将二者搭配可作为宝宝的辅食以及断奶后的正餐。

生姜+寒凉食物 生姜味辛、性微温，具有驱寒发汗的作用，在给宝宝准备食物时，如果食物比较寒凉，不妨搭配生姜丝或者滴几滴姜汁，能降低食物的寒凉属性，保护脾胃的健康。

此外，宝宝在吃完寒凉食物之后，家长还可适当喂食红糖水、葱花蛋汤等温热的饮品，同样能起到中和寒热、均衡性味的作用。

■ 生姜和寒凉食物搭配，能降低食物的寒凉属性，更好地均衡营养，保护宝宝娇嫩的脾胃。

如何确保宝宝饮食的五味均衡

"谨和五味"是《黄帝内经》的膳食思想之一，在《素问·五脏别论》一章中就记载了"五味入口，藏于胃，以养五藏气"的理论，可见食物的五味的确是脏腑补充精气的关键，如果五味不足或有余，就会损身心，有百害而无一利。

辛、甘、苦、酸、咸是饮食的5种味道，也就是人们常说的五味，五味对身体各有好处，比如：甜食可以解毒，帮人解除疲乏，还能够补血气；苦食能够增强肝功能和肾功能，有很好的利尿作用；辣食可以刺激消化液的分泌，加速胃肠蠕动，能够促进消化吸收和加速血液循环；酸食具有开胃功效，能够提高食欲；咸食可以参与各种生理代谢。五味各有所长，但只有搭配得当，才能够相得益彰。

但是，现在宝宝摄取的咸、甜之味过多，很容易引发其他疾病，使宝宝体质下降。如果父母很认真地将一天或者是一个星期的饮食做好区分，适当地取得五味的平衡的话，那么宝宝各部位的器官和身体的每一个部分都会得到滋养。

因此，父母在宝宝的饮食的安排中对五味的配合要恰当，平日在进食时，注意五味的平衡，使之适合身体的需要。

食物的五味作用、对应器官以及注意事项

五味	对应器官	作用原理	注意事项	代表食物
酸	肝	滋养肝脏、收敛生津和健脾开胃，可调节胃酸不足、皮肤干燥问题	多食伤脾胃，易造成疲劳、消化系统紊乱	番茄、菠萝、山楂、橘子、柠檬、芝麻、豆类等
苦	心	能够清热解毒、降火通便、燥湿除烦，是便秘者的理想食物	多食伤肺，并容易造成呕吐、腹泻、消化不良等症	苦瓜、芥蓝、橄榄、莲子等
咸	肾	具有温肝补肾、通便下气的作用，能软化体内酸性肿块，调节新陈代谢	多食伤心，容易引起高血压、肾脏疾病和心脑血管疾病等成人病	海带、紫菜、栗子、小米、大麦、核桃、葡萄等
甘	脾	能够滋养身体、调养脾胃、补虚强壮，缓解肌肉疲劳	多食伤肾，不仅容易发胖，还会造成血糖升高、龋齿	香蕉、龙眼、荔枝、鸡肉、鸡蛋、鸭肉、羊肉、牛肉等
辛	肺	能够舒筋活血、散寒祛湿，可用于感冒发汗、促进肠胃蠕动、增加食欲、缓解关节疼痛	多食伤肝，导致痤疮、急性胃病、溃疡病、便秘和痔疮等成人病	姜、葱、辣椒、桃子、蚕豆、米糠等

根据季节选择宝宝适宜吃的食物

春季饮食调养：保护阳气促健康

春季为万物复苏的季节，自然界万物阳气生发，而人体阳气也顺应自然，向上向外升发。宝宝春季也要以保护体内阳气为主，利用食物使体内阳气不断得到补充，尽量避免食用耗伤或阻碍阳气的食物。

多吃温补阳气的食物	由于宝宝要对抗寒冷的气温，因此身体消耗的热量较多。此时家长应当多给宝宝吃一些温补阳气的食物，像牛肉、谷类、豆类、乳制品、干果、韭菜、圆白菜、洋葱等。这些都是适合春天食用的食物。家长也可在气温有所回升的时候适量增加对青菜的摄取，减少肉食的进食量，但应当严格控制对宝宝的肠胃有刺激性的蔬菜摄入量
多吃保护肝脏的食物	春天肝脏处于比较亢奋（阳气勃发）的状态，宝宝更加容易出现亢奋或者哭闹等不稳定的情况。春季正是养肝的好时机，将肝脏养护好能够促进周身气血流通顺畅，使五脏六腑皆受益
多给宝宝吃比较清淡的食物	酸味入肝，有滋养肝脏、收敛生津和健脾开胃的作用。但如果肝脏已经阳气勃发，再吃一些酸味食物就易造成宝宝肝气过盛，出现烦躁啼哭、气虚、表卫不固、汗多等不适，并且会伤及脾胃。因此，春天要多给宝宝吃比较清淡的食物，例如甜食或者甘味食物，像黑米、南瓜、鸡肉、草鱼、桂圆、核桃等，均具有"省酸增甘、以养脾气"的作用，并且能平衡肝气，对防病保健大有裨益
应当多吃蔬果	春季蔬菜较少，宝宝普遍出现维生素、矿物质等营养成分不足的情况，再加上内火旺盛，易引发口舌生疮、口腔炎、口角炎、夜盲症等症状，所以家长不妨适当给他吃一些新鲜蔬果，如菠菜、芹菜、香椿、小葱、绿豆芽、西瓜、柑橘、菠萝、木瓜、香蕉等。如果宝宝不喜欢吃蔬菜或者水果，不妨将蔬菜、水果与粥结合起来，做成好吃的蔬菜粥或者水果粥，更便于宝宝吸收和消化
豆制品、鱼虾、芝麻以及海产品不可少	春季宝宝生长发育最快，因此家长应当在宝宝的菜谱中增加富含钙质的食物，如豆制品、鱼虾、芝麻以及海产品等。不过，单独食用这些食物很难使宝宝充分吸收食物中的钙质，所以家长最好再适当搭配含有维生素D、锌等营养成分的食物，如蛋、奶、动物肝脏、海产品等，以促进钙质吸收
多吃防风邪的食物	春天风沙较大，而风又是"百病之长"，因此春天防病首先要"防风"，想要将"风"挡在宝宝的身体之外，就要先"除邪"。可利用各种具有发汗解表的食物对宝宝进行调理，如大葱、紫苏、菜花、土豆、栗子、生姜、蜂蜜、洋葱、胡萝卜、香椿、山药、鸡汤，不仅省去了一些小病打针吃药之苦，同时还能增强宝宝的免疫力

夏季饮食调养：既要补水又要祛湿

一到夏季，家长就为宝宝吃饭问题犯愁，特别是一些原本就不爱吃饭的宝宝，在夏天就更容易出现厌食症状。例如，家长在喂食时宝宝不张嘴或者用手推开，或者勉强吃进去后又很快吐出来。

如果宝宝出现这种情况，家长最好不要强迫他进食，而应当另辟蹊径使宝宝摆脱"苦夏"的困扰。

● 多吃"稀薄"的食物

由于夏天炎热，宝宝代谢旺盛、出汗较多，再加上夏季又是宝宝感染性腹泻的高发季节，因此宝宝身体很容易出现水分和电解质丢失。因此，家长在平日应当及时为宝宝补充水分，避免造成失水、脱水。

不宜为了哄宝宝吃饭、喝水给他喝过多的果汁，果汁容易胀肚，会使宝宝更没有胃口。补充水分并非单纯多饮水，因为水分丢失的同时还会带走身体内一部分营养，因此家长在夏天应给宝宝喝一些富有营养的汤和粥，以补充流失的营养。

● 宜吃清热利湿的食物

"长夏内湿最难熬"，长夏不仅"热""湿"，还易伤阳气，造成脾胃失和，无法正常"运化水湿"，最终导致湿邪聚积，引发疾病。因此，宝宝最好在夏天多吃一些清热利湿的食物，例如乌梅、西瓜、桃、草莓、西红柿、黄瓜、绿豆、薏米、玉米、鲫鱼等，以湿热泄泻，减轻脾胃负担。

● 适当吃点辛、苦味食物，用水果甜汤代替冷饮

夏天天气炎热，不少宝宝都会患上"夏日厌食症"。家长可适当喂食苦味食物，如莴苣、生菜、茴香、香菜、苦瓜、荞麦等，以刺激宝宝舌头上的味蕾，促进唾液、胃液和胆汁的分泌，从而增强食欲、促进消化。

不过，过多食用苦味食物容易伤肺气，最好吃点辛味食物，如葱、姜、蒜、甜椒等补肺气。

此外，夏天天气虽热，但不可贪凉，最好不要吃冷饮，而是用水果煮汤或者煮粥，然后在常温下自然凉凉给宝宝饮用。清甜甘美的水果汤既健康又富有营养，是最适合宝宝夏季饮用的纯天然饮料。

■ 夏季，是人体消耗最大的季节。这时，人体对蛋白质、水、维生素以及微量元素的需求量有所增加，对于生长发育中的幼儿更是如此。父母可以给宝宝多吃一些具有清热去暑功效的食物，如苋菜、茄子、藕、绿豆芽、番茄、丝瓜、黄瓜、冬瓜和西瓜等。尤其是番茄和西瓜，既可生津止渴，又有滋养作用。

秋季饮食调养：炖、煮、煲汤解秋燥

干燥的秋季不仅会让宝宝出现口苦咽干、皮肤干燥等不适，还经常引起腹泻不适，使体内水分大量流失，易使燥邪"侵肺"，引起消化系统疾病。此外，腹泻与水分蒸发还易导致身体热量耗损，所以家长在安排饮食时要注意计算食物中的热量。

秋季前期以清热滋润为主	在刚刚入秋之际，由于夏天炎热还未完全散去，此时宝宝易出现温燥不适，因此在安排饮食时应以清热滋阴为主，适当给宝宝吃一些寒凉性以及平性的食物，如百合、银耳、梨、西红柿、苹果、柑橘、柿子、猕猴桃等。为了缓解食物的寒性并对身体进行调理，宝宝饮食应遵循"二粥一汤"的方法，即早餐和晚餐都要喝粥，中午喝汤
秋季后期应祛寒滋润	随着冬季的不断逼近，在秋季后期"温燥"会被"凉燥"所取代，即"寒邪与秋燥合而为患"，宝宝易出现感冒、发烧、腹泻、干咳无痰、流涕等类似于风寒感冒的症状。此外，由于燥邪伤肺，还会出现胸闷、皮肤干痛、干咳等症状。因此，宝宝在秋季后期的饮食应当以祛寒滋润为主，适当吃一些温热去燥的食物，如白萝卜、南瓜、核桃、芝麻、榛子、橘子、牛奶等。为了增加身体热量，家长还可在食谱中适当增加蛋白质和热量

冬季饮食调养：滋阴潜阳，平衡膳食

冬季饮食讲究冷热平衡，即不可过食生冷之物，也不能食用燥热之物，特别是体温调节功能尚未发育完全的宝宝，过食冷热食物会引起肠胃失调，所以家长在冬季饮食中要多加注意。

冬季适当吃点冷食	由于冬季机体处于封藏状态，因此宝宝体内充满了阳气，脾胃机能也较为健旺，如果为了暖身而一味食用热性食物，容易造成胃火上升。所以，除了经常食用热菜外，家长还应适当给宝宝添加"冷食"，即稍凉的食物以及凉性食物，以便降低肺胃之火
冬天吃肉分体质	肉类是最好的冬令补品之一，当宝宝能完全吃固体食物时，家长不妨给宝宝吃点肉补补身体。不过，这肉可不是乱吃的，不同体质的宝宝吃肉要有区分。阳虚宝宝适合吃羊肉、鸡肉等温补肉类，气虚和阴虚宝宝则适合吃鸭肉和鹅肉，在烹饪时最好还要与核桃、栗子、白菜、白萝卜等辅料搭配，以提高食物的滋补功效

吃对食物，宝宝更健康

给宝宝多吃健脑食品

豆类	豆类是大脑发育不可缺少的植物蛋白质，黄豆、花生米、豌豆等营养价值都很高
糙米杂粮	糙米的营养成分比精白米多，黑面粉比白面粉的营养价值高。要给宝宝多吃杂粮，包括糯米、玉米、小米、红小豆、绿豆等，这些杂粮的营养成分能满足身体发育的需要，搭配食用能使宝宝得到全面的营养，有利于大脑的发育
动物内脏	动物肝、肾、脑、肚等，补血又健脑，是宝宝很好的营养品
鱼虾类及其他	鱼虾、蛋黄等食品中含有一种胆碱物质，进入人体后，能被大脑从血液中直接吸收，在脑中转化乙酰胆碱，可提高脑细胞的功能。尤其是蛋黄，含卵磷脂较多，被分解后能放出较多的胆碱，所以宝宝最好每日吃点蛋黄和鱼肉等食品

多吃高钙的食物，为宝宝的乳牙生长奠基

首先，换牙后恒牙将随一个人度过漫长的岁月，没有机会再换牙了。其次，如果换牙前乳牙质量不好的话，应该在换牙时引起足够的重视，保证换牙后牙的质量有所提高。

恒牙的好坏是一个人口才和口福好坏的直接表现，无论是乳牙还是恒牙，它们的牙胚在一出生就已形成，只是按顺序先长乳牙后长恒牙，随着恒牙牙胚的长大，乳牙渐渐就被顶掉了。

我们都知道，牙是一种高度钙化的器官，它的形成和发育一刻也离不开钙。钙不但使牙齿长大成形，还能使牙的密度增高，使牙的表面洁白如玉。

我们应当及早注意钙的营养，尤其是进入换牙阶段，如果在乳牙时期就有龋牙、牙过敏、牙列不齐等牙病的话，补充高钙食品就大有益处了。

宝宝上火时这样吃

宝宝出现大便干燥、小便发黄、口舌生疮、睡觉不香、食欲不佳等症状，那么基本上可以判断是上火了。

由于宝宝的脏腑、肌肤都比较娇嫩，一年四季之中温差变化显著的时候都容易上火，妈妈需要适时地为宝宝安排清凉降火的饮食，并辅以滋补，增强宝宝食欲，帮宝宝对抗火气。

摄入充足的膳食纤维和维生素可以促进宝宝肠胃蠕动，减轻口腔炎症，预防和缓解上火症状。

预防宝宝缺锌

锌是人体内必不可少的一种矿物质。如果宝宝体内锌缺乏，就会引发一些疾病或引起生长发育障碍。缺锌的宝宝一般都食欲不好，又矮又瘦，免疫力低下，很容易生病。特别是容易患消化道、呼吸道或口腔溃疡等疾病。

如果宝宝的头发中锌的含量低，可通过服用硫酸锌来治疗。缺锌的宝宝平时应注意合理膳食，动物食品要占有一定的比例。同时，父母要让宝宝养成良好的饮食习惯，如不挑食、不偏食等。

爱的呵护

宝宝的日常照料

1岁的宝宝喜欢和成人一起上桌吃饭，这时不能因为怕宝宝"捣乱"而剥夺了他的权利，可以用一个小碟盛上适合宝宝吃的各种饭菜，让他尽情地用手或用勺喂自己，即使吃得一塌糊涂也没有关系。从1岁开始就可以训练宝宝坐便盆大小便了。对于1岁多的小儿来说，玩是他们的工作和学习，也是除了吃饭睡觉以外最重要的事情。宝宝可通过玩使身体的各种功能发达起来，而且可学到许多知识，增加社会意识，丰富感情。

■ 这个时期的宝宝总喜欢移动，妈妈以为宝宝在那边，宝宝忽而就转到这边，不停地做恶作剧，总是使妈妈烦恼不已。但是，宝宝的好奇心得到了满足。这个时候应该让小孩在户外多跑跑。而且这时的小孩也很喜欢登到高处，并喜欢与妈妈说话。小孩在户外活动的时候妈妈要时常看着，以免宝宝发生意外。

为宝宝创造安全的家庭环境

预防宝宝撞伤

宝宝在爬行或学步的过程中，空间探索欲望极强，自我行动控制能力却极差，这就难免会时不时地和屋子里的各种设施有较为激烈的碰撞，为了避免这种问题的发生，爸爸妈妈要注意将家具的尖利边角进行特殊处理。现在市场上可以买到的防撞桌角和防撞条都可以起到这种作用，可以将这些东西安装到桌角、床角、书柜、室内楼梯角、家具边缘等部位。如果宝宝不小心撞到这些部位，可以避免受伤或者减轻被撞的力度。

预防意外烫伤

热水瓶、装有热汤的锅等温度较高的物品要放在宝宝碰不到的地方。盛开水的杯子或盛热汤的碗，不要马上端到宝宝面前，要在其他地方凉至温度适宜的时候再端给宝宝。给宝宝洗澡时，要先让宝宝的手亲自试一下温度，如果他不抗拒，再把他放入澡盆，往澡盆里兑水时要把宝宝从澡盆里抱出来。

预防意外跌落

根据"全球儿童安全网络——中国"最新发布的报告显示：意外跌落是0~14岁城市儿童因意外伤害死亡的第三大原因、非致死性伤害的首要原因。所以，防止宝宝的意外跌落，应该成为首要的安全措施。

　　床上要加围栏。正处于练习爬行时期的宝宝，如果爸爸妈妈将他放在床上玩，却又不能用百分之百的精力保护他，最好在床的周围安装围栏。

　　不要让小宝宝脱离父母的保护。给小宝宝换尿布或衣服的时候，爸爸妈妈要提前做好准备，不要把宝宝一个人留在那里，自己跑去拿衣服尿布。即使是在给宝宝换衣服和尿布的时候，也要用一只手来扶稳或抱稳宝宝，另一只手为宝宝更换。

　　楼梯栏杆的间隔不要超过10厘米。家住复式楼房或者为宝宝选择就读的幼儿园，一定要关注楼梯栏杆的间隔，如果大于10厘米，宝宝会有意外跌落的危险。

　　关键部位做防滑措施。宝宝洗澡的澡盆里最好放一个防滑垫，复式楼房的楼梯台阶要装防滑条，这样可以避免宝宝在玩耍的过程中意外跌伤。

　　家中不要出现紧邻的高低位。宝宝喜欢爬高，仅是刚刚能够站立的小宝宝，已经对跨越小床跃跃欲试了，刚刚能扶着物体移动脚步的宝宝，也开始喜欢上了从低处向高处爬的动作。所以家里一定不要出现紧邻的高低位。比如窗下不要放桌子或床，桌子旁不要放椅子等，避免宝宝借位登高。

🍃 预防宝宝触电

　　宝宝的空间敏感期会促使他们对各种小孔洞产生浓厚的兴趣，这时家里墙壁上的电源插座就成了"恐怖分子"。即使这些东西的位置远远高于宝宝的身高，但别忘了这些爱探险的小家伙是极度聪明的，他们早已知道可以站在凳子或者桌子上摸到自己想要碰触的高度了。

　　所以，还是要采取防护措施，购买一些电源插座防护套，把电源插座保护起来，对于3岁以下的宝宝会有很好的保护作用。

　　当然也有省钱的办法，用宽宽的胶带将平时不用的插座孔封闭起来，多贴几层，厚度要达到宝宝用小棍子笨拙地去捅也不能捅破的程度。厨房和卫生间里也有安全隐患，比如厨房的燃气灶、锅碗瓢盆，卫生间的抽水马桶等。

　　为了避免这些意外的发生，应该随时关闭燃气管道的阀门，或者为燃气灶的旋钮安装一个保护罩。锅碗瓢盆要放到宝宝够不到的地方，防止他在费力地想把它们拿出来的时候砸到他，或者碗盘掉在地上摔碎，割伤宝宝的手脚。

　　卫生间的马桶盖要随时盖好，甚至安装防护锁锁好，因为马桶的高度太适合宝宝"戏水"和"探险"了，这样会发生意外。如果宝宝把什么东西都扔到里面去，也会给你惹来不小的麻烦。

■ *1岁时的宝宝，自我主张强烈，什么都想按自己的意愿行事。自己梳头发，从抽屉里拿出各种东西，如果父母制止他做的话宝宝就会很生气。所以，父母最好还是不要抑制他的积极性吧！*

预防家庭装修中的风险

家庭装修中的很多细节都与安全有关，尤其是宝宝的安全，所以在装修的时候，爸爸妈妈要考虑到。

过低的窗台最好加有一定高度的护栏，护栏最好是横向的，如果是竖向的，要注意栏杆间的密度。插座的设计要有足够的高度，插座下方不要摆放床、桌子、椅子一类的家具。

家具棱角不能太锋利，油漆要用水性的。减少玻璃质地的家具，门和抽屉要有防夹手的措施，不用外露扶手，地面要用防滑材料。

所有施工材料都要尽量选择天然材料，或者选择通过高级环保论证检测的材料。过多的散乱物品是造成危险的隐患，所以要注意合理利用空间，家具不要太多太大，尤其是宝宝的房间，既要保证家具少，又要保证收纳空间充足，这需要家具本身具有较大的收纳功能。

家具颜色不要太过鲜艳，因为颜色越鲜艳的涂料重金属含量越多，所以至少要保证宝宝的房间以浅色调为主。

不要随便摆放绿色植物，高大的铁树类植物会让宝宝有攀爬的欲望，仙人球等带刺的植物、滴水观音等有毒的植物都有安全隐患。

做好宝宝的视力保护

为了使宝宝的视力得到正常的发育，父母们应采取如下措施：

● 室内灯光的要求

宝宝的卧室、玩耍的房间，最好是窗户较大、光线较强如朝南或朝东南方向的房屋。不要让花盆、鱼缸及其他物品影响阳光直射室内。

宝宝房间的家具和墙壁最好是鲜艳明亮的淡色，如浅蓝色、奶油色等，这样可使房间光线明亮。如自然光线不足可加用人工照明。

人工照明最好选用日光灯，一般灯泡照明最好用乳白色的圆球形灯泡，以防止光线刺激眼睛。

● 宝宝不宜多看电视

宝宝每周看电视最好不多于两次，且每次不超过15分钟。

电视机荧光屏的中心位置应略低于宝宝的视线。眼睛距离屏幕一般以距离2米以上最佳，且最好在座位的后面安装一个8W的小灯泡，可以缓解宝宝在看电视时眼睛的疲劳。

● 营养与锻炼对视力也有影响

要供给宝宝富含维生素A的食物如水果、深色蔬菜、动物肝脏等，经常让宝宝进行户外活动和体格锻炼，也有助于消除宝宝的视力疲劳，促进视觉发育。

● 看书、画画的姿势

看书、画画等要有正确的坐姿，宝宝眼睛与书的距离应保持在33厘米左右，不能太近或太远，切忌让宝宝躺着或坐车时看书，给宝宝所看书的字迹不要太小，避免造成宝宝眼睛的疲劳。

使用婴儿车的意外预防

婴儿车就像是宝宝的一个可移动的微型小房间，让带宝宝外出购物和散步的爸妈们节省了不少体力。但这个小房间也有伤害宝宝的可能。

使用前应进行安全检查。检查的部位主要包括螺母螺钉是否松动，躺椅部分是否收放自如，根据宝宝的身材调整安全带长度等。

使用中的注意事项。需要注意的内容包括：给宝宝系好安全带，宽松度以系好后能放入大人的四指为宜；婴儿车上不要挂购物袋等物品；爸爸妈妈不要把身体压在婴儿车把上；在楼梯或电梯入口等有高低差异的地方要把宝宝从车里抱出来，进入平整地带再把宝宝放回车内；如果爸爸妈妈必须松开推婴儿车的手时，必须固定轮闸，避免婴儿车自动滑离；推车时不要抬起前轮；开合遮阳伞时注意不要夹到宝宝的手脚；雨雪大风等恶劣天气里和地面情况复杂的地段不要使用婴儿车；定期对婴儿车进行清洗，但不要使用可挥发性溶剂。

■ 使用婴儿车前，要注意经常进行婴儿车的安全检查。

预防电器伤害

家用电器使用中所释放出来的辐射或发出的噪声与强光，是伤害宝宝健康的杀手。爸爸妈妈不仅要保证家用电器的正确使用，更要积极地阻止这些辐射或噪声在家里肆虐。

避开冰箱电磁波。冰箱是高磁场的家用电器，它的散热管线所释放的磁场对人体的伤害非常大。冰箱后面灰尘越多，电磁的辐射就越大。所以要将冰箱放到厨房或餐厅，经常清理冰箱背面的散热管上的灰尘。

与电视机保持距离。电视机的辐射比较大，平时不要让宝宝长时间看电视，每次看电视时间不超过2小时，人与电视要至少保持2米的距离。

宝宝洗澡时不要开浴霸。浴霸安装在浴缸或淋浴上方，会使洗澡的人有被灼伤的危险。宝宝的眼睛长时间盯着浴霸看，会削弱视觉功能，也会干扰大脑的中枢神经功能。最好的办法是在宝宝洗澡前用浴霸给浴室加一会儿温，正式洗澡时把浴霸关掉。

不要让宝宝打开消毒柜。消毒柜的原理是用紫外线或臭氧杀菌。人体吸入过多的臭氧会刺激呼吸道，甚至破坏皮肤中的维生素E，导致皮肤出现黑斑。而消毒柜大多是落地安放，宝宝如果进入厨房，会很容易将消毒柜打开，受到来自臭氧的伤害。所以平时要避免让宝宝打开消毒柜，最好的办法是不要让宝宝独自进厨房。

预防宝宝夹伤

房门、柜门、窗户等可开合的设施总是会夹到宝宝的小手，因为他们还不能及时地把小手拿开。利用一些安全保护小装置就能解决这个问题，比如柜门保护扣和安全门卡。

宝宝的四季护理要点

季节	护理要点
春季	1. 春季气温不稳定，要随时调整室内温度，尽量保持室温恒定 2. 春季北方风沙大，扬尘天气不要开窗，以免沙尘进入室内，刺激新生儿的呼吸系统，引起过敏、气管痉挛等病症 3. 春季空气湿度小，室内要开加湿器，保持适宜湿度 4. 春季是带宝宝进行户外活动的好季节。天气好的时候可以带宝宝去郊游，但要注意安全 5. 对于有过敏体质的宝宝来说，春季可能会出现咳嗽、喘息的现象，有的宝宝还会在手足等处长出红色的小丘疹，这就是春季出现的湿疹。有明显的瘙痒感，但一般不需要特殊处理
夏季	1. 夏季阳光中紫外线指数大，应注意避光防晒。尤其要注意对宝宝眼睛的保护 2. 注意宝宝的皮肤护理 3. 保持适宜的温度，补充充足的水分，预防新生儿脱水热 4. 宝宝出汗后要用温水洗澡；皮肤褶皱处可用鞣酸软膏涂抹；注意喂养卫生，宝宝腹部不要着凉，防止腹泻 5. 夏季蚊蝇较多，细菌容易繁殖，食用熟食一定要倍加小心。放在冰箱里的熟食，要经过高温加热后才能给宝宝吃
秋季	1. 秋季是宝宝最不易患病的季节，唯一易患的疾病是秋季腹泻，要注意预防 2. 进入冬季，带宝宝出室外接受阳光浴的时间减少，因此秋季就要及时补充维生素D，出生后半个月即开始补充 3. 由于宝宝的体温调节中枢和血液循环系统发育尚不完善，不能及时调节体内和外界的急剧变化，所以很容易出现发热、咳嗽、流涕等感冒症状。妈妈不要过早给宝宝加衣服 4. 宝宝出汗时，不要马上脱掉衣服，应该先给宝宝擦干汗水，再脱掉一件衣服 5. 选用宝宝专用的护肤品。选购时应选择不含香料、酒精、无刺激的润肤霜
冬季	1. 冬季气候寒冷，但室内有很好的取暖设备，反而不易造成新生儿寒冷损伤。但室内空气质量差，湿度小，室温过热，容易造成宝宝喂养局部环境不良 2. 南方冬季气候温和，但阳光少，室内缺乏阳光照射，有阴冷的感觉。南方建筑多不安装取暖设备，大多数家庭使用空调取暖。空调取暖会造成局部环境空气干燥，空气不流通，空气质量差。要尽量做到每当太阳出来，就抱宝宝晒晒太阳 3. 秋末冬初季节，宝宝容易患病毒性肠炎，要注意预防 4. 室内要保持空气流通，不要把母亲和宝宝居住的房间搞得"密不透风"。新鲜的空气对宝宝是很重要的。应每天定时开窗

宝宝碰伤擦伤的应急处理

宝宝因各种原因出现碰伤和擦伤后，可根据出血部位、出血量加以处理。若浅表的创伤所致小的静脉和毛细血管出血，出得很慢，出血量不多，可以用干净的毛巾或消毒纱布盖在创口上，再用绷带或布带扎紧，并将出血部位抬高，可以达到止血的目的。当深部受损伤引起大血管出血，血出得很快，出血量又很多，临时性急救方法就是马上施行指压法，即迅速用手指将受伤的血管向邻近的骨头上压迫，压迫点一般在靠心脏的一端。

四肢部位的大出血，也可用橡皮管、橡皮带充当止血带，或用布条环扎肢体，拉紧后止血。但应当心损伤皮肤，且每隔30分钟左右放松一次止血带，以免影响血液循环。

宝宝扭伤的应急处理

宝宝扭伤多发生在手腕、踝关节等部位。常有扭伤部位的肿胀与疼痛，皮肤青紫，局部压痛很明显，受伤的关节不能转动。

发生扭伤后应限制宝宝活动受伤的关节，特别是踝关节扭伤后，应将小腿垫高。早期处理宜冷敷，以后用热敷。一般在1～2天后爸爸妈妈可在患处进行按摩，促使血液循环加速，肿胀消退，有条件的还可进行理疗。

此外，发生扭伤后要注意有无关节韧带裂伤、骨折和关节脱位，宝宝容易发生桡骨头半脱位，当宝宝疼痛难忍，患侧手臂不能动弹时应去医院诊治。

宝宝什么时候才能不尿床

宝宝尿床是一件让家长感到头痛的事，尤其是在阴雨绵绵或寒冷的季节，更是让家长着急。那么宝宝什么时候才能不尿床了呢？

人体的膀胱在充盈到一定程度时就会发出信号，通过脊髓传送到大脑，大脑分析后再发出指令，膀胱收到指令即收缩排尿，这就是人体的排尿反射。

出生数月内的宝宝，因为其神经系统发育还不成熟，不能有意识地控制排尿，需要使用纸尿裤或尿布，这时的尿床称为生理性遗尿。随着宝宝年龄的增长，其排尿反射不断建立和完善，2岁左右的宝宝经过一定的训练，即可自主地控制排尿了。

但是，如果家长没有对宝宝进行过定时、定位的早期排尿训练，宝宝未形成一定的排尿规律和习惯，加上家长管理不善，宝宝白天贪玩过于疲劳、突然受凉、受到惊吓、睡前饮水太多、睡前没有排尿等原因，此时宝宝还时常尿床就不足为奇了，这种尿床在医学上称为功能性遗尿。

如果5岁后的宝宝仍不能自己控制，反复发生不自主地排尿，则称为遗尿症。此时就需要到医院进行检查和治疗了。

由这里可看出，宝宝什么时候才能自主地控制排尿，不再尿床，不但与宝宝的自身生理发育有关，与家长对宝宝的排尿训练和日常生活的管理也是密切相关的。

对于这个时期还时常尿床的宝宝，家长要认真分析一下原因，对症下药，纠正以上所谈到的不正确的做法。

同时应进行定时叫醒宝宝排尿的训练，尤其是在夜间排尿时，一定要让宝宝在清醒后坐盆排尿，避免在宝宝蒙眬状态下排尿。通过这样的反复训练，可使宝宝形成条件反射，形成一定的排尿习惯和规律，避免尿床。

宝宝做噩梦了怎么办

噩梦的发生，常由宝宝在白天受到了某些强烈的刺激，比如看到恐怖的电视或听到恐怖的故事等而引起，这些都会在大脑皮层上留下深深的印迹，到了夜深人静时，其他的外界刺激不再进入大脑，这个刺激的印迹就会释放而发挥作用。此外，宝宝身体不适或有某处病痛也会出现噩梦。当宝宝生长快，而摄入的钙又跟不上需要，都会导致噩梦。爸爸妈妈怎样帮助宝宝走出噩梦？

1. 宝宝做噩梦哭醒后，妈妈要将他抱起，安慰他，用幽默、甜蜜的语言解释没有什么可怕的东西，以化解宝宝对噩梦的恐惧感。

2. 要了解宝宝在白天看见了哪些可怕的东西。向宝宝讲清不害怕的道理，免得以后再做噩梦。

有的宝宝在下雨刮风时看到窗外的树或其他东西不断地摇晃，就会和可怕的东西联系起来，到了入睡后自然会做噩梦。所以妈妈可带宝宝到窗外去走走，让宝宝知道窗外并没有什么可怕的东西，那些摇晃的东西不过是风吹动所致。

3. 做噩梦的宝宝在第2天往往还会记得梦中的怪物，妈妈可让宝宝将怪物画下来，以培养宝宝的创造力，然后借助于"超人""黑猫警长"的威力打败怪物，以安慰宝宝。

■ 宝宝如果睡觉做梦时哭出来，妈妈可以抱住宝宝，对宝宝说："哦，做梦了，没事的，没事的，妈妈在陪伴你！"一边说，一边抚摸宝宝的身体，直到宝宝安静下来为止。

4.当宝宝初次一个人在房间睡时，因害怕而会做噩梦，此时妈妈应一方面向宝宝讲一个人睡的好处，另一方面可开个小灯，以消除宝宝对黑暗的恐惧。也可以打开门，让宝宝听到父母的讲话声，感到父母就在身边，这样就可安心入睡了。

5.预防宝宝做噩梦，父母在白天不要给宝宝太强的刺激、责备和惩罚，不要看恐怖的电视、电影和讲恐怖的故事。入睡前半小时要让宝宝安静下来，以免过度兴奋引起噩梦。

宝宝1岁半后不宜总穿开裆裤

这是因为宝宝到1岁半以后喜欢在地上乱爬，若穿开裆裤，使外生殖器裸露在外，特别是小女孩尿道短，容易感染，严重者可发展为肾盂肾炎。

小男孩穿开裆裤，会在无意中玩弄生殖器，日后有可能养成手淫的不良习惯。在冬季，因臀部露在外边，易受寒冷而引起感冒、腹泻等。而穿开裆裤的宝宝，很容易就地大小便，一旦养成习惯，到4~5岁就难以纠正了。

因此，从宝宝1岁左右起，就应让宝宝穿满裆裤，并让宝宝逐渐养成坐便盆和定时大小便的习惯。

冬季注意保暖防病

冬季气候寒冷，空气干燥，冷暖变化大，流行的传染性疾病也多。同时，寒冷的气候会刺激呼吸道的黏膜，使血管收缩，降低了呼吸道的抵抗力及宝宝的免疫力，为此，应做好保健，以防止细支气管炎、肺炎、流脑、流行性感冒等冬季易发的疾病。

1. 避免着凉。冬季寒潮多，宝宝极易着凉感冒，引发冬季易患的疾病。因此，冬季要注意给宝宝保暖，避免着凉。

2. 保护皮肤。冬天气候寒冷干燥，皮肤容易发痒和裂口。为此，应给宝宝吃些肉、鱼、蛋，多吃些蔬菜、水果，多喝开水，并常用热水泡手，选用适合宝宝皮肤特点的护肤品，给宝宝擦脸和手。

3. 注意室温。冬季对人体健康最适宜的室温是18℃左右，儿童生活的室温宜高一点。室温过低，易使宝宝患感冒或生冻疮。

4. 在晴朗天气，应带宝宝到户外活动。多晒太阳，以增加体内的维生素D合成，增加宝宝对钙磷等矿物质的吸收。

5. 不坐凉地。在冬季，石头、水泥地、沙土地等温度都很低，不要让宝宝坐在上面，以免易引起感冒、坐骨神经痛、风湿性关节炎和冻疮等，影响宝宝的身体发育和健康。

6. 不去商场。冬天，不要带宝宝到影剧院、商场等人多的场所，尤其不要带宝宝到医院或病人家中去探视病人，以防感染。

大人吸烟，宝宝遭殃

当你享受着吞云吐雾的快乐时，宝宝可遭殃了。

据研究，6个月至2岁的幼儿因受烟草、烟雾的影响最容易患耳病，其中以中耳炎的发病率最高，表现为耳朵疼痛，耳道流水，恢复较难。加之吸烟的其他危害性，如对呼吸道黏膜的刺激而引起咽炎、气管炎、支气管炎，容易导致肺癌，促进胃溃疡等的发生。年轻的父亲最好杜绝吸烟的习惯。

夏季再热也不能让宝宝"裸睡"

宝宝的胃肠平滑肌对温度变化较为敏感，低于体温的冷刺激可使其收缩，导致平滑肌痉挛，特别是肚脐周围的腹壁又是整个腹部的薄弱之处，更容易受凉而株连小肠，引起以肚脐周围为主的肚子阵发性疼痛，并发生腹泻。

因此，无论天气再炎热，父母也要注意宝宝的腹部保暖，给宝宝盖一层较薄的衣被，并及时将宝宝踢掉的毛巾被盖好。

宝宝鞋子的理想标准

宝宝已经在学走路了，需要时时刻刻穿鞋子，妈妈就要给宝宝挑选一双合适的鞋子，以给宝宝小脚最全面的呵护。

● 宝宝换鞋子的时机

关于给宝宝换鞋的时机，下面有3个判断标准，只要符合其中1个，就需要给宝宝换新鞋了。

旧鞋子已经穿了3~4个月了。 3岁以内，宝宝的脚每3个月会长0.5厘米，这就意味着每3~4个月应该换一双新鞋。

鞋底已经磨损或变形。 鞋底变形以后，走起路来会很不方便，必须及时更换。另外，如果鞋带或者搭扣损坏的话，也要换鞋。

鞋子小了。 在宝宝站立的状态下，从鞋面按下去，如果宽余处没有0.5厘米的话，就表明鞋子的尺码已经小了。

● 选择最理想鞋子的标准

重量。 鞋子的重量要轻一些，因为宝宝脚部的力量还很弱，所以穿轻一点的鞋子比较好。给宝宝试穿鞋子时，妈妈要注意脚是否能轻松抬起。

选择天然皮革和布料。 最好为宝宝选择真皮的鞋子，因为它透气性和除湿性都比较好。布料的鞋也不错，透气性舒适性也都比较好。

鞋长要给脚尖部留出1~1.5厘米的空隙。 千万不要给宝宝买长度刚刚好的鞋子，要留出1~1.5厘米的空隙，这样宝宝穿起来才会舒服。

鞋舌能够调节脚背高度。 每个宝宝的脚都不一样，而且两只脚也并不是完全一样的，所以要选择可以调节的鞋子。建议妈妈不要购买没有鞋舌的鞋。

鞋子开口要大。 开口大的鞋子，穿脱起来都很容易，宝宝会感觉很轻松。同时也要注意宝宝穿鞋子时，脚趾不要被扭曲。

鞋底要防滑和耐磨。 鞋底最好选择弹性好、减震性高、防滑和耐磨性能优良的材料，牛筋底就是很好的选择，因为它能够吸收地面对脚跟及大脑的震荡。

鞋子内部要平整。 妈妈在买鞋时要好好检查鞋子的里面。如果里面有粗的缝线或者鞋垫发皱不平整，说明质量不好，这样的鞋子会擦伤宝宝的小脚。

试穿时要无任何不舒适的感觉。 妈妈在买鞋时一定要让宝宝穿上鞋子试一试，先踩踏十几分钟，如果宝宝没有任何不适感，说明鞋子合适。要注意，因为宝宝的两只脚大小会稍微不一样，所以一定要两只脚都试穿。

■ 给宝宝买鞋是一件需要重视的事，因为合不合脚、舒不舒服只有宝宝自己知道，如果宝宝不善于表达，很容易让脚受罪。中医学认为脚底部有很多重要穴位，可直接影响到人体各个部位的健康，选双好鞋更成了一件不容忽视的大事！

为宝宝选鞋，一定要注意合脚。不能太松、太肥，以免走着走着鞋掉了。也不能穿过大的鞋，那会使得宝宝走路时不敢抬起脚走，拖拖拉拉地走来走去，影响宝宝走路的姿势，也会妨碍宝宝的活动。

强壮的体质是这样炼成的

在幼儿时期，除了对宝宝要进行智力训练，灵活度的训练，家长还要对宝宝的体能进行训练。因为各个时期的宝宝有不同的活动能力，要想宝宝能正常地发育、发展，做出相应阶段的活动，就要求宝宝必须有良好的体能。宝宝体能的发展是促进身体各系统正常发育的基础。

让宝宝成为运动小能手

此阶段的宝宝的动作能力已有很大的提高。以前只是爬来爬去，现在能直立行走。并且喜欢到处走，到处乱摸乱动。

这时候的宝宝动作不稳定，非常好动，宝宝在亲子活动中，在手的抓、摸、拿的动作中，小手指的功能和技巧都得到了很好的锻炼，手的动作越来越复杂，智能发展也非常迅速。这时父母对宝宝的动作智能培养与训练仍然不可忽视，要多加培养锻炼。

训练宝宝独立走路

让宝宝独立走路不是一件轻而易举的事，走得好就更难了。

在初练行走时，宝宝不免有些胆怯，想迈步，又迈不开。父母应伸出双手做迎接的样子，宝宝才会大胆地踉踉跄跄走几步，然后赶快扑进父母的怀里。如果父母站得很远，宝宝因没有安全感而不敢向前迈步，这时父母就要靠近些给予协助，让宝宝有安全感。有时，宝宝迈开步子以后，仍不能走稳，好像醉汉左右摇晃。有时步履很慌忙、很僵硬，头向前，腿在后，步子不协调，常常摔倒，这时就需父母细心照料。

总之，在这个阶段，应鼓励宝宝走路，创造条件，使宝宝安全地走来走去。尤其对那些"胖小子""小懒蛋"更该多加帮助，让宝宝早些学会走路。

适当的追逐游戏能增强宝宝的运动能力

这时的宝宝运动能力强，尤其喜欢追着他人玩，也喜欢被他人追着玩。父母可以利用宝宝的这种特点，和他一起玩互相追逐的游戏，帮助他练习走和跑。这时的宝宝有起步就跑的特点。父母注意不要让宝宝跑得太远、太累，要注意休息和安全。

迈过障碍。宝宝能迈过8～10厘米高的障碍物。

钻圈。能先低头、弯腰、再迈腿，钻过直径67厘米的圈。

在这个时期，父母可以根据宝宝的能力特点，培养宝宝的大动作能力。比如，让宝宝拖拉玩具，既训练了行走的技巧，又增强了手臂的力量和四肢的协调能力。在满足宝宝玩的兴趣的同时，也更好地帮助他锻炼了身体。

这时的宝宝，不但走路自如、扶栏杆能上下楼梯，而且还能连续跑5~6米，并能双脚连续跳，走路时还具有平衡能力。

此外还可以攀登。在父母的保护下，宝宝能在小攀登架上爬上爬下2层。

提高平衡能力和攀爬能力

快2周岁的宝宝，随着自己能够独立走路，不再愿意父母对他的行为进行干预。他喜欢尝试着自己拉着玩具走来走去，听着可拖拉的手推车、小鸭子、小马拉车等玩具发出的不同声音，想象着玩具的动作，玩得不亦乐乎。

爬上高处

让宝宝搬个小板凳放在床前或沙发前，先站在板凳上，上身趴在床或沙发上面，然后把一条腿抬起放在床上，帮助他爬上去。

宝宝渐渐地就能学会在爬上椅子后，再到桌子上够取玩具。但是，宝宝独自够取高处的物品时，会有一定危险，妈妈应将热水瓶及可能伤害宝宝的物品移开，并且不要在桌子上铺桌布，不放易烫伤宝宝的物品，以免发生意外事故。

训练走直线

在宝宝行走自如的基础上，可以玩一些走直线的游戏。妈妈可以将5块地板砖拼成"桥"，让宝宝练习从"桥上走"，也可以带宝宝到室外，画一条直线叫宝宝踩着线走，通过训练，提高宝宝的平衡能力。

玩具可锻炼宝宝的四肢肌肉

各种套叠玩具、敲打玩具、穿绳玩具、积木等，有助于锻炼宝宝手部小肌肉和手指的灵活性、准确性，同时还可以培养他的注意力和观察力。

套叠玩具有套塔、套碗、套环等。敲打玩具有木制和塑料制两种。穿绳玩具包括木珠、塑料珠、塑料管、木线轴和花片等。玩这些玩具时，父母可先给宝宝做示范，然后再教他自己玩。比如积木玩具，可让宝宝从搭两块开始，然后逐步增加。刚开始时一般的宝宝可搭3~4块，到1岁半时，宝宝就可用积木搭成简单形象，如火车、桥等。

玩具推拉车的种类很多，比如鸭子车或其他动物形象的推拉车，还有些小拉车能发出响声，如小熊打鼓、鸭子背蛋或大象转伞等。这些各式各样的玩具推拉车，是宝宝从学习迈步到独立行走的适宜玩具。做玩具推拉车游戏，既可以锻炼宝宝手臂和腿部动作的协调性，让宝宝学会独立行走，还可帮助宝宝及早摆脱对父母的过多依赖，学会独立活动。

■ 1岁左右的宝宝，每次只会玩一种玩具。如果要同时配合着不同种类的玩具玩耍，他会变得不知所措。所以一次只要给予一至两种玩具，等到他玩腻之后，再给他新的玩具。如果爸爸妈妈一下子为宝宝选购了太多的玩具，宝宝在尚未玩得尽兴时就会分心去碰碰别的玩具。如此不但无法发现游戏真正的乐趣，就连动脑筋想一些其他游戏方法的机会都没有了。

提高全身运动的协调能力

2岁的宝宝走路已经很稳了，能跑，还能自己单独上下楼梯。如果有什么东西掉在地上，他会马上蹲下去把它捡起来。

这时的宝宝很喜欢运动量大的活动和游戏，如跑、跳、爬、跳舞、踢球等。并且很淘气，常会借助椅子爬到桌子上去拿东西，甚至从椅子爬上桌子，从桌子爬上柜子，你会发现他总是闲不住。

这一时期宝宝的手眼配合越来越好了，只要是宝宝想做的事情，几乎都要尝试着去做，尽管有时显得还比较笨拙，但宝宝不会气馁，坚持把事情做完。宝宝开始凭借自己的想法，画一些有意义的图画，如月亮、太阳、苹果、香蕉等。

2岁的宝宝能打开门，会画简单的图形，能搭更多层的积木，还能玩拼图游戏，会在成人的指导下折纸，还会创造性地折一些小动物，尽管不像，但这是宝宝的创造，妈妈要加以赞扬。还会给玩具娃娃穿衣服，这是在为将来宝宝自己穿衣服打基础。

现在宝宝可以不扶任何物体，用单脚站立3~5秒。宝宝的平衡能力有所增强，可以进行短平衡木的练习。这个时期，宝宝对所有的事情都充满兴趣，什么事都想做，什么东西都要玩玩，但又不可能认认真真地做完一件事，还经常把家里搞得乱七八糟。宝宝的活动看上去充满危险，令妈妈万分担心，尽管心里特别想制止他的危险活动，但是这都是宝宝的学习过程，妈妈要尊重、爱护宝宝的热情。

■ 兴趣是一个人从事任何事情的基本动力。作为父母，不妨观察一下宝宝对什么样的体育活动有较为浓厚的兴趣。然后，不动声色地提供一些条件并加以引导，宝宝就会积极主动地去参与。

■ 从小爱活动的宝宝，不但身体抵抗力较强，视野也更加开阔，有利于宝宝长大后的学习力的提高。

最适合婴幼儿的快乐成长运动法

　　宝宝年纪越小，越不容易进行系统持续的运动。妈妈最好带着宝宝一起做运动，这样可以给宝宝传递母爱，让宝宝感到幸福，健康成长。

跟妈妈一起伸懒腰

　　成人的身高在早晨和晚上会出现1厘米的差异。充分伸展身体，放松肌肉能让身体变高。伸懒腰很容易学，而且是找到隐藏的1~2厘米身高的绝好方法。早上醒来后不要让宝宝马上起床，在躺着的状态下充分伸展胳膊和腿，能帮助宝宝长高。

充满母爱的按摩

　　冲完热水澡后让宝宝躺在床上做全身按摩，这不仅可以刺激骶板、促进成长，还能让宝宝充分体会温暖的母爱。刺激手指尖、脚趾尖等神经末梢，或者刺激脚底板可以促进消化和吸收。拉直腿部和均匀按摩可以塑造美丽的腿形。

跟爸爸一起做体操

　　宝宝的注意力一般都不容易持续集中，再好的运动方法也不能持续多久。晚上睡觉前，宝宝一般都喜欢在床上玩耍。利用宝宝的这种心理，爸爸可以跟宝宝一起做体操。这样既好玩又达到了运动的目的。体操没有特别的动作要求，运用普通的广播体操动作就可以了。比如划船动作、仰卧起坐等。

■ 爸爸常带宝宝一起做体操，能让宝宝尽情体会爸爸的力量，并增进父子亲情。

健康咨询室

让宝宝平安，妈妈安心

宝宝的一举一动都牵动着爸爸妈妈的心，宝宝能健康快乐地成长是父母最大的安慰。可是1~2岁宝宝的身体抵抗力、免疫力逐步降低，宝宝疾病的预防和护理成为一个让父母十分头痛的问题。本节提供1~2岁宝宝成长过程中常见、多发的疾病、伤害防治及处理办法，为新手父母提供了在第一时间施救的科学方案，避免因为护理不当、施救不当对宝宝造成的伤害。

流行性感冒的家庭护理

流行性感冒是一种上呼吸道病毒感染性疾病。6个月～3岁的婴幼儿是流感的高危人群，5～6岁是流感的高发年龄组。流感病毒可由咳嗽、打喷嚏和直接接触而感染，传染性很强。

流感症状通常在病毒感染后1～3天出现，主要表现为发烧（常超过39℃），还会出现干咳、鼻塞、疲劳、头痛，有时候会出现咽痛或声音嘶哑。症状往往在发病后2～5天最为严重。

饮食照料方法

1. 饮食宜清淡、易消化、少油腻。

2. 多给宝宝喝酸性果汁，如山楂汁等，保证水分供给。

3. 多给宝宝吃富含维生素C、维生素E的食物和水果，如苹果、橘子、土豆、地瓜、黄瓜等。

4. 少食多餐，退烧后可以改为半流质食物，如面片汤、菜泥粥、肉松粥、肝泥粥、蛋花粥等。

家庭医生

发热期间要让宝宝充分休息，中午可以打开门窗，保证空气新鲜，但要给宝宝盖好被子，避免受凉。

每天用淡盐水给宝宝漱口，年龄较小的宝宝可用消毒棉签蘸温盐水进行擦拭，以减少细菌感染的机会。

可用冷敷法给宝宝降温，以免出现高热惊厥。

密切观察病情，患病后2～4天如有高热、咳嗽、呼吸困难、口唇发青等情况，应及时到医院就诊。

■ 猕猴桃有"维生素C之王"之称，一个猕猴桃能提供一个人一天维生素C需求量的两倍多，对增进宝宝抵抗力很有益处。

湿疹的家庭护理

　　湿疹俗称"奶癣"，多发生于刚出生到2岁的宝宝。诱发湿疹的原因很多，主要有对牛羊奶、牛羊肉、鱼、虾等食物过敏，过量喂养而致消化不良，吃糖多造成肠内异常发酵或存在肠寄生虫病。

　　湿疹大多发生在头面、颈背和四肢部，会出现米粒样大小的红色丘疹或斑疹。有时是干燥型，即在小丘疹上有少量灰白色糠皮带脱屑。也可为脂溢型，在小斑丘疹上渗出淡黄色脂性液体，以后结成痂皮，以头顶及眉间、鼻旁、耳后多见，但痒感不太明显。

饮食照料方法

　　1. 妈妈和宝宝都要吃得清淡些，食物中要富含维生素、无机盐和水。糖和脂肪要适量，少吃盐。

　　2. 宝宝可以适当饮用菊花茶或金银花茶。

　　3. 可以煮些绿豆汤，妈妈、宝宝都喝点。

　　4. 冬瓜对湿疹有效，可以用冬瓜给宝宝煮粥喝。

　　5. 宝宝发病时，如果还未断奶，妈妈应多吃些蔬菜、水果；喝牛奶的宝宝，最好将牛奶换成配方奶，注意不要让宝宝吃得太饱，消化不良会使湿疹加重。

家庭医生

　　1. 面积不大的湿疹可涂氟轻松软膏，但不宜涂太厚。

　　2. 脂溢性湿疹千万不能用肥皂水洗，只需经常涂一些植物油，使痂皮逐渐软化，然后用梳子轻轻梳掉即可。

　　3. 尽量避免让宝宝的皮肤接触到刺激性的物质，不要用碱性肥皂，也不要用过烫的水给患儿洗患处。

　　4. 患儿的尿布要勤洗、勤烫，而且最好不要用肥皂粉洗，用时一定要冲洗干净。

水痘的家庭护理

　　水痘是由水痘带状疱疹病毒初次感染引起的急性传染病，传染性很强，接触或飞沫均可传染。主要发生在婴幼儿期，冬春两季是多发季节。

　　水痘通常在发热一天后出现，先见于躯干部及头部，然后逐渐蔓延至面部与四肢。水痘以胸、背、腹部为多，面部、四肢较少。初期为小红点，很快变为高出皮面的丘疹，再变成绿豆大小的水疱，水疱壁较薄且容易破，周围有红晕，疱液为清水样，以后变浑浊，水疱破后结痂。

饮食照料方法

　　1. 饮食以易消化和富有营养的半流食或软食为主。

　　2. 妈妈要鼓励宝宝多喝水，增加柑橘类水果和果汁，并在宝宝的食物摄取中增加麦芽和豆类制品。

家庭医生

　　1. 当宝宝长水痘时，爸爸妈妈首先要帮他选择宽松舒适的衣服；其次是每隔三四个小时用凉水擦拭一次宝宝的身体，这样做有助于缓解瘙痒，也可以在浴缸水中加一些苏打，帮助宝宝进一步止痒。

　　2. 患儿单独隔离，居室要通风，光线充足，发热时应卧床休息。

　　3. 剪短宝宝的指甲，保持双手清洁，避免抓破水痘引起感染。较小的宝宝双手可用纱布包裹或戴手套。已被抓破的水痘，可用1%甲紫涂擦。

　　4. 宝宝房间要保持通风，空气新鲜，这样可以减少病毒对宝宝的感染。

腹泻的家庭护理

腹泻发病年龄以2岁以下为主，其中1岁以下者约占50%。一年四季均可发病，但夏秋季节发病率最高。

感染性腹泻主要是由细菌或病毒等微生物的侵袭造成的，如吃了不洁食物或喂食用具消毒不彻底等；非感染性因素主要是喂养不当；其他如食物过敏、全身性疾病以及外界气候的突然变化等原因也可导致腹泻。宝宝腹泻时大便次数比平时增多或大便呈水样便、黏液便或脓血便。

饮食照料方法

1. 宝宝的肠道可消化水、糖水、米汤、果汁等，所以妈妈还是要坚持喂食。此时宝宝摄入食物的总能量不应低于宝宝日需求量的70%。

2. 母乳喂养的宝宝不必停食或减食，宝宝想吃奶就可以喂奶。牛奶或混合喂养的宝宝，每次奶量可减少1/3，另外加一些饮料。如果减量后宝宝不够吃，则维持原量或在原量的基础上略减，但要将牛奶或奶粉减少1/3。

3. 暂停辅食喂养，等腹泻稍稳定，再从小量开始，观察宝宝的消化及腹泻情况，稳定数日后再考虑添加。注意要少添加脂肪量，原来添加的鱼肝油也可以暂停。

家庭医生

给患儿足够的液体以防脱水，可选择以下溶液：米汤加盐溶液（500毫升米汤+1.75克细盐），预防脱水的剂量是20～40毫升/千克体重，4小时内服完，以后随时服，能喝多少给多少；糖盐水（500毫升清水+10克糖+1.75克细盐），煮沸后服用，用法同上。

便秘的家庭护理

凡是2天以上不排便，大便干燥，排便困难，都称为便秘。宝宝便秘的原因：1.没有养成排便规律的习惯，忽视并抑制便意，导致粪便在肠内干结，不易排出。2.摄入的食物过少或缺乏纤维素，导致肠道刺激少，蠕动减弱。3.牛奶中酪蛋白在胃内遇酸结成硬块，不易消化。4.排便姿势不当，或经常使用开塞露通便等，也可造成直肠反射敏感度降低，引起便秘。

饮食照料方法

1. 以奶为主要食物的宝宝，奶中加糖的量不够，可能会导致便秘，所以妈妈可以给宝宝添加糖的量，通常为5%，不超过8%。

2. 已经添加辅食的宝宝，要及时添加菜汁、果汁、果泥、菜泥和蔬菜。多食用纤维素丰富的食物，如苹果、梨、核桃、西瓜、海带、西蓝花、地瓜、菠菜、卷心菜、黄豆、豆腐等。

3. 采用含果肉的果汁喂养宝宝，并应以家庭自己用榨汁器榨的为首选。

家庭医生

1. 3个月以上的宝宝就可训练定时排便，时间可在起床后或吃饭后。但坐盆的时间不要太长，不可边坐盆边玩。

2. 适当增加宝宝的活动量，有助于体能消耗，促进肠胃蠕动，推动排泄。

3. 将手掌平放在宝宝的肚子上，自右下腹向上绕脐按顺时针方向轻轻按摩10多次，每晚睡前进行一次。

4. 如果大便数天未解，按摩后不能立即排便者，可先用肥皂条或开塞露以缓解症状，再用按摩治疗。

鹅口疮的家庭护理

　　鹅口疮俗称白口糊，是由真菌传染，在口腔黏膜表面形成白色斑膜的疾病，年龄越小越容易发病。主要由儿童抵抗力低下（如营养不良、腹泻及长期使用广谱抗生素等）造成，也可能由被真菌污染的食具、奶头、手等传染造成。

　　发病时，宝宝口腔内壁充血和发红，有大量白雪样、针尖大小的柔软小斑点，不久即可相互融合为白色或乳黄色斑块。斑块不易擦掉，若用干净的纱布擦拭会出血或出现潮红色的不出血的红色创面。

饮食照料方法

　　1. 宝宝因为疼痛不愿吃东西或不肯吸吮时，应耐心地用小匙慢慢喂其食物或奶水，以保证营养摄入。

　　2. 大一点的宝宝应该给予高热量、高维生素、易消化而且温凉适中的流质或半流质食物，以免引起疼痛。同时应给患儿多喂水，以清洁口腔，防止感染。

家庭医生

　　1. 口腔内局部用药能有效治疗鹅口疮。用消毒药棉蘸2%的小苏打水擦洗口腔，动作要轻，再用1%甲紫涂在患处，每天2次，一般2～4天就可治愈。还可取制霉菌素50万单位研成末，平均分成4份，每次用1份，直接撒入患儿口腔内，不喂水，让宝宝自己用舌头搅拌，使药物与口腔黏膜接触。一般每天2次。

　　2. 注意保持餐具和食品的清洁。宝宝的奶瓶、奶头、碗勺要专用，每次用完后须用碱水清洗并煮沸消毒。

宝宝患了糖尿病怎么办

　　宝宝糖尿病的症状不明显，多尿或夜间遗尿常被误认为是宝宝的"正常"现象，因此早期不易发现。有的宝宝直到发生了脱水、酸中毒甚至昏迷才被确诊。严重影响宝宝的生长发育，乃至危及宝宝的生命。

　　家里如果有糖尿病的宝宝，家长需要长期细致地护理好宝宝，所以应该向医生或书本学习有关宝宝糖尿病的知识；听从医生指导，坚持正确使用胰岛素以及其他降糖药，不要听信偏方，而随便停用医嘱的药物；全家人一起帮助宝宝进行饮食控制，因为这是一件很难做的事情；发现宝宝有低血糖、酮症酸中毒等表现时，一定要及时送宝宝到医院救治，以免发生意外。

　　胰岛素是治疗儿童糖尿病的不可替代的药物，须长期用药，所以宝宝和家长应学会使用。治疗中一旦发生低血糖，应及时口服或静注葡萄糖，可很快缓解症状。

　　酮症酸中毒是儿童糖尿病重症死亡的主要原因，要针对高血糖、脱水、酸中毒、电解质紊乱和可能的并发症进行综合的治疗。酮症酸中毒时，常并发感染，故抢救时，要用有效抗生素。

　　在饮食控制的同时，应注意保证宝宝的生长发育，膳食中碳水化合物应以米饭为主，脂肪以植物油为主，蛋白质则为动物蛋白与植物蛋白搭配，各占一半，要鼓励宝宝多吃蔬菜，不吃甜食。

　　通过药物治疗和饮食控制应达到以下目的：

　　1. 症状消失，血糖水平较稳定，餐后血糖低于6.7毫摩尔/升。

　　2. 24小时尿糖定量低于15克。

　　3. 不发生酮症酸中毒和严重低血糖。

　　4. 生长发育较正常。

　　5. 无高脂血症。

宝宝成长最需要的心理营养

心理营养是幼儿心理发展的基础。每个幼儿都以自己的方式（这种方式受其心理结构和心理品质影响），对不同的心理营养进行吸收和消化，而形成其独特的心理结构和心理品质。幼儿心理发展不但需要有充足的心理营养（或者叫精神营养），而且还需要讲究心理营养的卫生，提供心理营养的方式方法不当，幼儿就会出现心理营养不良，甚至会出现这样或那样的心理疾病。

保护宝宝幼稚的好奇心

好奇心是宝宝创造力的表现，可是许多父母却忽视了宝宝的好奇心，认为宝宝的许多问题滑稽可笑。

好奇心是兴趣的源泉

宝宝的好奇心是与生俱来的，也许有时回答宝宝的问题会让父母觉得很为难，有时宝宝甚至可以把父母逼得"走投无路"，最终训斥宝宝一顿。父母不应该这么做，因为这是对宝宝天性的扼杀。

宝宝对很多事情都充满了好奇，随着年龄慢慢长大，这些好奇就会转变成兴趣。

好奇是不同于兴趣的，它是兴趣的开端，意大利著名教育专家蒙特梭利说："这是因为他想知道这件东西的构造，他是在寻找玩具里边是否有有趣的东西，因为从外观上玩具没有一点使他感兴趣的地方。"

但父母可以把好奇看做是兴趣的初级阶段，正是这种最初的好奇心，让宝宝获得了最后的兴趣。家长就是要利用这种好奇来培养宝宝的兴趣，比较常见的办法就是让宝宝学会提问，让宝宝多问几个"为什么"，使得宝宝的思维从问题中引向深入，从而触动内心的探索欲望。

父母不仅不该阻止宝宝的好奇心，还应该无条件地满足宝宝的好奇心，比如宝宝对一件东西发生了兴趣，与其担心宝宝会把东西损坏，倒不如教给宝宝使用它的办法，满足宝宝想自己操作的好奇心。

作为父母，我们有责任保护宝宝幼稚的好奇心，并采取合适的方法满足他想了解外部世界的强烈欲望。

■ 当宝宝刚刚萌芽的好奇心受到打击的时候，他或许就会变得规规矩矩，却丢掉了先天本来具有的天才的创造力。

怎样激发宝宝的好奇心

怎样才能激发宝宝的好奇心？

给宝宝营造一个良好的学习环境。在日常生活中，父母要在家庭中营造出一个"自由交流"的氛围，让宝宝在轻松愉快的环境下，培养学习的兴趣。例如，妈妈跟宝宝在超市的时候，看到饼干的标价，就可以问问宝宝："你喜欢吃的饼干是3块钱。妈妈喜欢吃的饼干是2块钱，哪一个价格比较高呢？妈妈买了这两盒饼干，要花多少钱呢？"

多给宝宝一个微笑。宝宝学习数学的过程中，父母要注意经常对宝宝进行鼓励。例如，可以经常微笑着对宝宝说："宝宝，你真聪明，能从1数到100。""宝宝，再仔细想一想，你一定能想到的。"

让宝宝在学习中增强自信心，同宝宝一起学习。要想培养宝宝的学习兴趣，父母就要在生活中和宝宝一同参与学习，聆听宝宝的心声，不断和宝宝进行沟通。帮助宝宝养成思考和表达的良好学习习惯。让宝宝爱上学习，父母在培养宝宝的数学智能时，要尽量将学习的概念趣味化。减轻宝宝的学习压力。当然，在学习的过程中，父母也要表现出对数学的兴趣，这样会让宝宝更加有动力。

培养宝宝的自信

自信是自知聪明的一个重要表现，因为只有了解自己才会有自信，自信的人清楚自己的身体、能力、性格等，在生活中会更容易获得成功和好的人际关系。

1岁后的宝宝是喜欢听好话、喜欢受表扬的宝宝。这时一方面他已能听懂你常说的赞扬话，另一方面他的言语动作和情绪也发展了。他会为家人表演游戏，听到喝彩、称赞，就会重复原来的语言和动作，这是他能够初次体验成功的欢乐表现。

成功的欢乐是一种巨大的情绪力量，它形成了宝宝从事智慧活动的最佳心理背景，维持着最优的脑的活动状态。它是智力发展的催化剂，它将不断地激活宝宝探索的兴趣和动机，极大地助长他形成自信的个性心理特征，而这些对于宝宝的成长来说，都是极为宝贵的。

对宝宝的每一个小小的成就，你都要随时给予鼓励。不要吝啬你的表扬，而要用你丰富的表情、由衷的喝彩、兴奋地拍手、竖起大拇指的动作以及一人为主、全家人一起称赞的方法，营造一个"正强化"的亲子气氛。这种"正强化"的心理学方法，会促使你的宝宝健康茁壮地成长。

正确对待宝宝的反抗心理

宝宝有反抗心理是正常的。随着宝宝思维能力的提高，宝宝开始产生自主意识，并试图在了解周围环境的基础上，建立自己的好恶观念，表达自己的需求。同时，宝宝身体和动作的发育，也使宝宝可以通过自己的动作来表示反抗，或者抵制自己不喜欢的东西。

在日常生活中，宝宝的某些反抗表现是正常的。宝宝产生反抗行为，是成长过程中宝宝正常发育和健康成长的一个标志。为了避免宝宝长大以后形成唯唯诺诺、百依百顺的懦弱性格，爸爸妈妈一定要善待和化解宝宝的正常反抗心理。

一般来讲，情绪容易紧张的宝宝更易产生反抗心理。对于这些宝宝，爸爸妈妈应设法缓解宝宝的紧张情绪。如当宝宝疲惫和饥饿的时候，让宝宝及时休息或者吃一些平常喜欢的零食，有助于缓解宝宝紧张的情绪，而不应教宝宝学习新东西或做其他事情。周围环境发生变化或宝宝身体状况不佳，也可能会让宝宝精神紧张而产生反抗心理。如当宝宝生病时，通常会情绪低落，容易和妈妈或爸爸对抗，这时妈妈或爸爸应理解宝宝，在宝宝生病期间，须采取一些宽容的态度和做法。

育儿小讲堂　宝宝产生反抗心理的原因

在日常生活中，宝宝的某些反抗表现是"正常"的。比如常常遇到的以下种种情况：拒绝妈妈或爸爸的要求；不理睬妈妈或爸爸；不要妈妈或爸爸搂抱；不与妈妈或爸爸亲热；故意从妈妈或爸爸身边跑开。

宝宝在1岁左右时，上述情况会时有发生，在2岁左右时可能就会更加频繁和激烈。

宝宝之所以出现这种心态和做法，一方面是因为这个时期的宝宝，语言功能没有发育完善，没有足够的词汇来表达自己的感情和需要；另一方面是宝宝对语言还缺乏准确的理解能力，不能完全理解妈妈或爸爸的意思，因此也不能完全执行妈妈或爸爸的指令和要求。

所以，对于这个时期宝宝的反抗和抵制行为，妈妈或爸爸要正确理解，以免形成宝宝故意与妈妈或爸爸对着干的错觉，而对宝宝采取不恰当的做法。

爱的赠语 送给父母的育儿名言（四）

教人要从小教起。幼儿比如幼苗，培养得宜，方能发芽滋长，否则幼年受了损伤，即不夭折，也难成材。
——陶行知

一般人说，我是母亲，我是父亲，一切都让给宝宝，为他们牺牲一切，甚至牺牲自己的幸福。可是这就是父母送给宝宝最可怕的礼物了。
——马卡连柯

父母可以为宝宝提供一个安适的成长环境，但无法隔断他们在现实生活中生存。因此，聪明的父母应当及早培养宝宝的独立能力。
——斯宾塞

父爱是一部震撼心灵的巨著，读懂了它，你也就读懂了整个人生！
——高尔基

一头不起眼的小马驹，可能长成良驹；一个倔强邋遢的小男孩可能长大成为体面有用的好汉。
——凯利

无论是国王还是农夫，只要家庭和睦，他便是最幸福的人。
——歌德

人生须知负责任的苦处，才能知道尽责任的乐趣。
——梁启超

习惯真是一种顽强而巨大的力量，它可以主宰人的一生，因此，人从幼年起就应该通过教育培养一种良好的习惯。
——培根

家庭是父亲的王国，母亲的世界，儿童的乐园。
——爱默生

给宝宝一点爱，他将回报你许多的爱。
——罗斯金

PART 5

2～3岁宝宝的养育

  2~3岁这一阶段的儿童表现出动作发展迅速，会跑、攀登、钻爬，两手也更加灵活，手眼协调能力增强，生活自理行为开始出现。口语发展迅速，感知思维也随之活跃，并出现了最初的概括和分析能力，社会性得到发展。由于各种能力的不断增强，以及自我意识的萌芽，使得这一阶段的宝宝处处和父母"作对"，逆反心理很强烈，事事都要按照自己的意愿去做，出现了第一反抗期。

宝宝的生长发育

俗语说："从小看苗，三岁知老。"从这句话我们就可以深深地体会到，2～3岁的这个时期，对宝宝来说是多么重要。尤其是对健康的心理和良好性格的形成有着很重要的作用和意义。所以家长对于这一阶段的宝宝一定要精心教育。只要能抓住宝宝在2～3岁这个关键期的特点，合理地照顾、养育和引导，及时对宝宝的健康进行检测，帮助宝宝解决成长过程中遇到的问题，那么，宝宝就一定能健康快乐地成长。

身体的发育

饮食照料方法

2～3岁的宝宝生长相对较前段减慢，但仍是一生中生长发育的快速期。2岁时女孩体重11～12千克，男孩11～13千克，3岁时体重又增加2千克左右，此时体重是出生时的4～4.5倍。2岁时女孩身长84～90厘米，男孩85～91厘米，3岁时又增加5厘米左右。

2～3岁宝宝的大脑发育非常迅速，脑重已达成人的2/3，神经细胞的树状突起大量发展，神经细胞之间形成了复杂的网络联系。

头围在48厘米以上，胸围超过50厘米，如果头围比胸围大就提示宝宝发育不良。

牙齿发育情况

2～2.5岁时全口20颗乳牙已长齐，这时须做好口腔保健，保护乳牙的生长。父母要教会宝宝饭后漱口，早晚刷牙，防止龋齿的发生。也有的宝宝2岁半乳牙未出齐，要找一下原因，如果没有佝偻病或牙发育异常，父母不必担心，仍属正常，稍微迟些也没有什么大关系。这时宝宝的消化功能进一步发展，可以吃各种固体的普通食物了，当然还得吃容易消化的食物。

动作能力的发育

这个时期动作发育迅速，宝宝已具备各种大运动、小运动的能力，除会初步用手做各种精细动作外，语言发育也特别迅速。从3～4个字组成的简单句发展到复合句，这些为宝宝主动接触事物创造了条件。快满3岁时宝宝什么都爱自己来，常常表示要"我自己……"，这表明宝宝具有要求独立、积极上进的因素。父母要放手，不要怕宝宝发生意外而过分束缚住宝宝的手脚，不过仍要注意宝宝的安全。宝宝还小不懂事，不会控制自己，又缺乏生活经验，好奇心又强。父母要多指导宝宝活动，在活动中引导宝宝学习，防止意外发生。

语言能力的发育

这段时期仍是儿童口语发育的关键期，1岁之前是儿童语言发生的准备阶段，一直到1岁半之前，他能够听懂很多话，但不能用语言表达出来。

1岁半以后儿童学习语言产生了一个飞跃，从不会说到突然开口说话，甚至说得很好，到了2～3岁宝宝说话和听话的积极性都很高，语言水平也进步很快，掌握了基本语法结构，词汇量和句型也在迅速扩展，爱听故事、儿歌、诗歌等。造句的能力也逐渐增强，掌握的词汇增多，句子的结构进一步复杂化，初步掌握了语法结构。会使用名词、动词、副词、形容词和代词，特别喜欢说"我""我自己"。

注意和记忆能力也较之前有所提高，能较长时间地注意看电视、看电影、做游戏或听大人讲故事等，并能记住一些简单的情节片段。

2~3岁宝宝随着语言的发展，与成人、同伴间的交往也更频繁，这样会使他具有丰富的想象力和思维，会提出各种问题，爱问"为什么""是什么"，这些问题都很幼稚，父母要耐心解答，积极引导，同时父母也要不断提高自己的知识水平，这将大大有利宝宝智力的发展。

这时期宝宝说话的积极性很高。虽然语言的表达能力还很差，但常喜欢用语言与成人或同伴交流，表达的内容很丰富。不仅能说当前刚发生的事，也能叙说以前或以后的事，还能反映一些事物之间的关系或人与物的关系，而且也学着评价一些事物，如"某某打人不对""宝宝乖，不摔东西"等。

■ 很多家长只注重宝宝的智力开发，却往往忽视了对宝宝运动潜能的开发。实际上，及早开发宝宝的运动潜能，对他们未来的学习和成长都有着重要的作用。

感知能力的发育

2岁宝宝的视觉、听觉、味觉、嗅觉及皮肤感觉的发育已达到相当高而稳定的水平，3岁宝宝的这些感知能力与2岁时相当。突飞猛进的是宝宝的认知、情感和社交能力的发育。

认知能力的发育

2岁前的宝宝主要通过触摸、观看和听觉来感受这个世界，而2岁以后的宝宝在他的认知过程中加入了更多的思考成分，小脑袋里开始有了事件、动作和概念的精神图像。他开始能用思维分析、解决问题，而不是亲自去操作和实践，如看见一碗冒热气的菜，宝宝就会分析出很烫，而不会去贸然尝试。

开始理解简单的时间概念，例如宝宝说"玩一会儿再回家"。开始理解物体间的相互关系，在玩形状分类玩具和益智拼图玩具时，可

很好地匹配相似的形状。

能理解3以内的数字的含义，知道两个1放在一起是2，3个1放在一起是3。

对前后因果关系的理解有进步。如喜欢开灯和关灯，喜欢上发条让玩具动物行走。

可玩更加复杂的游戏，可把几个游戏有机地串在一起玩耍。

2～3岁宝宝的感觉和理解能力有限，还很难理解死亡、疾病等概念，也不能分辨幻觉与真实。这时期的宝宝总是把大人开玩笑的话当真，所以对宝宝不要轻易开玩笑。

思维能力的发育

两岁左右的儿童开始出现"头脑"中的心理活动，也就是表象、想象和思维。这些都是属于高级的认知活动，也就是说，这个年龄有了高级认知活动的萌芽，使他们的认知能力发生了质的变化，并导致他整个心理发展的转折。思维具有"直觉行动性"的特点，也就是思维活动在行动中进行，而不会想好了再行动。比如拿着插塑玩具就动手插，边插边考虑插什么，最后插成的东西像什么就说是什么。另外，思维缺乏可逆性和相对性，只能理解一些浅显的事情，不会做复杂分析，只会简单地直接推理，这一点表现为3岁儿童不大能理解反话。

自我意识的发育

两岁宝宝开始出现自我意识的萌芽。自我意识是指自己认识自己，就是使自己既成为主体，又成为客体。能把自己和外界区分开，意识到自己和外界的关系，特别是自己和别人的关系，这是比较高级的心理活动，两岁宝宝只是处在萌芽阶段，其出现的主要标志是能够运用代词"我"。其特点主要表现在以下几个方面：

1.产生了强烈的独立性需要，出现了自己行动的意愿。表现为坚持自己的主意，不听从父母的要求和意见，常说"我自己来""我自己拿"等。

2.开始"知道"自己的力量，会用语言支使别人。

3.能说出自己的行为，有时也能用语言控制自己的行为。

4.出现占有意识。两三岁的宝宝开始能够意识到哪些东西是属于自己的。此外，随着自我意识的萌芽，宝宝也会出现新的情感萌芽，如自豪感、自尊心、羞愧感、同情心等。这时期的宝宝个性逐渐显露，在自我意识发展的基础上，儿童的自我评价及道德品质开始有了初步的发展，能够判断"好"与"不好"、"对"与"不对"，并能用语言来控制和调节自己的道德行为。

情绪情感的体验促进社会性发展

　　2~3岁儿童认知能力和语言能力的发展，扩大了宝宝社会交往的范围，各种情绪的发展与情感体验，促进其社会性行为的发展。这主要表现在：

　　1. 情绪支配行为。 3岁儿童不能用理智支配活动，他们的行为易受情绪支配，更多是无意识的。比如，宝宝喜欢的事物会激发出他积极的情绪，这种情绪又会调动起活动的积极性。

　　2. 产生强烈的依恋情感。 所谓依恋就是指儿童对经常和他生活在一起、经常照料他的亲人的依恋，时刻离不开他们。主要表现在幼儿两三岁入园的时候，大哭大闹，这是情感发展的正常表现。

　　3. 喜欢与人交往。 由于语言和动作发展日趋成熟，认识范围不断扩大，好奇心和求知欲不断增强，其表现是儿童与他人的关系、与他人的交往。交往关系不再局限在父母和亲戚之间而是扩展到和同伴的关系，他们很愿意和小朋友在一起，比如很愿意看别人玩，也管别人的事了，常把小朋友发生的事告诉妈妈和其他大人。

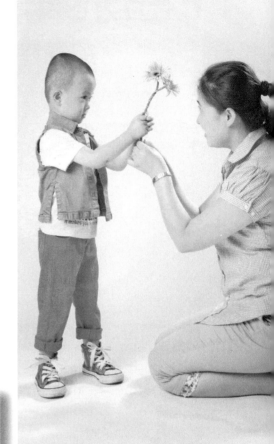

2~3岁宝宝情感的3个特点

易变性	因宝宝缺乏情感控制力，他们的情绪完全由外界环境控制，所以很容易变化，如破涕为笑是常有的事
易感性	宝宝的情感很易受别人的感染。别人笑，他也跟着笑，别人哭，他也哭
冲动性	宝宝的情感是外露的，常在达不到目的，或是自己的行为受到别人阻挠时出现情绪冲动

2~3岁宝宝开始萌芽的3种高级情感

道德感	如抢同伴的玩具时会感到自己不对，将自己的糖果给同伴分享时会感到高兴
理智感	如宝宝知道打针疼痛，但成人鼓励后能控制自己怕疼痛的情感而哭着接受
美感	爱美之心人皆有之，宝宝穿上一件美丽的新衣服，照着镜子感到高兴，产生了爱美的情感

育儿心得

　　两三岁是儿童心理发展上一个比较大的转折阶段，他既遗留着两岁以前的某些心理特点的痕迹，又开始出现新的心理特点的萌芽，新旧交替在宝宝身上就体现着矛盾。如果父母不了解这一年龄阶段的心理发展特点，不按身心发展规律实施正确的教育，那么，父母与宝宝之间的矛盾必然激化，后果是导致宝宝出现真正的执拗、任性等不良性格。

社会行为的发育

此时期，宝宝的行为易受情绪支配，缺乏道德认识和自控能力。宝宝的行为还不能自觉地服从某些道德标准，往往取决于他自己的情绪状态，常常会由于自己的行为受到限制而对妨碍他行动的人反抗或不服，从而影响情绪，甚至大发脾气，不能控制自己的行为而去打人、咬人，甚至赖在地上反抗。

喜欢有玩伴

与玩伴在一起感到快乐，可以无拘无束地交往，他们在一起相互观察，模仿彼此的语言和行为，也能产生关心和同情同伴的举动。如同伴哭时会去安慰他，为他揩眼泪，同伴跌倒了会扶起表示同情。在交往中学习分清是非，知道"对"与"不对"、"好"与"不好"，逐步建立与同伴之间的友好关系。

喜欢模仿成人的言行

由于语言的发展和独立能力的增强，接触人们的机会增多，宝宝对人们的劳动会感到极大的兴趣。因此他们非常喜欢模仿成人的言行、照成人的样子学着帮助成人做些小事，如将手帕叠好放在口袋里，睡觉前脱下的鞋袜放在固定的地方，帮助成人拿报纸等。喜欢做了事后得到成人的赞扬。

以自我为中心

宝宝只凭自己极其有限的经验去判断和预测别人的行为。如宝宝在家中大多是独生子女，凭他在家的经验，他想吃、想玩都能得到满足，成人不会与他争执。在集体中他看见同伴玩的玩具自己想要玩，他以为也和在家里一样，别人也会让他玩，便从同伴手中抢过来玩，因此而产生争执。这时就要让宝宝学会遵守在集体中的行为规则，不能只顾自己，要学会与同伴商量，得到同意后才能玩玩具。

由于宝宝这时期在社会行为方面具有以上的特点，因此父母应以自身的良好言行作为宝宝的榜样，让宝宝模仿，应向宝宝传授与同伴友好相处的道理，并在实践中进行正确的指导，方能使宝宝的社会行为获得正常的发展。

宝宝意志的萌芽

　　2岁以后的宝宝有了一定的活动能力和语言能力，能初步通过自己的言语来调节自己的行动，表达自己的意愿，如说"我要""我不要"，按自己的目的去进行或抑制某些行动。

　　接近3岁时的宝宝表现出强烈的独立愿望，什么事都要求自己做，自觉地确定行动的目的，根据目的去支配、调节自己的行为，并且通过不断地克服困难去实现目的。如推车去户外时，遇到路上有木块阻挡去路，他不再像2岁前大叫让成人帮忙，而是自己克服困难，将木块一块一块搬掉后再走过去或是从另一条路绕道而过。

　　宝宝这种要通过自己的全力去解决问题而不愿成人帮助是种积极的心态，也是意志行动发展的标志，也可说宝宝的意志开始萌芽了。

3岁宝宝认知、情感、社交发育的里程碑

认知发育	使用机械玩具
	和娃娃、小动物或别人玩过家家的游戏
	根据形状和颜色将物体分类
	完成3～4块组成的拼图
	将手上和房间的物品与图画书上的进行比较
	理解、识别2和3的概念
情感发育	公开表达他的关爱
	容易和父母分开了
	喜怒无常，表达相当多的情感
	不喜欢日常生活出现很大变化
社交发育	模仿成人与伙伴的行为
	理解"我的"或"他的"
	自发对熟悉的伙伴表示关心
	可轮流玩游戏

宝宝的饮食营养

由于2岁以后，宝宝的牙齿咀嚼能力、胃肠道消化能力日趋完善，因此宝宝的饮食也不必像以前一样要做得很碎，食物的范围也扩大了很多。在宝宝大脑发育的关键时期，要多吃含蛋白质丰富的食物，此时，培养良好的进食习惯是非常必要的，首先要做到规律进餐，定时定量。对于2岁以上的宝宝，首先应安排好早、午、晚三餐及早、午、晚三次的点心；其次不要让宝宝养成挑食、偏食、吃零食的习惯，达到饮食结构的均衡；除此还要锻炼宝宝自己动手的能力，让宝宝自己尝试用勺、碗吃饭。

如何把握宝宝饮食中的糖、盐

宝宝的饮食宜清淡，因为宝宝的味觉、嗅觉发育尚不完善，如果家长利用在辅食中使用调味料的方法提高食欲，很可能就会对宝宝舌头上的味蕾产生刺激性的破坏效果，以至于再吃少精盐、少糖的食物时就会感觉食之无味，甚至拒绝进食。

不过，这里的"清淡"并非指完全放弃油盐，而是在保留"五味"的基础之上控制糖、盐的量，因为完全不吃盐或者不吃糖对于宝宝特别是正处于发育期的宝宝来说，会对身体发育产生严重的负面影响。那么，家长又该如何在宝宝的食物中添加糖和盐呢？

把握"少糖"的界限

少糖就是在宝宝平日吃的糕点、饮料中尽量少放糖，家长在给宝宝的食物中加糖时一定要坚持"宁少勿多"的原则，以放糖后食物微微有些甜为宜。

宝宝在吃完含糖的食物后，可适量喂食带苦味的食物，以中和糖分过甜的口感。

在糖的种类上，最好选择白砂糖而不是红糖或者木糖醇。红糖虽然营养丰富，但甜度远远高于白砂糖；而木糖醇会对牙齿起到一定的保护作用，但甜度非常高，不仅会养成宝宝嗜好甜食的不良习惯，还会令家长放松警惕在食物中加入过量的糖。

把握"少盐"的界限

随着宝宝肾功能的发育，家长可以在食物中适当加入盐，因为适当吃盐能够补充宝宝体内的钠含量，避免出现食欲缺乏、四肢无力、厌食、恶心等不良反应。

不过，家长在菜肴中放盐的量一定要控制好，因为在许多调味品中（酱油、鸡精等）都含有盐的成分，在加入其他调味品时要适当减少放盐的量，以免造成宝宝吃盐过多引起肾脏系统疾病（宝宝肾结石、宝宝肾炎等）。

◆ 把握其他味道的界限

除了甜、咸之外，宝宝也应适当接触其他味道，为以后建立完善的饮食习惯打下良好的基础。通常情况下，应当适量让宝宝品尝食物中的酸、苦、辣等味道。但在现实中这些带有刺激性的味道会让家长退避三舍，生怕刺激到宝宝娇嫩的食道以及肠胃。总是以"这个辣（苦、酸），不能吃"来告诫宝宝，使宝宝对这几种味道产生了恐惧心理。

其实，这种做法是没有科学根据的，偶尔、定量吃一些酸、辣、苦的食物，对宝宝未尝不是一件好事。如在食物中加入少许姜末，能起到开胃健脾、刺激食欲的作用；适当食用一些酸味食物既可生津止渴、消食健胃，又能预防流汗过多；适当吃一点苦味食物，可解宝宝暑热，还可以通便排毒，增进食欲。

怎样培养宝宝按时吃饭的习惯

中医认为："饥饱无常，肠胃乃伤。"饥饱无常不仅体现在宝宝进食量"无常"，还包括进食无规律。例如，家长由着宝宝的性子，即使宝宝再饿，只要他不想吃就顺着他的意思；或者宝宝刚吃完饭没多久又吵着吃饭，家长也会将饭菜热好；还有的家长只要看见宝宝一哭，就立刻喂奶吃。这种饮食不按时所造成的危害结果有二：

第一，使宝宝进食规律被完全打乱，不仅使"肠胃乃伤"，还会使机体由于无力抵挡风寒或者传染病导致生病；

第二，宝宝进食没有养成一定的时间规律，想吃便吃，具有较大的随意性，使肠胃没有建立起相应的消化规律，无法充分吸收利用食物中的营养，易造成宝宝营养性障碍。

因此，家长应帮助宝宝养成按时进食的习惯，坚持规律的一日三餐以及日间加餐，具体情况如下：

不饿也应按时进餐，哪怕只吃一点；

三餐之外除了正常的加餐之外，坚决不再给宝宝喂食。

如此一来，就会使宝宝一到"饭点"就产生饥饿感，肠胃分泌出适量消化液，使摄入的食物能顺利消化和吸收。

宝宝宜暖食，忌冷食

不管是夏天还是冬天，家长在给宝宝喂食时一定要将食物加热，并且不能随宝宝的喜好任其食用过凉的食物（冰过的酸奶、果奶和雪糕、冰激凌等）。

宝宝吃冷食会损伤脾胃阳气，造成"阴盛阳衰"，不仅会损害脾胃运化，还会导致气滞血瘀，造成生长发育缓慢、面黄肌瘦、腹痛畏寒、腹泻、吐清水等症状。经常给宝宝喂食冷食，不仅使肠胃功能受到损害，还会造成不适或病情反复发作，使原本单纯的肠胃不适转变为慢性病，会引发感冒、咳嗽、哮喘等，严重影响宝宝的生长发育。

因此，家长千万不要将冷食给宝宝当做主食吃，且尽量避免喂食过凉的零食，如冰激凌、雪糕、冰牛奶、冰镇水果等等。即使是常温的食物，也最好在蒸锅而不是微波炉中温热后再给宝宝食用。

当然，吃热食并不一定要"趁热吃"，因为吃过热的食物会伤害宝宝的食管、肠胃和身体机能，引发胃肠道血管扩张，对肠胃产生刺激性。

如何让宝宝学会细嚼慢咽

细嚼慢咽一向是中医养生之道，在《红楼梦》中便有"惜福养身，云饭后务待饭粒咽尽"的说法。这里的"饭粒咽尽"便是指"食宜细缓，不可粗速"，因为"粗快则只为糟粕填塞肠胃耳"，只有"以津液送之"才能"精味散于脾，华色充于肌"。

所以，家长应当经常提醒宝宝要细嚼慢咽，并养成良好的习惯，具体可采取以下几个方法。

给宝宝规定吃饭的时间

在吃饭前告诉宝宝，吃饭的时间不能少于20分钟，如果吃饭用时过短，就要受到"惩罚"。当然，并不是真的惩罚宝宝，而是要给他留下一个比较深刻的印象，使他能够遵循家长规定的吃饭时间。

与宝宝一同讨论食物的味道

在吃饭前，家长告诉宝宝今天的饭菜都有哪些味道，让宝宝在吃饭时留心这些味道分别体现在哪些食物中，并且说出多嚼与少嚼食物会产生什么样的味道差异，例如什么食物越嚼越香，什么食物先苦后甜，又是什么食物先咸后鲜，使宝宝在咀嚼时注意品尝味道，吃饭的速度自然就慢了下来。

为宝宝制作一个咀嚼记录表

在表格中留出一周七天、一日三餐的空白格子，然后告诉宝宝，每吃一口就要嚼30下，如果做到了就在格子上画一个"√"，如果没有做到就要在格子上画一个"×"。

这些行为一定要由宝宝自己完成，这样能够树立起他的责任感，并调动积极性，且不容易引起宝宝的抵触情绪。

	周一	周二	周三	周四	周五	周六	周日
早餐	√	√					
中餐	√	√					
晚餐	√						

■ 2～3岁是宝宝营养的关键期。良好的饮食习惯才是最大的营养。父母不仅需要合理调配适合宝宝年龄特点的膳食，还要培养宝宝良好的饮食习惯与能力。

为宝宝准备一些较为坚硬的食物

一旦宝宝牙齿长齐，能够半脱离或者完全脱离流质食物，家长就应为宝宝准备一些较为坚硬的固状食物，如杏仁、核桃、饼干、干馍片、面包、芹菜等。利用这些需要多次咀嚼才能顺利进入食道里的食物，来培养宝宝咀嚼的习惯，同时通过咀嚼又能锻炼宝宝的咬肌和牙齿坚固性，起到一举两得的作用。

鼓励宝宝用不习惯的手吃饭

如果宝宝习惯用右手，那么家长就可以鼓励宝宝换左手拿筷子或者勺子，因为舀饭或者夹菜的动作比较"笨拙"，宝宝不得不放慢进食的速度，即使想大口吃也会因为怕饭菜撒到桌子上而只能小口进食。

鼓励宝宝将食物分配好

宝宝有时狼吞虎咽是由于"贪心"造成的。例如，看见桌子上花花绿绿的菜肴，吃着这个就又想尝尝那个，自然会出现囫囵吞枣的情况。所以，家长应当帮助宝宝将一餐所需吃的食物全部放进一个盘子中，告诉他只能吃自己盘子里的食物而不能再要其他食物，这样宝宝就能够安心吃饭，不会因为"抢饭"而狼吞虎咽。

给宝宝准备一个小汤匙

准备小汤匙的目的是为了减少宝宝每口进食量，增加每餐食物入口的次数，从而起到减慢进食速度的作用。当将宝宝的一小碗饭分成十几口甚至几十口时，口腔中的食物数量减少了，宝宝咀嚼食物时不会感觉太累，渐渐地就改变平常狼吞虎咽的毛病了。

■ 有的宝宝喜欢把饭菜含在口中，不嚼也不吞咽，这种行为俗称"含饭"。遇此情况，父母可有针对性地训练宝宝，让其与其他宝宝同时进餐，模仿其他宝宝的咀嚼动作，这样随着年龄的增长，宝宝含饭的习惯就会慢慢地改正过来。

■ 平时，父母要十分注意自己的言行给宝宝带来的不可估量的、潜移默化的影响，平日言谈或同桌吃饭时，都要特别注意约束自己的行为，给宝宝起到一个良好的榜样作用。最后，父母还应及时了解宝宝拒食或食欲不好的原因，想方设法保证宝宝获得足够的食物营养。

如何让宝宝避开成人化饮食

宝宝的饮食应多样化，但饮食的多样化并不代表着成人化，因为与成人相比，宝宝的味觉、嗅觉以及消化系统尚未发育完全，成人的饮食会造成消化不良，还可能引发一系列健康问题。

宝宝不宜与成年人一样吃

比萨饼、炸鸡腿、炸薯条、方便面、碳酸饮料、蛋黄酱等，这些油炸食品热量较重，宝宝食用后容易内热偏生，使邪热内积心脾、助痰湿，造成阴阳失调，即中医常说的"阴失内守，阳燥于外"。这就是为什么经常吃油炸食品的宝宝总会反复出现发热、咳嗽、口疮、自汗、盗汗等症状的原因。

不要给宝宝吃加工食品

巧克力、蛋糕、辣酱、咸菜、水果罐头等，往往偏甜或者咸，会导致脾胃呆滞，宝宝易出现食欲缺乏，会拒绝食用蔬菜、水果或者其他健康食品，会变得更偏食、挑食。

不要让宝宝吃夜宵

因为白天一般都会给宝宝加餐1～2次，所摄取的营养已经完全能满足宝宝一日所需。特别是已经脱离流质食物、可以吃固体食物的宝宝，只要正常三餐就可以，白天和夜晚无须额外加餐。

提供给宝宝充足的营养

宝宝在成长过程需要的营养相对高，特别是对蛋白质、锌、钙、铁及多种维生素的需求量较大。而成人食物中这些营养成分的含量相对较低，无法满足宝宝的基本需求，且成人的食物在烹饪时，往往只追求味道好，对营养的利用往往不够精细，不利于宝宝吸收。

宝宝不宜吃保健品

像掺有人参的糖果、奶粉、饼干、蜂王浆等等。因为人参有固元升阳的功效，而宝宝本身就是"纯阳之体"，再食用人参就会加重体内阳气勃发的情况，会削弱身体对疾病的防御能力。

此外，人参还能促进性激素发育，宝宝食用后会导致性早熟，严重影响身体的发育。

宝宝生病如何调整饮食

宝宝一旦生病，消化功能难免会受到影响，引起食欲减退。父母不要操之过急，而应合理调整宝宝的饮食。

1. 对于持续高热、胃肠功能紊乱的宝宝，应考虑喂食流质食物，如米汤、牛奶、藕粉之类。

2. 一旦病情好转，即由流质食物改为半流质食物，除煮烂的面条、蒸蛋外，还可酌情增加少量饼干或面包之类。

3. 倘若宝宝疾病已经康复，但消化能力还未恢复，表现为食欲欠佳或咀嚼能力较弱时，则可提供易消化而富于营养的软饭、菜肴。

4. 一旦宝宝恢复如初，饮食上就不必加以限制。这时应注意营养的补充，包括各类维生素的供给，并应尽量避免给宝宝吃油腻和带刺激性的食物。

宝宝病愈后的饮食调理

中医认为，"食为药之助"，意思就是食物能对药物起到辅助的作用，特别是宝宝在生病之后，利用饮食进行调理不仅可以起到养护脏腑、调理生息的功效，还能化解药物的毒副作用。具体来说，主要包括以下几个方面。

根据宝宝所患疾病的性质进行饮食调理

饮食调理首先要弄清宝宝所患疾病的性质，如果宝宝患的是热证，那么饮食方面就要以清凉败火、清热去火为主。家长可选择荷叶、冬瓜、山药、绿豆等寒凉性的食物；如果宝宝患寒证，则应吃一些糯米、小米、生姜、韭菜、辣椒等温热属性的食物，以祛除体内的寒气，从而达到健脾通阳的功效。

此外，如果宝宝同时伴有气滞血瘀等情况，家长还应当根据具体情况适当添加活血、行气的食物，如韭菜、油菜、黑豆、萝卜、山楂等，而不能吃易导致胀气的食物。

不可强迫宝宝进食

与西方病后饮食调理不同，东方饮食调理多以"适量而行，清淡忌油"为主。因为宝宝在患病之后通常胃气初复、脾气尚弱，需要时间进行调理恢复，如果家长抱着"多吃就能快恢复"的想法，一味强迫宝宝进食，则会导致食物积滞于体内停而不化，造成积食。

因此，宝宝在疾病初愈之际应当控制饮食，但不主张禁食。禁食易造成元气不固，所以宝宝可吃一些流食，像清淡的粥羹、汤品等。当宝宝身体渐渐恢复后，再适量增加一些半固体食物。

宝宝病后少吃生冷蔬果

宝宝生病大多是肠胃问题，娇弱的肠胃不仅对油腻的食物产生"反感"，就连清淡爽口的蔬菜和水果也不行。这是因为水果蔬菜中含有丰富的膳食纤维，肠胃很难对其进行消化，再加上蔬菜水果皆为生冷之物，食入后易产生刺激作用。因此，宝宝在病后尽量少生吃蔬果。

正确为宝宝挑选零食

　　零食是指正餐以外的食品。零食花样繁多，外观精致，味道鲜美，加上铺天盖地的广告作用，不但宝宝爱吃，大人也爱吃。有的宝宝则发展到见到零食就要，吃零食比吃饭还多的地步。有的家长认为宝宝喜欢吃零食就让他吃去，零食也是食品，一样有营养，正餐吃得不多恰好可以由零食来补充。

　　就零食本身而言，有的零食含有一定的营养成分，对人体健康无害；有的零食由淀粉与调料加工而成，没有什么营养价值；另外一些零食则含有大量的调味品及人工色素、防腐剂，长期食用有害无益。无论哪一种零食，如不加限制地给宝宝吃，对宝宝的健康和生长发育都没有好处。

宝宝不宜常吃的零食

油炸食品	炸鸡翅、炸羊肉串、炸薯条（片）等
冷饮食品	冰棍、冰激凌、雪糕等
糖果	奶糖、巧克力、口香糖、泡泡糖等
含糖分高的饮料	可口可乐、果汁、乳酸饮料等
膨化食品	虾条、爆米花等

　　父母在为宝宝选择零食时要注意以下几点：

　　1. 为宝宝选择的零食一定要合理，除了要有水果外，还要包括糖类、坚果类和水产品类。这样才能保证宝宝摄入的营养全面均衡。

　　2. 宝宝的零食摄入量宜少。父母应避免让宝宝一次进食过多的零食，防止对宝宝正常的饮食和生理造成影响。

　　3. 宝宝不可食用过多的糖，否则会增加血液中糖的浓度，从而减少蛋白质的摄入，对宝宝生长发育产生不利的影响；糖还能诱发宝宝肥胖症，可能引发龋齿。此外，巧克力由于含有较高的热量，也不宜让宝宝大量食用，以防出现宝宝产生厌食、营养不良的情况。还需要注意的是，多味瓜子也不宜让宝宝多吃。国际癌症研究中心通过研究发现，多味瓜子中含有黄曲霉素，长期大量摄入会对人体造成伤害。

宝宝"伤食"怎么办

宝宝进食量超过了正常的消化能力，便会出现一系列消化道症状，如厌食、上腹部饱胀、舌苔厚腻、口中带酸臭味。这些现象称为"伤食"。

处理方法有：

1. 可暂时让宝宝停止进食或少食1～2餐，1～2天内不吃脂肪类食物。

2. 宝宝可以喂脱脂奶、胡萝卜汤、米汤等；已断奶宝宝可以吃粥、豆腐乳、肉松、蛋花粥、面条等。

3. 同时可给宝宝服用一些助消化的药物。

伤食的食疗方法有以下两种。

将土豆（不要用发芽的）洗净，连皮切成薄片，和洋葱片、胡萝卜5片一起入锅，用大火煮烂后加入盐调味。每天3次，每次吃1小碗，空腹服下。

糖炒山楂。取红糖适量（如体内有热、舌尖红、舌苔厚黄、口干者，红糖须改成白糖或冰糖），把糖炒一下后加入去核的山楂再炒5～6分钟，闻到酸甜味即止。每顿饭后吃少量，或泡水喝下。

让宝宝尽早学会使用筷子吃饭

用筷子吃饭对幼儿的大脑和手臂是一种很好的锻炼。用筷子夹食物可牵涉肩部、手掌和手指等30多个关节和50多块肌肉的运动，和脑神经有着密切的联系。用筷子吃饭可以让大脑反应更加灵敏和迅捷。

用筷子进餐的幼儿大都心灵手巧，思维敏捷，身体健康。为了让宝宝更聪明健康，父母应尽早让2～3岁的宝宝学会用筷子吃饭。当然，幼儿在学习用筷子吃饭时，家长必须注意宝宝的安全，防止发生意外。

别给宝宝滥用补品

补品中均含有一定量的雌激素类物质，即使"儿童专用滋补品"中的某些品种，也不能完全排除其含有类似性激素和促性腺因子的可能性。儿童长期大量服用滋补品，不仅会拔苗助长，导致性早熟，而且还可能造成宝宝身材矮小，因为雌激素具有促使骨骺软骨细胞停止分裂增殖，促进骨骺与骨干提前融合的作用。

健康宝宝不必进补；患急性病尚未痊愈者，慢性病处于活动期者不宜进补。对于已服补品的宝宝，一旦出现性早熟，应立即停药，及时去医院诊治。

■ 卡通筷子由于有手指套，可以帮助孩子练习怎么正确用筷子吃饭，还能防止意外的发生。

为宝宝选择合适的餐具

勺子

勺子边缘要薄，最好是容易舀起各种食物的不锈钢勺子。前端要圆滑。

勺面大小必须可以放进宝宝嘴里。如果勺面过大，很可能在进食时引起宝宝反胃，影响宝宝食欲。

握柄应该选择粗圆形，这样宝宝比较容易握。

碗

宝宝用的碗应该深一点，且底部稍宽。

盘子

平底的盘子比较好。深度以2～3厘米为宜，与盘底越垂直越好，因为宝宝在使用勺子时，会把食物推向盘子的边缘，以便让食物落入勺面。

其他

如果宝宝比较喜欢有图案的餐具，那父母最好选用品牌产品，相对来说，品牌产品质量更有保证。材质最好是能经过高温煮沸而不变质的，以免掉漆让宝宝误食。

远离容易让宝宝噎住的食物

果冻	宝宝吞食果冻很容易发生意外，父母一定要高度重视！建议父母给宝宝吃果冻的时候，先将其压碎后再给宝宝食用，不能整个儿给宝宝吃
麻花、糖果	不好咬的食物很容易使宝宝噎住，不适合3岁内的宝宝食用，妈妈一定要注意
鱿鱼丝	鱿鱼丝纤维过长，咬起来又特别硬，不适合给宝宝吃
花生酱	花生酱黏稠度过高，不适合给宝宝食用
小巧的水果	外形非常小又带核的水果并不适合给宝宝食用，如桂圆、葡萄、樱桃等，家长可剥开去核后再给宝宝食用
含膳食纤维较多的蔬菜	含膳食纤维较多且不易咬烂的蔬菜不适合宝宝食用，如芹菜、豆芽等
大肉块	较大的肉块宝宝很难嚼烂，而且咽下去的时候也很容易噎住，妈妈应该切成薄肉片或小肉丁
太长的面条	太长的面条宝宝不易吞食，若以吸食的方式食用也容易噎到，妈妈烹调时可先切成小段再烹煮

远离不易消化的食物

1～3岁这一阶段的宝宝脾胃不足，其消化腺发育还不成熟，部分消化酶分泌不足，消化功能弱，再加上幼儿的神经系统发育不全，功能调节不足，总的来说，幼儿的咀嚼能力和消化功能虽然比婴儿期增强，但还不及成年人。

因此，他们每日的膳食应随着年龄而有所变化。宝宝的消化能力和对食品的适应能力尚未成熟，有一些食品对他们来说是不适宜的，家长在选择食物时要特别注意。

宝宝不宜吃的食品主要有以下几大类：

■ 2～3岁的幼儿消化器官还不成熟，吞咽活动也不太灵敏，许多食物须适当加工。如带刺的鱼，带壳的虾、蟹、蛤类，带骨的鸡、鸭肉等都须去刺、去骨、去壳。带核的水果，如桃、杏、李、葡萄等最好做成果汁食用。如果小块生食，就要去皮去核，并保证卫生。

油炸食物	这类食品不易消化，且营养素损失较多，经常食用这类食物对幼儿的健康不利
坚果类食品	这些食品脂肪含量高，质地坚硬，宝宝不易嚼碎，不易消化；而且一不注意就有可能被宝宝呛入气管，造成窒息，危害甚大。因此，这类食物须经磨碎或制成酱后，再给幼儿食用，如花生、核桃、瓜子和各种豆类
有刺激性或含咖啡因的食物	如酒类、咖啡、浓茶、辣椒等，这些食物对宝宝的神经系统发育是有害的。幼儿喝浓茶后易出现睡眠减少、精力过剩、身体消耗增大的弊病，影响其生长发育
巧克力	幼儿食用巧克力过多，会使中枢神经处于异常兴奋状态，产生焦虑不安、肌肉抽搐、心跳加快的症状，还会影响食欲
罐头食品	这些食品中往往含有防腐剂，经常食用对宝宝的生长发育有害
含粗纤维的蔬菜	如芥菜、黄豆芽、金针菜、芹菜等蔬菜2岁以下幼儿不宜食用，2～3岁可少量食用，烹调时还应切碎
胀气食品	如洋葱、生萝卜、干豆类宜尽量少用
咸鱼	其中含有大量的二甲基亚硝酸盐，食入后会转化为诱发癌症的危险因素二甲基亚硝胺

当心染色食品对宝宝的危害

　　商店橱窗中那些五彩缤纷的糖果和艳丽的花色蛋糕，总是会刺激宝宝们的食欲，当你看到宝宝开心地吃着这些食品时，可否想到食品上鲜艳的颜色对人体的危害？人工合成色素是用化学方法从煤焦油中提取合成的，多有不同程度的毒性，对宝宝的毒害很大，如智力低下、发育迟缓、语言障碍，严重者会停止生长发育。

　　国家明令禁止在宝宝食品中加任何色素。可是目前市售的儿童食品中，着色是很普遍的，拿这种儿童食品喂养宝宝是有害的。以儿童为消费对象而生产的各色甜食、冷食、饮料销量巨大，年轻的父母对宝宝的饮食要求更是有求必应，受害的自然是宝宝。

　　爸爸妈妈们在为宝宝选购食品时，多为宝宝的健康着想，在选择漂亮的食品和饮料时，要慎之又慎！尽量挑选不含或少含人工色素的食品，以限制色素的摄入量，尤其在夏天，不要让宝宝喝太多的着色饮料，要掌握一个原则，那就是宝宝的食品和饮料，应当以天然品或无公害污染产品为主。

■ 妈妈可以在家里按照果蔬：水为1：1的比例为宝宝自制一些果蔬汁，既营养又卫生。

让宝宝愉快地就餐

这个时期的宝宝已经进入到了自我意识的萌芽时期，他需要显示一下自己的本事，很愿意自己动手。例如自己能拿着勺吃饭，但是往往做得还很不成功。由于年龄小，一时掌握不了吃饭的技巧，不是推倒了饭碗就是弄掉了勺子，把身上、桌子和地上弄得一团糟。这样的情况会惹得性急的父母失去耐心。

家长是否注意到，在餐桌上有的宝宝经常喜笑颜开，有的宝宝却总是愁眉苦脸或不停地打闹，当他的某种要求得不到满足时，就会以哭闹不安来表达自己的愿望。

一个人情绪的好坏，会直接影响这个人中枢神经系统的功能。一般来讲，就餐时如果能让宝宝保持愉快的情绪，就可以使他的中枢神经和副交感神经处于适度兴奋状态，会促使宝宝体内分泌各种消化液，引起胃肠蠕动，为接受食物做好准备。接下来就是有机体可以顺利地完成对食物的消化、吸收、利用，使得宝宝从中获得各种营养物质。

如果宝宝进餐时发脾气，就容易造成食欲缺乏，消化功能紊乱，而且宝宝因哭闹和发怒失去了就餐时与父母交流的乐趣，父母为宝宝制作的美餐，既没能满足宝宝的心理要求，也没有达到提供营养的目的。因此，要求家长要给宝宝创造一个良好的就餐环境，让宝宝愉快地就餐，才能提高人体对各种营养物质的利用率。

如此说来，愉快地进餐是宝宝身心健康的前提，是十分重要的。

从小注重宝宝良好饮食习惯的培养

饮食习惯不仅关系到宝宝的身体健康，还关系到宝宝的行为品德，家长应给以足够的重视。

对于宝宝来讲，良好的饮食习惯包括：

1. 饭前做好就餐准备。按时停止活动，洗净双手，安静地坐在固定的位置等候就餐。

2. 吃饭时不挑食、不偏食、不暴饮暴食。要饮食多样，荤素搭配，细嚼慢咽，食量适度。

3. 吃饭中注意力要集中，专心进餐。不边玩边吃、边看电视边吃、边说笑边吃。

4. 爱惜食物，不剩饭。

5. 饭后洗手漱口，帮助父母清理饭桌。

此外，还应培养宝宝独立进餐、喝水和控制零食的好习惯。

不要在宝宝面前谈论宝宝的饭量，以及爱吃什么，不爱吃什么。吃饭时，把饭菜端上桌，让宝宝吃，如果不吃，也不要追着喂宝宝，更不要打骂。在规定时间内即使宝宝没吃完，也要把饭端走，下顿如果还不吃，再照样办，适当的饥饿能改善宝宝的食欲。

家长不要把所有营养品都往宝宝的肚子里装，更不能宝宝要吃什么就给什么，使饮食没有节制。

育儿心得

宝宝的日常照料

随着身体的不断发育，宝宝的手脚等也灵巧起来，3岁幼儿已能够料理一些自己的日常生活了。3岁宝宝喜欢和同伴共玩，父母要尽量带他们到户外去玩耍。因为这样可以接触外界空气，使皮肤和黏膜得到锻炼，变得结实些。经常在外面蹦蹦跳跳、荡荡秋千、骑小三轮车、滑滑梯、攀爬等，可使手脚肌肉发达，反射运动灵活，从而能够自然地防御危险。特别是那些精力过剩的宝宝，在家里会"搞破坏"，惹出许多麻烦事。可在外面，和同龄人一起玩，会学到不少东西和规矩，使身心都得到锻炼。

带宝宝郊游应注意的问题

年轻的爸爸妈妈们，有着超前的消费观念和生活意识，可能会经常带宝宝到野外去旅游、度假，由于宝宝小，进行这些活动时有以下问题需要家长注意。

1．带一本急救手册和一些急救用品，包括治疗虫咬、日晒、发烧、腹泻、割伤、摔伤的药物，并准备一把拔刺用的镊子，以防万一。

2．即便在营地能买到所需的食物和饮料，也要准备好充足的食物和饮水，以求万无一失。

3．准备好换洗的衣服和就餐用具，并将它们装在所带的塑料桶里，这些大小不同的塑料桶可以用来洗碗、洗衣服。

4．无论气象预报如何，一定要带上雨具、靴子、外套，以备不测。

5．给宝宝准备一个盒子，里面放一些有关鸟类、岩石及植物的书供他参考，并放入许多塑料袋、空罐子、盒子给他装采来的标本。

节假日后宝宝患病多，预防关键在父母

节假日家长带宝宝到人群拥挤的娱乐场所玩，或不注意宝宝饮食卫生，再加上劳累，常导致宝宝患病。那么，节假日后宝宝的多发病是什么呢？

● 呼吸道疾病

发病的主要原因是节假日期间带宝宝到人群拥挤的娱乐场所，那里人多，空气不流通、浑浊，如果再遇到疾病流行季节，很容易交叉感染而得病，如气管炎、肺炎、水痘、腮腺炎、百日咳、流行性脑膜炎等。还有如果宝宝在公园或游乐场疯跑后全身大汗淋漓，脱去衣服后就容易受凉而伤风、感冒。

● 胃肠道疾病

其次是胃肠道疾病。发病的主要原因是家长在节假日为了让宝宝高兴，给宝宝吃大量的零食，以致远

远超过宝宝胃肠道的消化功能。或宝宝想吃什么就买来吃，不考虑饮食卫生，食用了污染的食物或应用了污染的餐具，最终导致宝宝消化不良、胃肠炎、细菌性痢疾、肝炎等疾病。

因此，节假日里，家长切记注意饮食卫生，给宝宝讲"病从口入"的道理，吃东西前要用肥皂、流动水洗手。不要带宝宝到人群拥挤的公共娱乐场所去玩，尤其是在疾病流行季节，更不宜带宝宝外出。另外，节假日的晚上，应注意让宝宝及早休息，保持睡眠充足，消除疲劳，减少疾病。

护好宝宝的脚

同成年人相比，小宝宝的脚更爱出汗。因为在儿童相对少得多的皮肤面积上，分布着与成年人同样多的汗腺。潮湿的环境利于真菌生存，为了消灭脚部真菌，宝宝们的脚需要很好的护理。定期洗脚，每天至少1次，之后让脚彻底晾干；在运动和远足等活动之后用温水洗脚；每天清晨或晚上洗脚之后，换上清洁的袜子，而且最好穿棉袜；经常更换鞋子，以便让潮湿的鞋垫和内衬能够充分晾干。

逐步培养宝宝的生活自理能力

现在的宝宝大多数是独生子女，爸爸妈妈不要太娇惯宝宝，也不要为了省事而一切都为宝宝代劳。这样做表面上看起来是怕宝宝受累，其实是剥夺了宝宝锻炼的机会，长此以往，就很难培养起宝宝的生活自理能力。

在育儿实践中，有些善于料理家务的妈妈，总是把时间和所要做的事情都安排得井井有条。这些麻利的妈妈决不会干等着宝宝慢慢腾腾地脱衣服，而是亲手利索地去帮宝宝脱下来。还有那些爱干净的妈妈，怕宝宝撒饭把衣服弄脏，往往要亲自喂宝宝。如果让宝宝养成什么都应该由妈妈做的习惯，他就会产生依赖思想，影响将来独立生活的能力。

所以，对于2～3岁的宝宝，爸爸妈妈要放手让他做力所能及的事情。为了培养宝宝自己用勺子和碗吃饭，爸爸妈妈必须提供能引起宝宝食欲的饭菜。只要饭菜可口，宝宝就会主动愿意自己用勺吃，并把吃饭当成是一件愉快的事。

培养宝宝独立生活的能力，让宝宝自己吃饭是最重要的起点，只要爸爸妈妈重视这个问题，宝宝完全可以自己独立吃饭而不需要帮忙。在穿、脱衣服上也要引导宝宝自己去做。

■ 培养宝宝的生活自理能力要从生活中的小事做起，只要形成习惯，让宝宝丢掉依赖性，生活自理能力就会日益提高。

生活是宝宝成长的最好课堂

许多父母往往强调工作忙、家务多而忽视早期教育。实际上与宝宝朝夕相见，茶余饭后的生活，就是早期教育的最好课堂。"神童"也是从这个最普通的大课堂中成长起来的。

为什么生活是宝宝的最好课堂

宝宝从妈妈的子宫中来到这五光十色的大千世界里，对一切都感到新奇而饱含探索的兴趣。小动物尚且有探索本能，何况宝宝呢？你看小鹿常常竖起耳朵，倾听远处的响声；小猫抓住滚到地下的绒线球，察看究竟；小鸡也会歪着脑袋看着空中飞舞的蝴蝶……

宝宝降生以后不久，就无意识地注意环境，表现出获得一切印象的需要。从1岁左右学步期开始，他几乎成了小小探险家了，不论走到哪里，都要翻箱倒柜，摸摸看看，有时还要尝尝，这也是无意识探索世界。等到听话能力和口头表达能力稍有发展，那就要听个不够，问个没完没了。

早期教育方法最重要的特点，是适应宝宝的探求心理。可用生活做教材，锻炼他们的感知能力，提高注意、记忆、思维、想象和动手的能力，不断加强求知欲望并培养良好的习惯和性格。

■ 生活中的一切都能打动宝宝的心，与宝宝在一起的零星时间，教育随时都能进行。

在生活中随时随地开发宝宝的智力

襁褓时期开始进行逗引教育。要训练宝宝的五官，逗引宝宝快乐，进行音乐熏陶，让宝宝无意识感受到生活是快乐的，环境是美好的。

● 从6个月后开始进行"认识世界"教育

常常抱起宝宝指认周围的一切物品、字块和人。宝宝接触到的事物和文字，都应用准确的发音、清晰的语调、科学的词语（不用儿语）教宝宝认识。宝宝虽不会说话，但能听懂。

● 宝宝会走、会玩、会说后，要引导进行"快乐学习"

教宝宝说话、唱歌、跳舞、攀登、奔跑、玩玩具、看图书等，可随时随地进行。久而久之，宝宝就会对这些产生兴趣。

● 让普通的生活内容放出智力开发的光彩

如，饭后一家吃苹果，可让宝宝去洗、去分。因为分苹果的全过程就能教宝宝热爱劳动、讲究卫生、体贴父母、学数数、辨颜色、分大小、学习先人后己等许多知识和品德。再如，家中来了客人，让宝宝礼貌迎送，热情接待，学会交朋友，这也就把平凡生活化为神奇教育了。

● 将生活的活动变成课堂

这种课堂生动活泼，受益快。如，在生活中经常提问，处处讨论。这样做能使宝宝养成事事思考的习惯。例如母亲在阳台上赏花，妈妈问："这花是什么颜色？有几片花瓣？叶子是什么形状？它叫什么花呢？"

● 既要有静的活动，也要有动的内容

如让宝宝每天端坐十几分钟到几十分钟，学习下棋、识字、看书、绘画、数数等，养成安静、认真的习惯。每天也应有几分钟到几十分钟室外运动。例如跳绳、走平衡木、捉迷藏、做体操等。

● 抓住生活节奏进行"固定的教育"

家庭生活总有固定的活动内容。例如宝宝睡觉时听音乐或朗诵，全家起床时听新闻广播，送宝宝上托儿所和接他回家路上的谈话，以及饭桌上的闲谈等等都可作为教育的固定课堂。

■ 生活中的教育都不需要占整块的时间，大多也不要课堂的形式，不需要系统的教材。但父母对早期教育必须有足够的认识，有极大的热情和耐心，经常想着引导宝宝什么，培养宝宝什么，如何化平淡为神奇。这需要家长有积极的生活态度才能办到。

从3岁开始可以独自睡觉

在这个时期，宝宝的思想还不成熟，总以为不和妈妈一起睡，那么睡醒后就再也看不到妈妈了，所以睡觉前总喜欢哭闹。在宝宝入睡之前，应该抚摸宝宝的后背、脚底或腹部，或者给宝宝唱歌、念书。这样就能稳定宝宝的情绪，能让宝宝安心入睡。

从3岁开始，宝宝就会明白自己是可以离开妈妈的，因此会逐渐适应独自睡觉。为了提高宝宝的社会适应能力，维持精神健康，我们建议从宝宝3周岁开始，培养他们独自睡觉的习惯。但也可以根据宝宝的性格和发育情况，适当地延迟独自睡觉的时间。

注意宝宝的睡眠姿势

有的宝宝睡觉总趴着，这种睡眠姿势是最不适合的，既影响呼吸，又压迫心脏。父母应当设法纠正这种睡眠姿势。利用午睡时间纠正比较方便。人的最佳睡眠姿势是右侧卧位，因为这样既不影响呼吸，也不压迫心脏，并可以使全身肌肉放松。以达到休息的目的。

儿童睡眠姿势不正确，有时是宝宝身体不适的反应，如脾胃功能差、消化不良、大便不正常和积食等。而2岁多的宝宝刚会说简单的话，所以一般的身体不适感，宝宝很难用语言形容和表述出来，需要父母的仔细观察。

如果属于大便不正常，可用导赤散或妙灵丹之类的药物通便。大便通畅，腹腔内的一些胀气可以排出体外，解决腹部不适，宝宝有可能比较快地纠正不良睡姿。

如果属于脾胃不和、消化不良引起睡姿不佳，可以给宝宝用一些消导药，如莱菔子、鸡内金、焦三仙、砂仁、焦稻芽等药物，或用参苓白术丸等，消食导滞，调理脾胃。

如果由于积食引起睡姿不适，可用此方治疗：砂仁3克，陈皮、使君子各6克，白术、扁豆、胡黄连、山楂、神曲、麦芽各9克，山药、茯苓各12克。每日一剂，水煎两次，将两次药液合在一起，每次服1~2匙，不拘次数，一日内服下即可。这种服药方法，一可避免宝宝呕吐药液，二可使药力缓慢而持久地发挥。

另外，如患腹胀的宝宝，加枳壳6克；汗多口干者，加麦冬9克、浮小麦15克；大便流泄者，去枳壳，加肉豆6克；气弱少力者，加黄芪9克。

做好宝宝的玩具的清洗和卫生

玩具是宝宝日常生活中必不可少的好伙伴。但是宝宝玩耍时常常喜欢把玩具放在地上，这样玩具就很可能受到细菌、病毒和寄生虫的污染，成为传播疾病的"帮凶"。根据研究人员的一次测定，把消毒过的玩具给宝宝玩10天以后，塑料玩具上的细菌集落数可达3163个，木制玩具上达4934个，而毛皮制作的玩具上竟多达21500个！

可见，家长应定期对玩具进行清洗和消毒。至于采用何种方法消毒，要看玩具的材料。一般情况下，皮毛、棉布制作的玩具，可放在日光下曝晒几小时；木制玩具，可用煮沸的肥皂水烫洗；铁皮制作的玩具，可先用肥皂水擦洗，再放在日光下曝晒；塑料和橡胶玩具，可用0.2％过氧乙酸或0.5％消毒灵浸泡1小时，然后用水冲洗、晒干。0.2％过氧乙酸的配制方法是：取过氧乙酸原液2毫升，加入1000毫升水混匀。0.5％消毒灵液的配制方法是：取消毒灵5克，加入1000毫升水混匀。

在使用消毒液时还应注意：过氧乙酸原液有腐蚀性，不能直接与皮肤、衣物等接触。过氧乙酸原液须用塑料瓶盛放，瓶盖上留有1～2个透气孔，禁用玻璃瓶，以防爆裂。

此外，要教育宝宝不要把玩具随便乱丢，也不要把玩具放在嘴里，玩毕要洗手。嘴吹玩具最好各人单独玩，以防传染病交叉感染。

> ■ 3岁宝宝特别喜欢洋娃娃等玩偶，睡觉也要将它们放在枕边。即使是很脏的小动物玩偶，少一只眼的洋娃娃等，在旅行途中也不肯放手。尽管如此也没关系，让宝宝抱着好了。

训练宝宝主动控制排尿、排便

宝宝养成定时坐便盆大小便的习惯后，省去了大人的许多麻烦。这个年龄的宝宝，由于自主活动能力增强，对大小便的控制能力也有所提高，大人可以开始有意训练宝宝主动控制排尿、排便。但是，长时间憋尿、便不利于宝宝的身体健康，影响宝宝主动控制排便的能力，也容易形成便秘。

应训练宝宝不憋尿，养成定时排便的习惯。有时宝宝因贪玩而憋尿或憋大便，这时家长应及时提醒宝宝排尿或大便。宝宝一夜不小便，起床后应先让他小便，以免憋尿时间过长。但也不要频繁地让宝宝排尿，强行要宝宝大小便，使宝宝形成逆反心理，不利于排便的训练。

在训练宝宝大小便时，还要注意规范宝宝的排便行为。如不要随地大小便、不要在大庭广众之下即解开裤子大小便等。发现这种情况，家长应耐心开导说服宝宝应在厕所大小便。通过大小便训练，可使宝宝对肛门、尿道刺激、皮肤接触的需求正常发展，养成良好的卫生习惯，有利于宝宝的身心健康。

■ 宝宝养成自己排尿、排便的习惯，可以为宝宝入园做准备。

及时纠正宝宝的不良习惯

吮吸手指	宝宝每天爬来爬去，手会接触到很多细菌以及一些寄生虫和虫卵，吮吸手指就会使这些东西进入消化系统，引发疾病
揉眼睛	宝宝用手揉眼睛，很容易伤害角膜，也容易使细菌病毒进入眼睛，引起结膜炎、沙眼等眼部疾病。宝宝的眼睛如果有异物进入，不要用手去揉，要帮他轻轻吹出来
挖鼻孔	用手去挖鼻孔时，由于指甲比较坚硬，很容易使鼻黏膜被挖伤，鼻子里的血管破裂出血。另外，用手挖鼻孔容易使鼻毛脱落，降低鼻腔的过滤功能，呼吸的时候就会吸入许多粉尘及有害物质
掏耳朵	耳道的内壁比较薄，经常掏耳会使耳道受到损伤，严重的会导致流血，还有可能引起炎症，例如中耳炎。如果把鼓膜戳破，会严重影响听力，甚至导致耳聋
随地吐痰或随意咽痰	随地吐痰是一种不文明的行为，痰里面有大量的病菌，随地吐痰会使痰里面的病菌散发到空气中，使自己和别人的健康受到威胁，所以要教育宝宝不要随地吐痰。但是，也不能把痰咽进肚子里，这样会使一些病菌附着在喉部和消化道里，有可能引起疾病

教宝宝刷牙

为了让宝宝有一副洁白、整齐、健康的牙齿，当他们长到2岁时，就应该帮助他们养成早晚刷牙的习惯，尤其是睡前刷牙对保护宝宝牙齿、预防龋齿非常重要。

在教宝宝刷牙时，应先让宝宝观察大人刷牙的动作，模仿大人的样子来刷牙。宝宝年龄小，开始时总是达不到刷牙的目的，这时候不要着急，要耐心地教他们。

在教宝宝刷牙时，应采用正确的刷牙方法，即竖刷法，刷上牙时要从上往下刷；刷下牙时，要从下往上刷。里外都要刷，保证每个牙面都要刷到。

在教宝宝刷牙时，还应坚持督促检查，因宝宝的自觉性、持久性比较差，一两次的早晚刷牙并不能形成习惯，所以需要家长的督促提醒，才能使宝宝刷牙的良好习惯不断强化，并逐渐变成自然的行动。每天坚持刷牙可以帮助宝宝保持口腔卫生、促进牙龈组织的血液循环，使牙齿更为牢固，有利于宝宝健康成长。

给宝宝适宜的护肤品

2～3岁的宝宝皮肤娇嫩，抵抗力低，适应性差，他们用的护肤品应与成人的不同。

给宝宝洗澡时，忌用药皂、硫黄皂和洗衣皂，可选用宝宝香皂。这种香皂有消炎、杀菌、止氧等功效，皂性温和，无一般香皂的刺激作用。但即使是宝宝香皂，也不宜长时间大量在宝宝身上、脸上涂抹，否则会消除宝宝身上的皮脂，降低护肤抑菌的作用。

宝宝的头发和头皮也很娇嫩，故宜选择宝宝专用洗发香精、洗发膏、浴液等洗发用品。其性能温和，无毒性，清洗方便，泡沫丰富，去污效果明显，对皮肤、眼睛无刺激性。洗后能使头发光洁、柔软、易于梳理。

一般来说，宝宝护肤霜的膏体中加有牛奶、维生素和水解蛋白等营养成分，有健肤、洁肤等功效，可保护皮肤不受外界温度变化的影响，有助于宝宝皮肤的健美。宝宝爽身粉的主要成分有硼酸、氧化锌、水杨酸、冰片、薄荷脑、樟脑、滑石粉等。滑石粉能增加爽身粉的流动性和滑爽性，氧化锌有保护、干燥、吸汗、避光作用，冰片、樟脑等有消炎、止痒和凉爽作用。因此，宝宝爽身粉具有吸汗、散热、清洁、干燥、防痱、止痒以及滑爽等功效。

少带宝宝串门

节假日里适当地带宝宝拜访亲戚朋友，既可培养宝宝与人交往的能力，又可提高宝宝的认知能力。但有些家长却喜欢有事无事地带上宝宝走东家串西家，漫无目的地串门，这样就对小孩不利了。

一方面，过多串门对宝宝的健康不利。这个年龄的宝宝好奇好动，抵抗疾病的能力又低，到了别人家喜欢到处乱抓乱摸，容易感染各种呼吸道、消化道疾病及各种传染病。可以说，串门的机会越多，宝宝患各种疾病的可能性越大。

另一方面，可使宝宝养成不稳定的性格和走东串西的不良习惯。这样宝宝一旦被要求待在家里，就不容易集中精力坐下来做成一件事，从而不能养成专注、认真做事的习惯。而这种习惯的形成，对宝宝将来的学习、工作都具有非常不好的作用。许多大人意识不到这一点，等到宝宝一天到晚喜欢到别人家去，不愿待在家里时，只会简单地责备一番，其实这是自己造成的。

■ 看，妈妈一直给我选用自然的宝宝护肤品，我的脸看不出化妆的痕迹吧，好看吗？

杜绝宝宝意外事故的发生

公共场所的健康隐患

公共场所是人们聚集的地方，拥挤、嘈杂、空气污浊，极不利于儿童的健康和身心发育。像影剧院、汽车、火车候车室等公共场所，常常聚集着成百上千人，人员的流动性大，空气闭塞不流通，尽管有些地方安有空调设备，但不能解决空气新鲜的问题，幼儿长时间待在空气污浊、氧气缺乏的公共场所，呼吸和循环系统功能均会因多种不良因素的影响而受到损害。

公共场所更是呼吸道感染、百日咳、麻疹、水痘、猩红热、肺结核、流行性脑膜炎等疾病通过接触传播的场所。在流行期对抵抗力低下的宝宝常常造成很大的威胁。

公共场所的清洁卫生非常不好，而宝宝又生性好动，东摸摸西抓抓，然后去拿东西吃，最容易让"病从口入"。因此，少带宝宝去公共场所，是宝宝健康的一大保障。

2～3岁是宝宝最容易发生意外事故的年龄，因为这时的宝宝可以随处走动，经常会因摔跟头、碰撞而弄伤头部。另外，割伤、烫伤的情况也很常见，所以父母一定要做好预防宝宝发生意外的措施。

家庭里的安全隐患

首先，要把有可能使宝宝受到伤害的物品全部放到他够不到的地方，如把所有的药物放在上锁的药箱或抽屉里，使他无法拿到；把尖利用具如剪刀、刀、针收好；不要把喷雾杀虫剂、喷雾发胶到处乱放，以免宝宝乱按而伤到眼睛；其他如火柴和打火机，也应收好，避免宝宝拿到；不要把热水壶、热茶壶放在低矮的地方；剃须刀、电吹风、香水化妆品不应随手乱放，应放在宝宝拿不到的地方；把所有消毒剂、漂白剂、清洁剂应收好。

其次，在房间的布置上也要注意，避免宝宝发生意外，如所有的电线应保持绝缘状态，电线要短，不要让宝宝拉到；所有电插座上要有安全盖，以防宝宝把手指或其他尖锐物件塞入插座中而导致触电；所有楼上的窗户、阳台最好装置铁栏杆。不要把东西靠窗口放，如床、椅子等，以防宝宝爬上去，发生意外；防止宝宝拖、拉倒家具后被砸伤；卧室家具如太尖，则应用布包缠。

此外，还要注意，房门钥匙应多备一套，以防父母稍离片刻，宝宝把门锁上后又不能打开；浴室、厨房的地面不能铺滑溜的地板、皮革等；把玩具放在宝宝容易拿到的地方；定期检查玩具有没有损坏或零件是否松脱，以防宝宝把零件放入口里而造成意外。

■ 爸爸妈妈与其带宝宝上公共场所购物，不如多带宝宝到植物园、动物园等地增长见识，这些地方空气也更清新，有利于宝宝的健康。

健康咨询室
让宝宝平安，妈妈安心

2~3岁的宝宝同成人不同，所患的疾病也不能简单地看成是成人疾病的"缩小版"，要根据宝宝生长发育的特点和自身的体质来正确应对各种疾病。此外，宝宝的很多常见病是婴幼儿所特有的，也和成人的治疗方式完全不同。怎样才能更好地应对宝宝的疾病，是每个父母都关心的事情。要注意了解宝宝各种常见病的发病原因和症状表现，及时将宝宝送医治疗，并熟悉各种预防和护理方法，才能更好地呵护生病的宝宝，更好地照顾宝宝。

宝宝为何越养越瘦

宝宝越来越瘦的原因

宝宝越养越瘦，总是有原因的。

● 最常见的原因：宝宝消化、吸收不良

宝宝消化功能紊乱、肠道有急慢性疾病、饮食不适于消化吸收、添加辅食变动过快超越消化道的承受能力等，都可影响肠道消化吸收功能。吸收不好，自然营养不良，形体就消瘦了。

宝宝患病后尚未真正痊愈康复，爸爸妈妈疏于照料，经久不愈，宝宝消耗过大，也会变瘦。

放弃母乳，没有掌握好人工喂养的方法，也是宝宝消瘦的一个原因。

● 1岁前的母乳喂养不充分，1岁后膳食不平衡

母乳是真正的"育婴珍品"，是任何食物无法比拟的最理想的天然宝宝食物，有的母亲由于种种原因放弃母乳喂养，在人工喂养中往往可能出现营养缺乏、失衡、食品污染、消化不良等。膳食不平衡观念，造成营养平衡失调，是2~3岁宝宝消瘦的另一个重要原因。

● 患病后的忌口和调理不善

忌口，特别是在患病后忌口，会使宝宝得不到本应补充的营养素，产生各种伴之而来的并发症，这无疑是"雪上加霜"，甚至会遗恨终生。

另外，病后不善调理也是重要的原因。某些粗心的父母，宝宝的热退了就以为万事大吉，致使一些病孩尚未复原，又再发热，反反复复，成为儿科门诊"常客"，宝宝自然也被疾病折磨得瘦骨嶙峋了。

宝宝消瘦的治疗

瘦弱儿的治疗，应全面考虑，从实际出发，进行有效指导。饮食指导是最基本的关键性治疗，不同年（月）龄的宝宝有不同的饮食要求。年（月）龄越小，要求质量越高。

1. 保证母乳分泌量充足，提高母乳成分的质量，无疑是乳宝宝瘦弱的首要治疗手段。母亲可因种种原因而缺奶、无奶，如果母乳喂哺确实存在困难，应因地制宜，采用配方奶粉。

2. 辅食添加，对补充母乳

某方面的不足，是非常重要的。调整营养，指导喂哺方法，选择代乳食品、辅助食品，都要从实际出发。依照宝宝当时的消化吸收能力，从少量渐加，切忌操之过急，骤然增加，加重宝宝的肠道负荷，引起消化不良。若大便正常，且仍有饥饿表现，可稳定1～3天，小量递增。

3. 病因治疗非常重要。治疗好消化系统（或全身其他系统）疾患，调理好消化功能，能提高对各种食物的消化、吸收能力。"平衡膳食"观念，在瘦弱儿治疗中也应灵活运用，以优质、易消化吸收为原则。依照宝宝目前体质、食欲、家庭经济、市场供应情况进行选择，不要片面强调某种食物，造成"偏食"。

宝宝肠胃病的预防

宝宝患胃病的原因

吃冷饮过多过早过晚。早春二月一些宝宝就手持雪糕冰砖，夏天从早到晚冷饮不断，甚至在秋冬季节还给宝宝吃冷饮。时日久了，使胃黏膜受损伤导致胃溃疡。

零食吃得太多，也是造成宝宝患胃病的重要原因之一。

冷饮、零食中的不少添加剂都能对宝宝胃部感觉神经的消化功能起干扰作用。

看电视、玩游戏机时间太长，长时间坐着，胃部血流不畅，影响消化；对爱吃的东西暴食，对不爱吃的东西"宁饿不吃"，一饱一饥，都会损伤胃壁。

如能注意以上几点并加以预防，就可避免宝宝患胃病。

宝宝肠胃病的饮食调理

宝宝厌食、积滞、呕吐、腹痛、腹泻、疳症（营养不良）这一类病症，中医统称为宝宝脾胃病症。已经患了饮食积滞、呕吐、腹泻的，食欲一般都很差，此时不要勉强进食，应给予小量流质等易消化的食品，如稀释的牛奶、米汤、果汁、藕粉、菜汤等，必要时要暂时停止进食，以减轻消化道的负担。

■ 山药有收涩的作用，可以有效缓解腹泻。

疳症的宝宝，如食欲尚好，应多吃一些高蛋白食物，如蛋类、豆类和豆制品、鱼类、瘦肉、肝类等。已经患了肠胃病、病情轻的宝宝，可以用简易方法治疗。

1. 鸡内金。鸡肫皮洗净，晒干，用小火炒黄，研成细末装瓶备用。每次1～2克，1日2～3次。用于积滞、厌食。

2. 姜橘汤。橘皮5～10克，加水略煮，倒出药液，加红糖、姜汁各1匙，饮服，用于受寒引起的呕吐。

3. 山药粥。山药切碎，与米同煮粥，或用薏仁、扁豆与米同煮亦可，用于慢性腹泻。

4. 八珍糕（市售）。当奶糕吃，用于疳症消瘦的宝宝。

宝宝肥胖也是病

宝宝肥胖通常都与饮食习惯有关，爱吃甜食和油腻的食物，暴饮暴食，常吃零食，而不爱吃维生素食物，都会引发肥胖。肥胖会影响宝宝身体和智力发育，应该及时控制体重。与成人相比，儿童能更成功地运用健康饮食，辅助适量运动，从而把体重长期保持在健康范围之内。

症状表现

肥胖的宝宝常有疲劳感，用力时气短或腿痛。

严重肥胖者由于脂肪的过度堆积限制了胸扩展和膈肌运动，使肺换气量减少，造成缺氧、气急、发绀、红细胞增多、心脏扩大，或出现充血性心力衰竭甚至死亡。

育儿小讲堂　情绪、食欲、精力是判断宝宝健康的标准

情绪好：情绪好对宝宝来说，就是身体上没有任何痛痒的感觉。如果因中耳炎引起耳朵痛，各种原因引起肚子痛，或是其他地方有不舒服，情绪肯定会受到影响，宝宝会哇哇大哭的。

食欲好：宝宝虽然身体上有一些小病，但并没有影响吃辅食，或者对母乳也很有兴趣，这说明从口腔到胃肠道没有大问题。能吃就说明病情并不重，或者说明病情已经好转了。

有精神和精力：宝宝的精力从来都是很充沛的，如果身体上没有任何不适的话，他会对什么都表现出好奇心，大声喊叫，尽管父母制止也不听，还是蹦蹦跳跳，有时还会打架，宝宝生病时，如仍然保持着旺盛的精力和精神，这说明疾病并无大碍，或正在好转。

饮食护理

根据宝宝的年龄段制定节食食谱，限制能量摄入，同时要保证生长发育需要，食物多样化，维生素、膳食纤维要充足。

多吃粗粮、麸子、蔬菜、豆类等富含膳食纤维的食物，可以帮助宝宝消化，减少废物在宝宝体内的堆积，预防肥胖。

食物宜采用蒸、煮或凉拌的方式烹调。

可以给宝宝安排几餐量少且不含糖和淀粉的零食，这样的食物可以减轻宝宝的体重，还有助于保持宝宝的血糖，同时还能预防过量生成胰岛素，控制宝宝对碳水化合物的渴求。

饮食禁忌

在为宝宝制作辅食时，不应该过多地放盐。

应减少容易消化吸收的碳水化合物（如蔗糖）的摄入，少吃糖果、甜糕点、饼干等甜食，还要尽量少食面包和炸土豆，少吃脂肪性食品，特别是肥肉。

妙法解除婴幼儿打嗝

婴幼儿常常因啼哭吃奶吞咽过急而致打嗝，轻者打嗝几分钟即可自行消失，重者会导致脸色发青、呼吸困难，以至影响睡眠。解除婴幼儿打嗝的巧妙方法有以下几种：

1. 当婴儿打嗝时，先将婴儿抱起来，轻轻地拍打背部，喂点热水。

2. 将婴儿抱起，用一只手的食指尖在婴儿的嘴边或耳边轻轻地挠痒痒，一般到婴儿发出哭声，打嗝即会自然消失。因为嘴边的神经比较敏感，挠痒痒可以使神经放松，打嗝也就消失了。

3. 将婴儿抱起，刺激其足底使其啼哭，终止膈肌的突然收缩。

4. 不要在婴儿过度饥饿或哭得很凶时喂奶，也是避免宝宝打嗝的措施之一。

弱智儿的提示信号与早期发现

弱智儿又称"智能落后""智力低下"，泛指脑发育不全或神经发育不全或大脑受损伤而智力发展障碍的儿童。它不是一种单纯的疾病，也不是某一疾病的综合征，而是由先天或后天多种因素造成的智能缺陷或智能低下。

现代医学查明，造成弱智的病因多达数百种， 一般均表现为生长发育明显落后于正常宝宝，对外界反应不灵活，愚笨甚至白痴。中医中"五迟""五软"就包括了这种病。此症与先天禀赋不足，后天失养，造成肾精不足、脑髓空虚、神明失聪有关。

如何能识别宝宝早期智力低下的信号，以便及早治疗？

外形异常	先天愚型	宝宝面部扁平，塌鼻梁，常张口伸舌，流涎，身材较矮，眼裂上斜，内眦赘皮，易辨认
	脑积水	宝宝脑袋特别大，眼睛犹如太阳下山状
	甲状腺功能减低（呆小症）	宝宝表情呆滞，皮肤粗干，舌头宽大，面部臃肿，两眼的距离加宽
	苯丙酮尿症	宝宝皮肤异常白，毛发颜色也特别浅，有的皮肤很干燥
气味异常	苯丙酮尿症	宝宝由于苯丙氨酸代谢障碍，苯乙酸不能和谷氨酰胺结合，从尿和汗液中排出，呈发霉样的气味（鼠尿味），家中能闻到耗子尿臊味
	枫糖尿症	宝宝尿常呈烧焦糖气味
	甲基丁烯酰甘氨酸尿症	宝宝小便呈猫尿味

以上疾病都会引起智力发育异常。宝宝的爸爸妈妈应明察秋毫，对宝宝身上的异常气味引起警惕，因为这可能是疾病的早期信号。

语言异常	自闭症	正常宝宝在7个月时就会模仿大人发出简单的单词，1岁时会叫人，说出10多个单词，听懂简单的指令，2岁时会回答简单的问题，3岁时会正确表达自己的意见。自闭症宝宝的智力发育往往落后正常宝宝1～2年
	先天愚型、苯丙酮尿症	宝宝语言更落后，智商常低于50
动作异常	呆小症	正常宝宝，3个月会抬头，6月会坐，8月会爬，9月会扶站，1岁会走。患有智力低下的宝宝，动作发育大大落后于正常。宝宝特别"乖"
	苯丙酮尿症	宝宝步态异常，常多动，兴奋不安，与正常宝宝淘气、活泼不同，宝宝有无目的的、不可抑制的动作，如推倒椅子，碰碎花瓶
反应异常	宝宝对环境总是"漠不关心"，非常安静，很少哭吵，被妈妈误认为是个"乖宝宝"，这样常会忽视他们智力有问题	
哭声异常	先天愚型、呆小症	宝宝哭声往往低微
	威来姆病	宝宝除智力低下外，哭声也嘶哑
	猫叫综合征	宝宝智力低下，在出生不久，哭声如猫叫

龋齿的预防

产生龋齿的原因是食物残渣在牙缝中发酵，产生多种酸，从而破坏了牙齿的釉质，形成空洞，导致牙痛、牙龈肿胀，严重的会使整个牙坏死。采取以下措施，可有效避免龋齿的发生。

大多数宝宝喜欢吃甜食，这样就为腐蚀性酸的产生创造了条件。此外，饮食中缺钙也会影响牙齿的坚固，牙齿因缺钙变得疏松，易形成龋齿。维生素D可帮助钙、磷吸收，维生素A能增加牙床黏膜的抗菌能力，氟对牙齿的抗龋作用也不可少，所以要注意从膳食中保证供给。在饮食中要多吃富含维生素A、维生素D及钙的食物，如乳品、肝、蛋类、肉、鱼、虾、海带、海蜇等。如当地饮用水含氟较低，可以用含氟化物的牙膏刷牙。对宝宝吃甜食要加以限制，在吃糖后要漱口，不要让糖留在口内，吃糖的时间也要限制在半小时以内。

做好宝宝的牙齿保健。要让宝宝养成早晚刷牙的好习惯，最好在饭后也刷牙。牙刷要选择软毛小刷，刷时要竖着顺牙缝刷，上牙由上往下刷，下牙由下往上刷，切不要横着拉锯式刷，否则易使齿根部的牙龈磨损，露出牙本质，使牙齿失去保护而容易遭受腐蚀。

当宝宝满2岁时，乳牙已基本长齐，爸爸妈妈应带宝宝去医院检查一下，并处理乳牙上的积垢，在牙的表面做氟化物处理。当后面的大牙一长出来，就要在咬合面上涂一层防龋涂料。这样做可以大大地减少龋齿。

另外，要定期去看牙科，发现有小的龋洞就要及时补好，一般可每隔一年定期做牙齿保健。

怎样让宝宝乖乖吃药

给不同年龄段的宝宝喂药，可以采取不同的方式。

有味的药物不要和食物放在一块吃，以免引起拒食。可以在小勺里放点果酱，把药碾碎倒在上面，再加一层果酱，喂给宝宝吃。

不宜用果汁给宝宝送服药物。因为果汁饮料中，一般都含有果酸和维生素C，它们通常呈酸性，酸性的物质很容易导致各种药物提前溶化或分解，不利于药物在肠道内吸收，影响疗效。有的药物还会在酸性环境中增加毒副作用，所以给宝宝喂药最好用温开水送服。

喂药前不要给宝宝喂奶或给宝宝喝太多的水，以免喂药时引起呕吐。

年龄段	喂药方式
0～1岁	宝宝已有较灵敏的味觉辨别能力，会拒绝服用口感不好的药物，喂药时父母可将药溶解在糖水里，用奶瓶喂
1～2岁	喂水剂时，用小勺慢慢喂，喂完后再喂几口糖水；喂片剂时，应把药片压碎，放在小匙里用水调匀再喂；喂粉剂同上；对于油类药物，如鱼肝油、蓖麻油、内服液状石蜡等，可滴在饼干或面包块上；对于味道特别苦的药，如黄连素等，可以加糖减淡苦味
2～3岁	宝宝已经懂事，妈妈可以讲一些生病吃药的童话，让宝宝接受药物。平时宝宝不听话时，不能以打针、吃药吓唬宝宝，以免造成不良的印象，增加吃药的困难。另外，在吃药前预备一些糖果，如果宝宝吃了就表扬、鼓励，马上给一块糖。总之要想办法打消宝宝的恐惧心理

宝宝泌尿道感染的预防和护理

　　宝宝为什么容易患泌尿道感染？因为宝宝时期许多器官发育不很完善，免疫功能差抗病能力也差。皮肤薄嫩，细菌容易入侵。宝宝输尿管细而长，管壁纤维发育差，容易扩张而发生尿潴留及感染。小女孩尿道短，更容易发生泌尿道感染。还有宝宝时期坐地游戏多，穿开裆裤，易感染细菌及螨虫等。看管好宝宝不坐地、不穿开裆裤，每日换洗内裤对减少发病有一定帮助。

　　宝宝时期，年龄不同，患泌尿道感染时症状也不一样，没有成人那么典型的表现。年长儿尿路感染时有发热、畏寒、腰痛、腹痛、肾叩击痛。如为下尿路感染时，以尿频、尿急、尿痛、尿烧灼感为主，有时见血尿。

　　1～3岁宝宝以全身症状为主，有发热、食欲差、呕吐、腹痛、腹泻、尿时哭吵、遗尿等症状。新生儿更不典型，表现为体重不增，腹泻，有1/3宝宝有烦躁、嗜睡、昏迷、抽搐等症状，化验小便尿蛋白在+～++之间。

　　宝宝尿路感染急性期注意休息，多饮水、多排尿可以排除尿道炎性分泌物。搞好个人卫生，不穿开裆裤，不坐地上，勤换内裤及勤换尿布，换下尿布不乱放乱丢，洗净用开水泡。擦洗臀部及外阴部应从前向后擦，以免脏水流入阴道引起尿路感染。抗生素治疗一般为14～21天，不能症状刚好转就停药，这样最容易引起疾病复发。

多饮多尿追根溯源

　　多饮多尿常见的原因也有两种：一是精神性多饮多尿，二是尿崩症。

　　精神性多饮多尿多见于断奶不久的1～2岁宝宝，较大儿童也可发生。有些爸爸妈妈缺乏喂养宝宝的知识，在宝宝哭闹时，用糖水、饮料、牛奶、小糖、糕点等哄宝宝，糖吃多了口干口渴，于是要喝水，水喝多了自然尿也多，时间长了形成习惯性多饮，出现多饮多尿。

　　精神性多饮的宝宝没有什么疾病，有意识地控制宝宝喝水量，可使尿量减少，宝宝也能耐受，没有什么严重的不良反应。用早晨起床第一次小便测量尿相对密度，尿相对密度在正常范围。

　　尿崩症的常见原因有两种。一是脑底部的脑垂体因为某种疾病（如脑肿瘤、颅内感染、新生儿窒息等）使抗利尿激素分泌不足，二是肾脏有疾病，对抗利尿激素不敏感，使尿量增多，出现多饮多尿。

　　尿崩症是由宝宝患有脑部疾病或肾脏疾病引起的。如果控制宝宝的饮水量，因尿量仍比较多，会出现脱水症状，宝宝口渴难忍、烦躁哭闹，严重时还会出现虚脱、休克等症状。

强体训练营
强壮的体质是这样炼成的

虽然宝宝的生长速度在2~3岁之间减慢，然而他的身体还会继续发生从婴儿到儿童的明显变化。宝宝身体形成更高、更瘦、更强壮的外观。这个时期，宝宝的主要工作就是"玩"，在玩中开发智力，在玩中锻炼身体。玩好既能增长宝宝的智慧，又能锻炼宝宝的身体。父母要做的，就是如何指导宝宝去"玩"，为宝宝入园做好准备。

■ 不管是男孩还是女孩，父母都要鼓励他们多做运动，适量的运动可促进新陈代谢，增强免疫能力，消耗热量，有益体重控制，增加心肺功能，减少意外伤害。

女宝宝应该和男宝宝一样重视运动

很多研究表明，一般男孩会比女孩更喜欢参加体育运动，而且男孩似乎也更重视体育运动。

由于在成长过程中，男孩的竞争性、独立性和自我表现是受到鼓励的，而在很多女孩身上这些品质通常是不受鼓励的，所以女孩在体育运动中会经历着"冲突"。这可能是因为运动行为的某些重要方面，与传统社会对女孩的期望不相容。

一种看法认为，很多女孩在竞争性情境中可能表现为害怕成功。在生活的其他方面也有可能如此，她们在体育运动中可能缺乏冠军特有的"杀手本能"。

研究发现，爱运动的女孩骨骼中的矿物质含量增加，矿物质含量流失的情况，也比不爱运动的女孩出现得少，不爱运动的女孩健康情况较差，体重也较高。

身体的匀称与否，包括了一些因素，如：柔软度、肌肉的强健与耐力、活力或心脏血管的粗细、平衡，以及身体各部分的协调。要达到身体的健康匀称，有必要确保各个运动的平衡，注意到各组成部分。某些运动只会强化于某部分，因此，需要做其他运动来加强身体其他部分的匀称。

举例来说，瑜伽术能增强柔软度，但是并不能增强活力。重量训练能够增强肌肉，但是并不能增加柔软度。做规律的运动，可以给健康带来极大的好处。

运动不仅是控制体重最有效的方式，还可以控制热量的摄取量，有助于改善体型；运动可以调节松弛的肌肤，并减低脂肪含量；拥有健康的感觉，进而消除精神的紧张与压力。

多带宝宝到户外活动

　　这个年龄的宝宝已不满足于整天待在室内，更愿意单独地活动，他喜欢到室外去跑、跳，喜欢和其他小朋友一起玩。大人应该满足宝宝的这种愿望，多带宝宝到户外去进行适宜的活动，这样不但可以锻炼宝宝的身体，还可培养宝宝与人交往的能力。

　　可以让宝宝到户外去跑步、踢球，和其他小朋友玩各种游戏，如几个宝宝一起爬山坡、爬楼梯，还可在宝宝乐园玩滑滑梯、跷跷板和走平衡木。几个宝宝在一起玩，宝宝的兴趣就大，积极性更强。

　　有时户外散步也是一种很好的锻炼方式。但许多宝宝，会走路以后反而不愿意走，和大人外出时总喜欢让大人抱，走一会儿就喊累，不愿意再走。对此大人不能一味地满足其要求，这样容易养成事事依赖人的坏习惯，对宝宝的体格锻炼也不利。

　　除了户外各种游戏活动外，这个年龄的宝宝仍可进行冷水冲淋，夏天可以学习游泳。

　　2~3岁这段时期，宝宝身体的各个系统、各个动作的功能已基本完善，因此，这段时期是宝宝开始把各个不同的系统进行整合，使动作协调一致发展的过程。

　　父母应根据宝宝成长的不同阶段，有意识地锻炼宝宝，以提高他的运动智能，而游戏是非常有效的方式。游戏活动可为宝宝提供大量的动作经验，比如跑、跳等，为身体的各个功能提供了整合的机会，能帮助宝宝协调一致地发展手、腿等各个关节。

育儿心得

宝宝适宜进行哪些体育锻炼

■ 要有意识地让宝宝在大自然中进行锻炼，培养宝宝的耐寒能力，使宝宝对外界环境有较强的适应能力，从而促进宝宝在智力、体格方面健康成长。

近3岁的宝宝，身体运动已不满足于简单形式的游戏了。随着肌肉、骨骼与神经系统的发育，运动能力明显增强，动作反应较灵活、协调、准确，有一定的模仿能力。2～3岁的宝宝可以采用以下3种形式进行锻炼。

幼儿体操

体操运动对幼儿正确的身体姿势形成有良好的作用，同时可以培养宝宝的组织纪律性。在编排时要充分利用各种各样的器材，并适合儿童年龄特点，增强趣味性。

娱乐性体育活动

如蛙跳、赛跑等游戏活动；跳幼儿舞蹈，打秋千，坐跷跷板和转椅的游戏；冬季可以进行滚雪球、堆雪人等游戏活动。

发展各种身体素质的锻炼活动

如平衡能力，可以通过走平衡木、"过桥"，结合游戏活动，发展儿童的各种平衡能力；柔韧性可通过体前曲、压肩等牵拉韧带的方式，并借助游戏、比赛及各种游戏器材进行锻炼；爆发力可以通过蛙跳、立定跳远、投小皮球等游戏来发展；协调性可通过如球类游戏、跳绳、跳高等活动进行练习；耐力可用爬、跑、跳等动作进行训练。

3岁的宝宝除可以进行走、跑、跳、钻、爬、平衡、攀登、过障碍、投掷等多种多样的游戏式的体育锻炼外，还可以参加一些力所能及的家务活动，锻炼自我服务的能力。

如何发展宝宝运动智能

运动智能是指身体具有技巧性地使用和处置物品的能力，是对大肌肉和小肌肉的控制技巧。人们常把肢体运动智能与运动员、舞蹈家联系在一起，但实际上，显微外科医生及能工巧匠也具有较强的肢体运动能力，他们都具有良好的身体技巧和控制平衡能力。不但如此，而且在果断、坚韧、合作、自信等非智力因素及观察、记忆、推理、判断、思维等智力方面都会表现不凡。由此可见肢体运动智能的发展，促进了其他智能的同步提升，肢体运动智能是多元智能发展的基础，是关系到宝宝将来是否成功的重要能力。肢体运动智能或强或弱、或多或少，每个人都有，但后天环境对宝宝这种能力的开发和发展起着重要的促进作用。

攀爬、穿钻、吊挂、踢球，全面发展身体平衡能力

　　大多数宝宝在3岁左右，已能够在各种攀登器（架）上攀登、攀爬、穿钻、吊挂、踢球，并能保持平衡，这是宝宝身体平衡能力进一步发展的重要表现。家长在宝宝进行这些活动时，要注意贴近保护宝宝，并随时提醒宝宝集中注意力，不要在攀爬途中"东张西望"，指挥宝宝手脚的着力点，避免发生危险。宝宝在立体的器具上玩，能够培养平衡感，还能体会到运用不同玩法的乐趣。

适宜3岁宝宝训练的游戏方案

投球练习

　　家长与宝宝面对面站好，两人之间保持90～100厘米的距离(开始可近一些，日后再逐渐拉远)。家长拿球，宝宝双手伸出准备投球。

　　家长将球抛向宝宝胸前说"宝宝投球"(抛的力度要温柔，便于宝宝双手接住)，宝宝接住球后再将球抛回，家长接住球要及时表扬宝宝。

　　这个练习的目的是锻炼宝宝的手眼协调性，并促进宝宝空间知觉的发展。

跳格子练习

　　让宝宝站在有格子(略做一些记号)的地上，宝宝双脚并拢，蹲下，然后起跳。数一数宝宝跳过几格或几条，力求向前跳远。

　　这个游戏可以训练宝宝用双脚并拢弹跳的能力，同时还能练习宝宝数数。注意训练前给宝宝换上软底不易滑的运动鞋，以免扭伤脚踝，并消除宝宝周围一切不安全的因素。

荡秋千练习

　　开始练习荡秋千时，可由家长将宝宝抱在膝头上一起荡秋千，熟练后可让宝宝单独坐在上面，握紧绳子，由家长帮助推动秋千前后摆动。

　　宝宝习惯后，可以让他练习站在秋千上，先由家长推动，再慢慢让宝宝学会自己用腿和全身的力量将秋千荡起来。

　　当秋千随着惯性来回摆动时，宝宝会感到如同飞翔在天空中。

　　家长一定要贴近保护，当宝宝到达适当的高度时，要将秋千渐渐停下。

　　这个游戏能使宝宝适应高空平衡，促进宝宝平衡系统的发育，让宝宝学会控制力量使秋千升高或降低。

■ 宝宝天生就是冒险家，他们从事运动游戏时，兴致是很高的，总是在探索自己身体的极限。荡秋千在宝宝的童年里是最快乐的游戏，像鸟儿一样飞上空中。

走花坛边沿练习

家长要经常带宝宝练习走花坛边沿，进行平衡能力的训练。

这个游戏的益处有很多。可以纠正宝宝的不良走姿，如"内八字"或"外八字"，同时有利于足弓的形成和韧带肌肉的发育，增加腿部力量。

开始时家长可以拉着宝宝的手，并教他脚尖对着脚跟、一步一步向前走。一段时间后，可试着让宝宝独立走几步，但要注意贴近保护，最后让宝宝学会独走。

钻洞练习

家长可利用公园、小区健身器材里的攀登架，让宝宝进行钻洞练习。宝宝在钻洞时需要用四肢爬行，要低头或侧身才能从洞中钻过。

钻洞动作可以锻炼宝宝四肢的爬行能力和将身子、头部屈曲的本领。四肢轮替是让小脑和大脑同时活动的练习。

堆积木游戏

家长要鼓励宝宝将积木堆成各式各样的造型，如用积木垒成一个"大烟囱"，用插嵌型积木做双层列车、冲锋枪、方桌等(可参照厂家提供的图形)。家长要耐心示范，让宝宝仔细观察。堆积木游戏可以训练宝宝手的能力和灵活性，促进宝宝思维发展。宝宝在模仿过程中会设计出不同的造型，家长要及时夸奖宝宝的创新，鼓励宝宝展开丰富的想象。

"过家家"游戏

家长可以为宝宝(尤其是女宝宝)购买或自己制作一套宝宝玩"过家家"用的灶具、餐具，与宝宝一起"过家家"，并将家里的布娃娃、小狗、小猫等"请"来当"客人"。家长在与宝宝一起玩时，可以启发宝宝模仿切菜、洗锅、开火做饭等活动，还可让宝宝提醒"客人"饭前要洗手，给小娃娃喂饭，睡觉时给小娃娃盖被子等，潜移默化地巩固宝宝日常生活中的良好习惯。

这个游戏的目的是既让宝宝动手动脑，又在游戏中开展生活教育。

玩跷跷板

玩跷跷板时，宝宝坐在跷跷板的一头，家长用手按压另一头。

玩跷跷板可以训练宝宝的平衡能力和控制能力。

家长要提醒宝宝在不愿跷时说"不跷了"，并等家长停下跷板后才能离开座位，避免出现危险。

赛跑游戏

家长可选择在公园、广场或草坪的空地上同宝宝赛跑。

为了鼓励宝宝，家长可故意落在宝宝后面一点，让宝宝获得第一名。宝宝跑过终点，获得第一名时，要及时表扬宝宝。

赛跑游戏能提高宝宝的奔跑速度，并增强宝宝的自信心。

抓尾巴游戏

家长和宝宝都在腰上系一条围巾作"尾巴"，与宝宝互相在跑动中去抓对方的"尾巴"。

家长一边诱导宝宝说"抓尾巴"，一边高兴地互相追逐。家长的"尾巴"要一抓就能立刻被扯下来，时不时让宝宝因可以扯下家长的"尾巴"而获得快感。

这个游戏是为宝宝将来上幼儿园时做准备，使宝宝享受一种快乐地追人和被人追逐的感觉。

宝宝成长最需要的心理营养

宝宝在2～3岁阶段，已经开始表达各种各样生动的情感，他们开始学习处理他们自己和别人的情感状态。2～3岁宝宝在与他人相处中能从情感上做出反应，做出适当的表达。这样，他们能够不断地协调人与人之间的关系，在人生的最初阶段中不断地丰富和增强良好的情感体验。2～3岁宝宝十分感性，是情绪、情感萌发的重要时期，也是进行情商教育的大好时机。

如何改变宝宝对父母的过度依恋

宝宝对妈妈的依恋阶段性表现

宝宝对妈妈的依赖是分阶段的。在0～1.5岁这个阶段时，宝宝多半会对妈妈产生依恋感。这种依恋感有助于宝宝建立信赖度和自我信任感，有利于将来宝宝的心理健康发展。如果这个阶段这种依恋关系没有形成，会给宝宝未来的生活蒙上阴影。当宝宝到了2岁时，宝宝仍可以把妈妈当做"安全的港湾"。

但是，宝宝到了3岁以后，如果除了妈妈之外，他仍然不愿或拒绝与其他人亲近，那就属于过度依恋，要引起重视了。3岁以后的宝宝应具备一定的自理能力，虽然对其他家人的亲近感比不上妈妈，但还是应该能接受，至少不应拒绝。

宝宝过度依恋的影响

如果宝宝这时还对妈妈有过多依恋，最重要的原因还应是妈妈对宝宝的过度溺爱和保护造成的。尤其是从新生儿时期开始，如果妈妈对其他人照顾宝宝都不放心，时时事事都要自己亲自去做，并与宝宝时刻形影相随，就会使宝宝很少有机会和爸爸以及其他亲人亲密接触。这样一来，宝宝肯定就只

> ■ 在改变宝宝对妈妈的过度依恋时，最重要的是妈妈的决心，绝不能因为宝宝的哭闹而放弃。

会认妈妈了。

宝宝对妈妈的过度依恋，3岁之后若没有得到及时的控制和扭转，就会因缺少与爸爸等男性在一起的接触机会，从而使宝宝过多地养成温柔、娇弱、细腻等女性的性格特征。这不仅会影响宝宝独立生活意识的形成和发展，还会有碍宝宝个性的全面发展，特别是对男宝宝来说，甚至会形成性别观念的扭曲。

改变宝宝过度依恋的方法

要想尽快克服宝宝对妈妈的过度依恋，可以让爸爸参与育儿。宝宝对妈妈过度依恋的原因，主要是由于妈妈过分溺爱，剥夺了爸爸以及其他亲人照顾宝宝的权利和时间。

所以，改变宝宝过度依恋妈妈的最好办法，就是相对减少妈妈照顾宝宝的时间，让爸爸或其他亲人尽可能地照顾宝宝，特别是让爸爸积极参与育

儿。平时，爸爸要尽可能地和宝宝在一起做一些比较"惊险""刺激"的游戏，让宝宝感受到与爸爸一起做游戏的乐趣。特别是对男宝宝来说，甚至比和妈妈一起做游戏更有利于智慧的增长。

要使宝宝从小克服"特权者"思想

现在大多数的家庭经济条件都很优越，再加上大多数宝宝都是独生子女，使宝宝一生下来就成为家中的"特权者"，从而养成了许多不良习惯。由于对独生子女生活环境的负面影响缺乏足够的认识，宝宝从小缺乏正确的教育，使得宝宝从小就感到自己是家中唯一的宝宝，理所应当地就应该处于独一无二的优越地位，理应是家中的"特权者"。

其实，使独生子女成为家中的"特权者"，并不全是宝宝的错，这主要是由宝宝所处的特殊家庭环境，以及爸爸妈妈教育不当引起的。由于独生子女没有同胞兄弟姐妹共同生活的经验，加上爸爸妈妈的娇惯，就很容易使宝宝形成感情的"自我中心"，容易养成不善于团结、不善于同情、不善于竞争、不善解人意、缺少协作精神、不尊重人、缺少助人为乐的品质和行为。

同时，由于宝宝在家庭中缺乏适合模仿的对象，只能与大人交往，向大人学，就很容易形成说大人话、做大人事的早熟倾向，过早地失去儿童的天真性格。

此外，由于缺乏与同龄人之间发生矛盾后如何辩解、争吵、闹意见，最后互相迁就、妥协、和解等相处过程中的锻炼，不能从中认识到自己与别人的区别，也不懂别人也有自己独立的思想，从而很难从"以我为中心"的意识中解脱出来。

所以，从宝宝出生的时候起，爸爸妈妈就不要将宝宝置于家庭的特殊地位。不要让宝宝在思想上形成"以我为中心"的意识，从宝宝平时的一言一行、一举一动抓起，从日常小事抓起。

例如：家里吃饭，要使宝宝懂得让爸爸妈妈先坐。吃东西时要让宝宝养成先给爸爸妈妈的习惯；家里来了小朋友，应教育宝宝把玩具给大家玩。要使宝宝感到自己虽然是家中的独生子女，但和家庭的其他成员一样处于平等地位，没有独特的地位和特殊的权利。

■ 爸爸妈妈要想做到这一点，关键在于主动利用"独生"环境的积极因素，克服"独生"环境造成的负面影响，让宝宝学会自己用勺子喝水等，促使宝宝得以健康发展。

给宝宝一点破坏空间

"以破坏为乐"的宝宝

在妈妈看来，宝宝简直是以破坏为乐的。

看见收音机，会好奇声音是从哪里出来的，于是"解剖"了收音机，虽然没有弄明白声音来自何处，却看到了自己从来没有见过的神奇，然而收音机却再也不能复原了；

看着小小的CD机，不明白何以放进一张光盘，就能出来美妙的音乐，打开看看，从此CD机成为"哑巴"；

看见爸爸用画笔随便一涂，美丽的画儿就会展现在眼前，自己也想成为像爸爸那样的画家，于是弄得颜料满屋子都是；

刚洗干净的床单，没过多久就会印上小脚丫的污渍……

这样的"破坏"行径，简直让妈妈忍无可忍。

其实很多父母对宝宝这种调皮都十分熟悉，也为此苦恼异常。的确，辛辛苦苦的劳动，转眼可能狼藉一片，这是让人很懊恼的。

破坏是宝宝的创造力的萌芽

宝宝的调皮其实正是宝宝创造力萌芽的一种体现。

父母不明白宝宝每天都睁着一双求知的眼睛，对各类陌生事物充满新鲜感，想通过动手来了解这些新奇的事物，探索未知的一切。

理解、宽容宝宝的"破坏"

对宝宝的这种天性，父母要多方引导、鼓励，这样的保护有利于宝宝大脑发育及日后处事能力的提高，同时保护了宝宝浓厚的探索欲望，为今后的发展奠定了基础。

父母要用宽容、理解的心对待宝宝的"破坏"。不妨多给宝宝一点"破坏"空间，宝宝爱"破坏"，失去的只是可估量的价值，用一些金钱就可以失而复得，可是得到的却是宝宝一生受用不尽的财富：思考、创造和智慧。因为宝宝的求知欲旺盛，记忆力又好，所以好动、好问、好观察，这其实是件大好事，可是成人却往往视之为"顽皮"或者"破坏"；好问长问短，又往往被斥为烦人；好观察，往往被看做心野。

如果父母有以上的想法，应该尽早戒除，不要压制宝宝的好奇心，不要轻易否定那些看起来似乎可笑的兴趣爱好，宝宝那许许多多的疑问，对他们的将来一定有用。

■ 其实当父母的只要想一想自己小的时候，就能够理解自己的宝宝了。宝宝由于认知能力发展还不完善，往往不知道某一件东西的价值，只是凭着自己的兴趣出发，他们的控制力比较差，只顾玩得高兴就会为所欲为，加上宝宝天性好奇，这儿捅捅那儿动动，把玩具摔了，折了都不稀奇。作为父母不能因小失大，为了可以复得的物品，采用打骂、训斥等粗暴的做法，丢了宝宝一生的探索欲。

宝宝"闹独立"要因势利导

宝宝"闹独立"是进入"反抗期"的体现

独立行走、手的动作发展及心理上各方面的迅速发展，使得这一年龄阶段成为儿童心理发展过程中的第一个转折期，又被称为"第一个反抗期"。"爱做事""闹独立"是该期较为突出的表现。

宝宝"闹独立"是求知欲的萌芽

"爱做事、好动"的儿童从早到晚总是不知疲倦地动，东摸摸、西摸摸，对什么都感兴趣。他们特别喜欢模仿成人做事，但往往是"成事不足，败事有余"。这就是儿童在用自己的双手来敲开世界的迷宫之门，探索奥秘，是求知欲萌芽的表现。

儿童在主动和外界环境、具体事物的接触过程中，了解、发展自己的能力。对此，成人应该珍惜儿童的积极性，抓住时机，因势利导。有意识地分配给儿童一些适合他们年龄特点的事情，既可以避免给成人忙中添乱，又满足了儿童的心理需要，促进了儿童各方面能力的发展。

如果成人总是用"不许""别动"来应对儿童，就可能使他怀疑自己的力量，求知欲被泯灭，自信心遭到扼杀，成为将来学习活动的最大障碍。

当然，必须注意安全，成人要避免儿童接触可能对其造成伤害的东西和环境，保护好儿童的健康和生命。

宝宝"闹独立"是自我意识的体现

如从幼儿园回家，不愿牵着大人的手，偏要自己独自行走，还专爱拣不平的地方走；在外面玩久了，成人提醒他，该回家了，他一扭身子，回答道："我不想回家，我还要玩。"

对此，成人如果一味满足，容易造成宝宝任性和执拗，但限制过多，又会挫伤宝宝的自尊心，从而变得驯服和依赖，缺乏自立能力。

所以，当儿童和成人的意见相矛盾时，不要和宝宝硬顶，可以利用儿童注意力容易转移的特点，找出宝宝能够接受的理由或用别的事物把宝宝吸引开，先暂时解决问题，适当的时机再进行说服教育，逐渐培养儿童的是非观念，培养儿童心理的自控力。

育儿心得

由于宝宝的认知水平有限，又具有好奇的天性，因此他常常会问很多奇怪的问题："这是什么？""那是什么？"当他对某项事物产生兴趣的时候，就会坚持不懈地打破砂锅问到底。面对宝宝的好奇心，爸爸妈妈常常哭笑不得又不知所措。

这时如果千方百计回避宝宝的问题，或者对宝宝的问题敷衍了事，甚至信口开河应付宝宝的问题，那么宝宝的好奇心、创造力不仅不能被挖掘出来，甚至有可能被扼杀在摇篮之中。

最好的方式是，爸爸妈妈可以利用宝宝的好奇心，采取一些方法来帮助宝宝找到他们需要的答案，促使宝宝继续思考。

2~3岁宝宝的情感发展与培养

2～3岁的宝宝处在依恋发展的重要时期，是自我意识产生的时期，是情绪情感社会化的阶段，能表达自己的情绪，会用“快乐”“生气”等词谈论自己和他人的情绪。

这个阶段的幼儿自信心开始萌发，对成功表现出积极的情感，对失败表现出消极情感，有一定的自我服务能力，会整理玩具，能自己上床睡觉。开始有性别意识，学习跟自己性别相吻合的行为。

理解宝宝的表情

宝宝噘嘴通常表示“我撒尿了”或“我的尿布湿了”。有研究表明，男宝宝多以噘嘴来表示小便，而女宝宝则多以咧嘴或紧含下嘴唇来表示。

此时新妈妈如果能及时观察到宝宝的嘴形变化，了解宝宝要小便时的表情，就能摸清宝宝小便的规律，从而加以引导，有利于培养宝宝的自控能力和良好的习惯。

鼓励和赞赏宝宝

经常让宝宝从事搭积木、涂鸦、穿珠珠、唱歌、表演等各种活动。

及时用竖大拇指等动作和“你真棒”“画得真好”等语言表扬鼓励。

让宝宝有机会从事各种活动并在各种活动中体验成功的乐趣，鼓励宝宝成功时用“我画得很好”“我做得很棒”等语言表达出来。

培养宝宝的生活自理能力

引导宝宝利用自己的旧衣服和布娃娃学习穿脱衣服鞋袜、扣扣子、拉拉链，学习在玩玩具后自己整理并摆放整齐。

学习自己洗手、洗脸，让宝宝自己上床睡觉，自己能做的事情自己做，提高宝宝的生活自理能力。鼓励宝宝和家长一起做家务，让宝宝择菜、摆碗筷、抹桌子等，提高宝宝的动手能力。

积极回应宝宝的信号

2～3岁宝宝通常用语言、眼神、动作表达自己的需要。家长要敏感察觉宝宝的眼神和动作，洞察他们的内心需要，及时满足宝宝的社会性需要。

及时回答宝宝的问题，满足宝宝的好奇心。

经常和宝宝一起玩亲子游戏，与宝宝建立安全性依恋。

牵着宝宝的手用轻声的语言、微笑的眼神和宝宝进行沟通，温柔细致地照顾宝宝。

爱的赠语

送给父母的育儿名言（五）

唯有家庭生活才能使儿童获得善良的心灵和有见解的、温和的性情，积极和有力的发展和教养。
——夸美纽斯

教育孩童首重激发兴趣和爱心，否则只是填鸭式的灌输，毫无意义可言。
——蒙田

如果有人问我，教育宝宝需要哪一种资格，我会说那需要异乎寻常的耐心和适量的爱心。
——伊罗丝

子女之教育，一般人常有谬误：对女儿之教育专注意其身体，忽略其精神；而对儿子则忙于修饰其精神，而忽略其身体。
——休谟

你要教宝宝走路，但应由他自己去学走路。
——爱默生

我们不能按照自己的观念塑造宝宝；我们必须爱他们，任他们的天性自然发展。
——歌德

教导儿童的主要技巧是把儿童应做的事都变成一种游戏。
——洛克

当宝宝烦躁不安时，讲道理是没有用的。他们生气时，只有情感上的安慰，他们才听得进去。
——吉诺特

要记住，你的宝宝总是好的，尽管他的行为并不一定总是好的。
——杰里·威科夫

宝宝们的性格和才能，归根结底是受到家庭、父母，特别是母亲的影响最深。宝宝长大成人以后，社会成了锻炼他们的环境。学校对年轻人的发展也起着重要的作用。但是，在一个人的身上留下不可磨灭的印记的却是家庭。
——宋庆龄

 **0～3岁宝宝的玩具箱**

月龄	玩具	品质要求	使用方法
0~1岁	摇铃	选择颜色、形状能够吸引宝宝，并且大小和重量能够使宝宝轻易抓在手里的摇铃，材料要结实，声音要清亮悦耳	宝宝握在手中
	电话	选择数字按钮能闪亮并带有镜子的	手拿
1岁~2岁	足球	小号的儿童足球	带着宝宝踢足球
	复合形状盒	颜色鲜艳、配件个体较大、形状各异。树脂或塑料制品，可以清洗	让宝宝把各种形状的物品通过相同形状的开口放进去
	戏沙玩具	颜色鲜艳、造型逼真。树脂或塑料制品，可以清洗	让宝宝盛装沙土或水，在妈妈陪伴下任意游戏
	拼接玩具	颜色鲜艳、拼接件个体较大、形状各异。树脂或塑料制品，可以清洗	让宝宝任意组合、拼接，宝宝的创造力是无穷的
	电动玩具	颜色鲜艳，造型逼真。使用的材料不掉色、无毒、无害，易清洗、能擦拭的	让宝宝学习自己操控电动玩具
2岁~3岁	过家家玩具	颜色鲜艳，造型逼真。树脂或塑料制品，方便清洗	让宝宝给布娃娃穿衣服、布置房间，玩做饭等游戏
	假手枪	造型逼真，树脂或塑料制品，方便清洗	宝宝可以拆卸手枪，用手枪做各种假想游戏
	幼儿读物	印装精美，形象逼真、可爱，情节简单的故事书或诗词、儿歌	妈妈先讲给宝宝听，再让宝宝讲给妈妈听
	彩泥	安全无毒的彩色橡皮泥，色彩鲜艳，不掉色	可以用模具压制各种物品，也可以让宝宝自由"创作"，捏成各种形状的物品